物种起源

〔英〕**查尔斯·达尔文** 著

韩安 韩乐理 译

On the
Origin
of
Species

Charles Darwin

新 星 出 版 社 NEW STAR PRESS

新经典文化股份有限公司
www.readinglife.com
出　品

然而对于物质世界，至少可作如下判断：我们能够观察到，万事万物的诞生，并非由彼此隔绝的神圣之力对每一事物单独施予，而是由于普遍法则的确立。

——惠威尔《布里奇沃特论丛》

　　"自然"一词，其唯一清晰的含义应是确凿而稳定的：这是因为，既有自然，就必存在一种智慧力来定义它，即始终或于当下使它成立，犹如超自然或奇迹的力量使它成立一般。

——巴特勒《后示宗教之类比》

　　由此我们可以结论道，切莫出于不完备的审慎或不当的节制，便主张某人对于上帝之言与上帝之行的结晶，对于神学与哲学，钻研得过于深奥、过于透彻；在此二者面前，人当无限地进取和求索。

——培根《学术的进展》

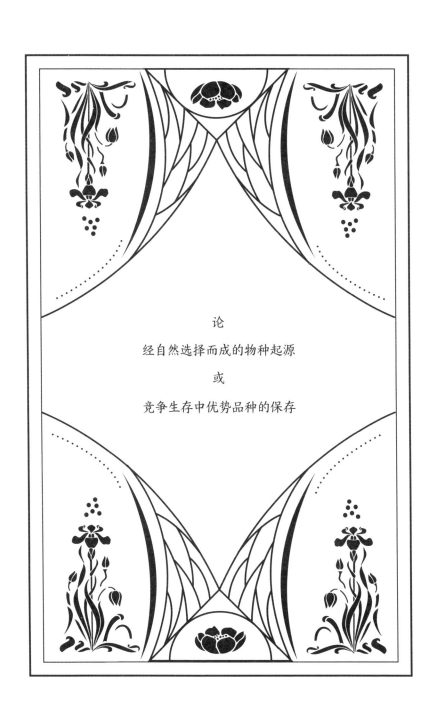

论

经自然选择而成的物种起源

或

竞争生存中优势品种的保存

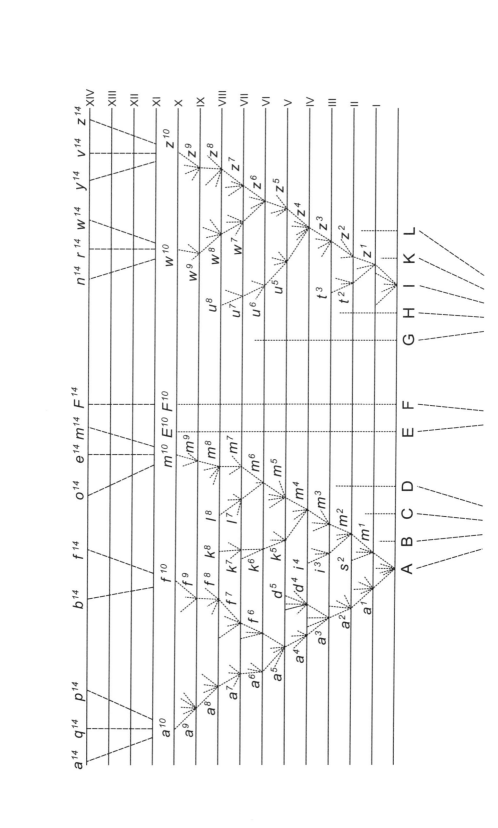

目 录

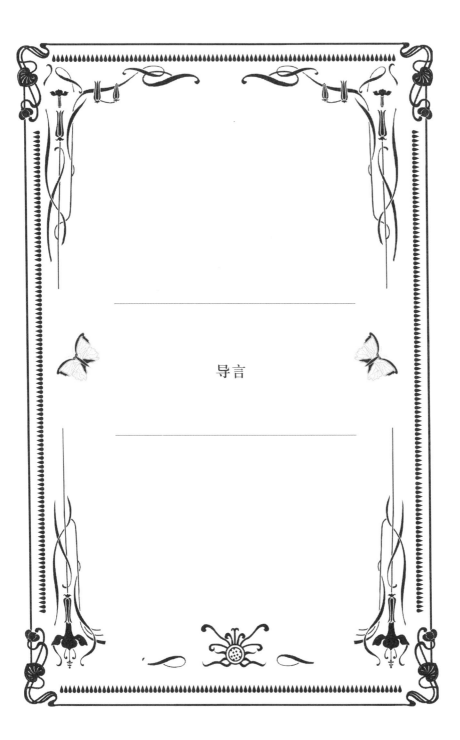

导言

当我以博物学家的身份在皇家海军舰艇"贝格尔"号上旅行时，我深被一些事实所震动，那就是南美洲生物的分布以及该大陆现存生物在地质学上与以往生物的关系。这些事实使我对被我们最伟大的哲学家之一①称为"奥秘中之奥秘"的物种起源有些认识。1837 年回国后，我就想到假如耐心地收集与思考各种有关的事实，则或能有些结论。经过五年工作，我对此问题进行了思索，写了些简短笔记，并在 1844 年做了扩充，成为一个结论性的概要，在我当时看来，它很可能是切合实际的。从那时一直到现在，我坚持着探索同一个主题。请原谅我叙说这些个人的细节，这是想表明我并不是轻率作出结论的。

我的工作现在已接近完成，但仍需两三年的功夫，方能完全结束。因我的健康不佳，我曾被敦促先行发表这个纲要。尤其是因华莱士先生正在研究马来半岛自然史，对物种起源得着了几乎同我完全相

---

① "我们最伟大的哲学家之一"指约翰·赫歇尔爵士（Sir John Herschel，1792–1871），他是英国伟大的博物学家、数学家、天文学家、化学家和发明家。——译者注（若无特殊说明，本书脚注均为译者注）

同的概括性结论。去年他寄给我一篇关于此问题的学术论文，请我转交给查尔斯·莱伊尔爵士，后者把论文送到林奈学会，在第三期学会杂志上发表。莱伊尔爵士和胡克博士都知道我的工作，胡克并已看过我 1844 年的纲要，承他们对我的器重，认为在发表华莱士先生优秀著作时也应发表我所写手稿的摘录。

我现在所发表的纲要必然是不完的。我对一些论点也不能在这里指出参考文献和根据。我希望读者对我的准确性有所信任。尽管我希望我在收集材料时很小心，只采取可靠的根据，但其中必是有些错漏。我在这里必须说明，我所得到的结论只用了少数的事实作为解释，但是我希望如此做法在大多数情况下也就够了。没人比我更深感以后必须将所有的事实和所引用的参考文献详细发表，它们是我得到结论的基础。我希望我将来的一部著作要做这个工作，因为我也深知，在这本书内所谈的各点，差不多每一点所论的事实都可以引到与我直接相反的结论。公平的办法就是要把每个问题的所有事实和双方的论据完全说出，公道的比较，才能得到公平的结果。当然这种做法，现在还是不能实现的。

限于篇幅，很遗憾我不能对很多慨然帮助我的博物学家一一致谢，其中一些我尚未识荆。但我不能不对胡克博士深致谢意，在最近的十五年中，他用丰富的知识和正确的判断在各方面给了我帮助。

在研究物种起源的时候，可以想见的是，一个博物学家因考虑生物相互的亲缘、胚胎的关系、地理的分布、地质的演替和其他类似的事实，他很可能得着这个结论：每一物种不是单独创造出来的，而是像变种一样，从别的物种传留下来的。纵使这种结论确有根据，却仍不够圆满，除非我们能明确指出，世界上这些无数的物种是怎样改变，以得到使我们惊赞不已的完满结构和相互适应的。博物学家们经常以外界的条件，例如气候、食物等等，为变异的唯一原因。我们下面将会看到，在非常有限的意义上，这可能是正确的。但如说物种本体结构的变异，例如啄木鸟的脚、尾、喙、舌能如此奇妙地适应捕捉树皮下昆虫的功能，仅仅是由于外界的条件，则实是荒谬。又如槲寄生，它从特定的树上吸收养料，它的种子必须由特定的鸟类传散出去，它的花是雌雄异株，必须要由特定的昆虫传递花粉。如说这种寄生生物的结构以及它与别种生物的关系也仅是由于外界条件的作用，或说是由于习性或植物自身的意志，也同样荒谬。

我相信《创世的遗迹》①的作者会说，在经过不知多少世代后，有些鸟类就产生啄木鸟，有些植物就产生槲寄生，产生时的完美，就如我们现在所看见的一样。但这种臆断，在我看来并不能解释什么，因为他没有涉及和解释生物的相互适应与它们对生活的物质条件的适应。

所以，我们对生物变化和互相适应的方法有明确的认识，是极其重要的。在我开始观察的时候，我觉得如果对驯养的动物和栽培的植物有精细的研究，会是解决这个困难问题的最好机会。这种想法并没有使我失望。遇到一切困难的事件时，我总是发觉，我们对生物在驯养下变异的知识，即使不够完美，也给我提供了最好和最可靠的线索。这种研究方法虽然许多博物学家不甚注意，但我确信是有很大的价值。

按此想法，本纲要的第一章将探讨**驯养状况下的变异**。我们将要认识到，由遗传而产生大量的变化至少是可能的。同等或更加重要的是，

---

① 英国出版商、地质学家罗伯特·钱伯斯的著作，1844年匿名出版。阐述从星球到生物，现在的一切都是由原始形态变化而来。内容引发诸多争议，在当时流传极广。——编者注

知道人们用**选择**的方法积累、延续微小的变异，它的力量是何等强大。然后我们要再讨论到自然界的物种变异，但很可惜这个题目只能简略叙述，因若正常详叙必须陈述连篇累牍的事实。不过我们可以讨论，哪些环境对变异是最有利的。在第三章内，将讨论全世界生物的**竞争生存**，这是由于生物的几何级数增加而导致的。马尔萨斯的学说，适用于整个动植物界。每一物种生出来的个体，比能幸存的个体超出很多，因此就经常存在着生存竞争。因此一旦某个体产生对本身有利的变异，即使非常微小，在这个复杂并且变化的生活环境下，也有较好的生存机会，因此就自然地被选择下来。在强有力的遗传原理下，被选择的变种将使新得到改变的形态得以繁衍。

自然选择这个根本的题目，将要在第四章内详细讨论。我们将认识到，**自然选择**的方法不可避免地使少有进步的生物归于**灭亡**，并由此将导致我所称为的**性状分歧**。在第五章内我将讨论一些复杂的、不太为人所知的变异的规律和生长关联的规律。在其后的四章中将要列出我的理论中一些最明显的和最困难的问题：第一，转变的困难，亦即一个简单的生物或一个简单器官，如何能改变并完善成一个高度发展的生物或构造复杂的器官；第二，**本能**问题，亦即动物的智力问题；第三，**杂交**问题，亦即物种互相杂交不育和变种互相杂交而能育的问题；第四，**地质记录**不完全的问题。在第十章内，我将讨论生物在地质时期内的演替。在第十一和第十二章内，我将讨论生物在地理上的分布。第十三章，将讨论成体或是胚胎状况下生物的分类或亲缘关系。在最后一章，我将对全书做一简单的重述并说明几个结论。

如果人们恰当地认识到，我们对周围一切生物的相互关系是极度无知的，那么对于物种和变种起源迄今为止还不清楚这一现实，就不该有所惊奇。谁能解释，为什么某物种分布甚广，为数众多？为什么另一近缘物种分布甚窄，为数稀少？但这些相互的关系是至关重要的，因为我相信它们决定着世界上各个生物现在的繁盛，及将来的成功和变化。在以往众多的地质时代中，世界上无数生物的相互关系究竟如何，我们知道的更少。虽然有许多问题我们现在不清楚，而且在将来很久的时期中仍会不清楚，但经过最审慎的研究和冷静的判断，我敢断言，"每一物种是单独创造出来"的观点是错误的。这个错误的观点是大多数博物学家所怀有的，并且从前我也怀有过。如今我深信物种不是不变的。那些被称为同一属的物种是一些别的且通常已灭亡物种的直系后裔，就像现在任何物种的变种被承认为原物种的后裔一样。此外我还确信，自然选择虽然不是物种变化的唯一方法，却是其中主要的一种。

第一章
驯养状况下的变异

变异的原因

习性的影响

生长关联

遗传

驯养变种的特征

种与变种不易分辨

驯养变种起源于一个或多个物种

家鸽品种的变异与起源

古代执行的选择原理和所获得的效果

有计划的和无心的选择

对驯养产物起源的无知

利于人工选择力量的条件

观察久经培养的动植物变种和亚变种的个体，第一点使我们注意的就是，它们彼此间的不同超过在自然状况下物种或变种的差别。考虑到这些培养的动植物种类之广，以及它们多少年代以来的变异过程中所经历的气候和照料变化之多，我想我们就必然得出这种结论：产生这些较大的变异性，一定是因为驯养动植物的生活条件不像原亲本物种在自然环境之下那么一致。依照安德鲁·耐特的意见，这个变异性部分来自充足的食物，这种看法我以为是很可能的。有一点很清楚，生物必是经过几个世代处在新环境之下，才可能发生一些明显的变异；同时，生物一经开始变异，即可继续变异多少世代。记载中尚未见有一个变异的生物因在培养之下而停止变异的。我们最长久培养的植物，例如小麦，现在仍常产生新变种。最古老的驯养动物，到现在仍然能够迅速地进步和变化。

人们一直争论的问题是，在生命的什么时期，变异的因素（且不管是什么因素）开始发动？是在胚胎生长的开始，或是在后期，抑或是在开始受孕时？若弗鲁瓦·圣提雷尔的实验证明，对胚胎做非自然的处理就能产生怪胎，而怪胎与一般的变异，没有清楚的界线可以划分出来。但我认为变异最通常的原因，可以归到雌雄生殖体在受胎以前就已经受到影响。我的这个想法有几个原因，最主要的是圈养或培植显著地影响了动植物的生殖系统：这一系统似乎比生物的其他部分更容易受到生活环境变化的作用。驯化动物并不困难，但在圈养之下，要它自由繁殖就不容易，甚至是在雌雄交配的情况下。有许多动物即使在土生土长的地方长期生活，而且不受严格的关圈，也不繁殖！一般的看法认为这是因为动物的本能被破坏了，但同样有许多栽培的植物生长极为苗壮，却少能结籽或绝不结籽！有少数情况曾经发现，很小的改变，例如在生长的某时期中多给或少给一些水，就可以决定这植物是否结籽。在这奇异的问题上，我曾收集充分的材料，但无法在此详述。为证明动物在关圈下的生产规律是何等奇特，我可指出英国圈养的肉食动物，除跖行动物如熊科之外，即使是来自热带，也能自由生殖；而肉食的雀鸟，除极少例外，却少能产生受精卵。许多外来的植物，生长完全无用的花粉，其情形犹如不能生育的杂交后代。一方面，我们看见已驯养的动植物，有时虽是病弱，即使在关圈下仍然繁殖自如；而另一方面，我们也看见许多个体在幼小时即从自然界移来，已经完全驯化，长寿健旺（对此我可举出许多例子），但它们的生殖系统不知因何受了严重的影响而失去作用。考虑到这些现象，当看到生殖系统在关圈之下，发生作用但不很规律，并且所产生的后代也不全像亲本时，我们应该不会感到意外。

不育被称为是园艺工作中的难题，但是使生物不能生育的原因，也是能使物种变异的原因，而变异是所有园艺中最好产品的来源。我可再补充一点，有些生物在最不自然的环境中（例如兔和雪貂关在箱笼中），也繁殖自如，证明它们的生殖系统并不因此而受影响。所以有些动植物经过驯养或培植，仅产生极少的变异，可能不比在自然状况下产生的变异更大。

我可以很容易地给出一长串"芽变植物"的名单——园艺家用该术语来表示，一个植物单芽显出新的、有时与原植物其他部分的芽很不相同的特性。这些芽变植物可用嫁接或扦插方法繁殖，有时也可播种繁殖。芽变现象在自然界极少发现，但在栽培培植中却并不稀罕。就此我们可以认识到，对植物亲本的培植，可以影响它的芽或枝而不是胚珠或花粉。但是许多生理学家认为，芽与胚珠在最初生长的时候并没有重要的区别。这样说来，芽变的现象支持我的看法，就是变异是由于亲本的培植使胚珠或花粉，或两者兼有，在受精行为发生之前受到影响造成的。这些事例证明，变异不一定与生殖行为有连带关系，虽然有些专家认为是有关系的。

由同一果实的种子长出的幼苗，和同一胎生出的幼畜，有些时候彼此大不相同，虽然正如穆勒所说，幼代和亲本是完全在一个环境下生长的。这可证明生活环境的影响，较之生殖规律、生长规律和遗传规律，是何等渺小。假如环境的影响是直接的，其幼代个体中如有任何变化，则所有幼代个体或应皆有同样的变化。在研究变异时，我们应将多少成分归功于直接环境的影响，如温度、水分、光照与食物等，是最不容易裁定的。我的认识是，这些力量对动物的直接影响非常微小，虽然对植物的影响较为显著。依此观点，巴克曼先生最近对植物的实验是极有价值的。当所有或近乎所有个体在一定的外界环境下，形成相同的改变，起初看来是受了环境的直接影响；但有些情况下，正相反的环境也可产生相同的结构改变。我想有些小变化可以归功于生活环境的直接影响，例如在有些时候，体积的增长归功于食物的增多，颜色取决于特殊的食物或光照，皮毛的厚度或可归因于气候。

习性也有决定性的影响，例如将植物从一种气候迁移到另一种气候，可以改变它的花期。在动物身上可以看到更显著的影响，例如我发现，家鸭的翼骨在全体骨骼中的比例比之野鸭为轻，腿骨则相对较重。我想可以肯定地说，这种变化应归之于家鸭比野生的祖先飞得少、走得多。有些地方，母牛和母山羊因长期被挤奶，它们的乳房比不挤奶地区的母牛和母山羊更为发达，且具有遗传性，这是使用产生影响的又一例证。所有家畜都能在有些地方找到带垂耳的例子。有人提出这是因为这些动物很少受到惊扰，耳肌不使用而导致垂耳。这很可能是正确的。

控制变异的有许多规律，有些只能模糊地体会到，下面将简略地谈谈。我想特别提一下所谓的"生长关联"。胚胎或幼体时期的任何变化，几乎肯定会在成体继承下去。在畸形方面，身体不同部分的关联是很奇特的。伊西多尔·若弗鲁瓦·圣提雷尔在他的巨著中对此给出了许多实例。动物育种家相信，长的四肢几乎总与狭长的头相关。有些关联的例子是很出人意料的，例如蓝眼的猫必然耳聋。颜色和体格的特点相结合，这种奇特的例证，动植物界都可给出很多。按侯辛格所收集的一些事实看来，某些植物毒素对白羊、白猪的影响不同于对有颜色的猪羊；无毛的狗牙齿不健全；长毛和粗毛的动物据称容易角长或多角；脚上有羽毛的鸽子外侧的趾间有蹼皮；短喙的鸽子脚小，长喙的鸽子脚大。因此，如果人们对某一特性予以选择和加强，几乎肯定地，就会因为神秘的生长关联规律，不知不觉地改变生物结构的其他部分。

完全未知的或隐约了解的各种变异规律所产生的结果，是无限地复杂和纷纭。详细阅读已经发表的关于古老栽培植物的论文（如风信子、马铃薯，甚至大丽花等），获益必多。它们的许多变种和亚变种，彼此之间在体格和体质方面有无数的轻微差异，实在令人惊异。整个的组织似乎都是可塑的，并倾向于与亲本有轻微的分别。

凡不能遗传的变异都对我们无关紧要。结构上能够遗传的变异，包括生理上重要和不重要的，其数量和纷纭程度都是无限的。普洛斯朴·卢卡斯博士有两大卷论文，对此问题讨论得最详细、最完善。动物育种家从未怀疑过遗传倾向的强大，"子必肖亲"是育种家的基本信条，只有理论家对其原理发生过疑问。父子身上经常出现同样的结构上的差异，我们无法确知这些差异是否得自不同的原因；然而，出自显然同样的环境中的不同个体，若在某些特殊条件的作用下，偶然在亲体出现了稀有的差异（比如说几百万个个体中有一个），而且这差异在子体中又重新出现，那么简单的概率法则就迫使我们将此差异的再现归于遗传。大家都听说过一家几个人具有白化病、刺皮症或多毛症等的例子。假如奇异稀罕的结构差异真是可遗传的，那么一般的、不奇异的差异也应是可遗传的。或许对整个问题的正确见解应当是，每个特征的遗传是规律，不遗传是例外。

遗传的规律大多数还是未知的。没有人能说明，为何一个特点在同种或异种的不同个体中，有时遗传，有时不遗传；为何小孩的某种特征，返归到他的祖父或祖母或其他远祖；为何一个特征常从一性传给两性或只传给一性，而且大多数，但非绝对地，只传给同性的后代。家畜中存在着一个对我们不大重要的事实，就是雄性个体上出现的特征，常常只传给雄性或传给的大多是雄性。另一更重要的、我认为可靠的规律，即一个特征如果在亲体生命中某个时期出现，则亦在其后裔的相应时期出现，有时或较早些。在有些情况下这个规律是必然的，例如牛角的遗传特点只能在后代接近成熟的时候才开始出现；蚕有一些只在幼虫期或蛹期阶段出现的特征等。但是遗传病和一些其他事实，使我相信这个规律应有更大的范围：有时某个特征没有明显的道理为什么在一定的年龄出现，但它第一次在亲体的什么年龄出现后，便明确倾向于在后代的同一年龄出现。我相信这个规则在解释胚胎学上的定律时至关重要。当然这些说法，只限于特征的第一次出现，并不指初始成因，因为初始成因可能早已对原卵或雄性生殖元素施加了影响；例如短角母牛与长角公牛交配后所生后代，虽然角长的增大必然在发育后期才会出现，但其原因显然应归于雄性生殖元素的作用。

刚才提到了返祖的问题，我现在要说到一些博物学家常有的一个论点：如果让已经驯养的变种回到野生状态，它们会渐渐地但肯定地回复其原始祖先的特征。因此有人说，我们不能从驯养种系推论自然状况下的物种。这种说法虽屡次有人大胆地提出，我经过努力却仍不能替它找出决定性的事实根据。要证明它的正确性，困难很大：我们可以有把握地说，大多数非常显著的驯养变种，不可能在野生状态下生存。很多情况下我们不知道它的原祖是什么样的，所以我们不能说明它是否完全返祖了。为了避免互相杂交的影响，只能让一个单独的变种在新环境里自由生长。尽管如此，变种身上确实会偶然地重现它祖先类型的某些特性。所以在我看来有这种可能，以甘蓝的若干品种为例，如果我们能经过许多世代后，成功地在非常贫瘠的土壤中移栽或培育它们（在这里一些影响将归功于贫瘠土壤的直接作用），它们会在很大程度上，甚至完全回复到野生祖先的状态。这种返祖实验能否成功，对于我们的争论并无重大关系，因为这个实验本身已使生存条件发生了变化。如果驯养的变种显示出强大的返祖倾向，就是说，假若保持条件不变，并保持相当大的群体混在一起，以自由杂交遏制细小的结构变化，而变种在这种情况下能够丧失它们获得的特性，那么我承认，我们不能从驯养变种推导出任何关于物种的理论。但是支持上述观点的证据一点影子都没有：倘若断言经过多少世代我们也不能培养出驾车和赛跑的马、长角和短角的牛、各种品种的家禽以及适于食用的蔬菜，显然是违反一切经验的。我还可以补充，在自然环境下，生活条件确有改变时，特征的改变和返祖可能确有发生；但是自然选择将决定新产生的特征会保存到何种程度，后文将要对此做出说明。

当我们观察驯养动植物的遗传变种或种系，并将它们与近缘物种作比较时，如已说过的，一般能看出各个驯养变种在特征上，比真正的物种更加不一致。同一物种的驯养种系还常有些畸形特征，这就是说，在某些微小的地方，它们固然彼此稍有差别，或与同属的物种略有不同，但在某一部分，它们彼此间相差极大，与自然状态中其他最密切近缘的物种相比较时，差异尤其显著。除了这种畸形特征（以及之后将详述的变种间杂交的完全能育性）之外，同一物种的驯养种系彼此间的差别，与自然界同属的近缘物种彼此间的差别情形完全相似，只是大多数情况下差别更小。有一点我们必须承认：被一些专家认为属于变种的驯养动植物种系，会被别的专家认为是早就有的不同物种的后裔。若驯养种系和物种之间能确有些显著的不同，这个疑问便不会这样一再地出现。常有人说，驯养种系彼此间的差别没有达到"属"的水平。我认为能说明这种说法可以说是不正确的；但在决定什么才是"属的特征"时，博物学家的意见却又大相径庭。所有这类评估现在还只是经验式的。再者，根据我将随后说明的"属的来源"的意见，我们不能指望在驯养品种中常常看到属级水平的区别。

当我们试图估计同一物种的驯养种系间，彼此结构的差异大小时，我们马上就发生疑问：它们究竟是从一个还是从几个亲本传留下来的？这一点若能弄得清楚，是很有意思的。例如倘若能证明灵缇犬、寻血猎犬、梗犬、獚犬和斗牛犬等确知具有纯正遗传的品系，皆是同一物种传留下来的，则此类事实便有极大的分量，使我们可以继续怀疑，散居世界各地的与它们有近缘关系的自然物种，例如各种狐狸，是否真正不可改变。下面我们即会看到，我不相信现有各不同种类的狗的全部差别，皆是在驯养过程中产生的；我相信有某些小部分不同，是由不同的物种传留下来的。在其他一些驯养物种中，则可以推断，乃至于有充分的证据说明，它们是从同一个单独的野生原种传留下来的。

常有人假定，人类在选择驯养的动植物时，选择了那些最有变异倾向并最能承受不同气候的物种。我承认这些能力对大多数驯养生物有极大的作用，但未开化的人类最初驯化动物时，怎能知道此动物在若干世代中能否变异？怎能知道它能否忍受别的气候？难道驴或珍珠鸡少有异化，或驯鹿不能抵抗高温，或普通骆驼不能抵抗严寒，就阻碍了对它们的驯养吗？我相信，若挑选另一些与我们所驯养的生物数量相等、分类和产地多样性相匹配的动植物，使它们从野生环境中分离出来，在驯养条件下经过同样多世代的繁殖，它们也可以发生大致与我们现有驯养生物亲本一样大的变异。

关于我们古老的驯养动植物，大多数是否起源于一个或几个物种，我想是不能得到确定结论的。相信家畜出于多源的，主要以古代的记载（特别是如埃及碑铭）中家畜品种的多样性为依据，并说其中有些古代品种与现存的品种极相似，甚至完全相同。但是即使此事实比我认为的更严谨、更具普遍真实性，除了说明我们的品种是四五千年前发源于那里的以外，还能说明什么呢？据霍纳先生的研究，尼罗河流域的文明已能在一万三四千年以前制造陶器；那么谁能说在比这更古的时代，埃及就没有像在火地岛和澳洲那样，居住着拥有半驯化的狗的未开化人类呢？

我认为这整个问题仍是不明晰的；但我想指出，假如从地理的分布和其他方面着想，我们的各种家犬很可能是发源于几个野生品种：我们既然知道未开化人类是最喜欢驯化动物的，并且狗这一属是野散于世界各地的，那么，如果说自从有人以来，狗的驯养是出于单一物种，我以为是不大可能的。关于绵羊和山羊我不能提供什么意见。据布莱斯先生写信告诉我的关于印度驼峰牛的习性、声音和体质等事实，我以为它们和欧洲家牛是从不同的原始祖先传留下来的；还有几位有能力的专家相信，欧洲家牛有多个野生的祖先。论到马的来源，我的意见与一些专家相反，其原因在此不便详述，我是有保留地倾向于相信，我们所有的马的品种，是来自一个野生祖先。布莱斯先生具有多种充分的知识，我以为他的意见比任何人的都更可贵，他以为所有家禽的品种都是从一个印度野生禽种（红色原鸡）传留下来的。关于鸭和兔的来源，尽管所有品种在结构上彼此皆大不相同，我相信它们皆是从普通的野鸭和野兔传留下来的。

关于各种驯养动物是来自多个原始祖先的说法，有些专家把它推论到不合理的极端。他们相信凡纯正繁殖的品种，无论其不同的特征如何细微，均各自有其野生的原型。照此说法，只在欧洲一地，野生的牛至少必须要二十余种，绵羊也是一样，山羊也必有若干种，甚至大不列颠一地也必须有几个野生品种。一位专家认为，大不列颠从前有十一种特有野生绵羊。我们注意到现在英国没有一种特产的哺乳动物，法、德两国的动物之间只有极少数互不相同，匈牙利与西班牙等亦然，但是这些国家每国都有几个特殊品种的牛、羊等家畜，这样一来我们就必须承认，许多家畜品种一定是起源于欧洲的；因为假如这几个国家没有一些不同的物种作为原始的亲本祖先，它们是从哪里来的呢？印度的情况也是一样。即使是全世界的家犬，我都完全承认它们很可能是从几个野生种传留下来的，也不怀疑其中必有大量遗传变异。因为像意大利灵缇犬、寻血猎犬、斗牛犬、布莱尼姆獚犬等，与所有野生犬科种类都大不相同，谁能相信与它们密切相似的动物曾经在自然界自由生存过呢？人们常随便地说，我们现在所有的狗的种系都是由几个野生种杂交而来；但是杂交只能得到一些介乎亲本中间的种类。假如我们承认现在所有的家犬品种皆由杂交而来，我们即必须承认某些极端的品种，如意大利灵缇犬、寻血猎犬、斗牛犬等老早已生存于野生状态之中了。此外，由杂交产生不同品种的可能性也被过分夸大了。无疑，若辅以细心选择具有所需特征的混种个体，偶然的杂交将能改变种系；但用两个极不相同的种系或物种杂交，能得到一个差不多介乎二者之间的种系，我是不能相信的。J.西布赖特爵士就曾专为此目的做过实验，结果失败了。由两个纯品种的原物种间杂交所产生的后代，其形状尚或勉强相似且有时极其相似（我发现家鸽有此结果），如此做法似甚容易；但使这些混种彼此继续杂交，经数代后几乎不能有两个是一样的，然后才知困难重重，仅由杂交是绝不能达到目的的。由两个极不相同的品种，非经过长期和极精细的选择，不能得到一个中间的品种；我也从没有从记载中看见过一个固定的变种是由杂交而来。

家鸽品种的变异与起源

　　我认为就一种特殊的生物来做研究最好，考虑之后，就决定研究家鸽。凡能买到或求得的鸽种，我一概饲养，并承惠赐世界各处的鸽皮标本，尤其是 W. 艾略特阁下自印度、C. 默里阁下自波斯寄来的。各种文字出版论鸽子的文献甚多，其中有些时代很古，所以甚宝贵。我结交了几个著名的养鸽专家，并加入了在伦敦的两个养鸽俱乐部。鸽的品种之多，至可惊异。把英国信鸽与短脸筋斗鸽两相比较，即可以见到它们的喙有出奇的差异，连带着头骨也就有相应的不同。信鸽，尤其是雄的，头部皮上还有出奇的特殊肉冠，并随之伴有很长的眼皮、极大的外鼻孔和宽大的喙裂。短脸筋斗鸽喙的轮廓与雀类相似；普通筋斗鸽有奇特的并严格遗传的习性，即成群密集高飞，并且会在高空翻筋斗。侏儒鸽体格大，有长大的喙和大脚；有些亚种系有极长的颈，有些有长翅长尾，有些有特短的尾。勾喙帕布鸽与信鸽相近，但喙不仅不长，反而极短极宽。球胸鸽长身、长翅、长腿；它的嗉囊极发达，不时自豪地胀大，使人惊异发笑。浮羽鸽具有圆锥形的短喙，胸下有一条反羽；它有常将食道上部微微胀出的习性。毛领鸽颈背上的羽毛向上反长，形如风帽，翼羽和尾羽较身材颀长得不相称。喇叭鸽和笑鸽发出的咕咕声与众不同，名副其实。扇尾鸽的尾部有三十甚至四十支羽毛，而一般鸽类尾羽只有十二至十四支；其尾羽经常张开着，保持竖立，在好的品种中，头尾可以相接；其脂腺却发育不良。此外，还有几个差别不显著的品种。

有几种鸽的骨骼中，面骨的长、宽和弯度大有不同。下颌支骨的形状以及宽度和长度变化极大。尾椎和荐椎数目也是不相同的，肋骨的数目、它们彼此间相对宽度和有无突起也有变化。胸骨孔隙大小和形状变异度很高；叉骨两支的相交角度、相对大小也是这样。喙裂宽度、眼皮长度、鼻孔外口大小、舌的长短（舌与喙的长度不一定有严格的关联）、嗉囊和食道上部的大小、脂腺的发育或退化、主翅和尾部羽毛数目、翼和尾长短比例以及翼和尾对全身的比例、腿与脚相对长度、趾上鳞片数目和趾间蹼的发育，都是结构上表现变异的项目。全羽出现时间和刚孵化的雏鸽的毪毛状态也是有变异的。卵的形状和大小也不相同。飞翔方式，以及某些品种的声音和性情都有显著的差异。最后，某些品种的雌鸽和雄鸽也相互有些轻微的区别。

至少可以选出二十种鸽，如果交给一个鸟类学家，告诉他这些都是野生的鸟，我相信他一定会把它们分类成不同的物种。并且我也不相信任何鸟类学家会把英国信鸽、短脸筋斗鸽、侏儒鸽、勾喙帕布鸽、球胸鸽、扇尾鸽列入同一属中；特别是这几种品种中每一种都有的一些纯正遗传的亚品种（他可能要认为是物种的），更是如此。

家鸽品种间虽有如此巨大的差异，我却深信一般博物学家的共同意见是正确的，即所有品种都是来自岩鸽（即原鸽），包括此名称下几个彼此之间有些极微小区别的地理性品种或亚种。使我得到此种结论的理由中，有几点在别处也可应用，故在这里简略地说明。假如这些家鸽品种不是变种，又不是从岩鸽产生出来的，它们就必定是从至少七个或八个原始祖先传留下来的，因为要由杂交产生现在的家养品种，所需亲代数目不能再少。例如，亲代祖先中如果没有一个具有特别巨大嗉囊的品种，我们如何能由两个品种杂交产生球胸鸽？所有假定中的原始祖先必定都是岩鸽，就是说它们不在树上做窝养雏或栖息。但是除了原鸽和它的几个地理性亚种外，只另有两三种岩鸽为人所知，可是这几种皆没有家鸽品种的任何特性。因此，假定中的七八种野鸽，必是要么仍在起初被驯养的地方生存着，并且仍未被鸟类学家发现，但由它们的大小、习性和显著的特性上看来，这种推论似乎不大可能；要么它们早已在野生情形中绝灭。但在悬崖上育雏而且长于飞翔的鸟，是不易绝灭的；而与家鸽各品种有同样习性的普通岩鸽，就在不列颠群岛中的某几个小岛上及地中海沿岸也仍未绝灭。因此如说与岩鸽同习性的这许多物种全部都已灭亡，我以为也是极鲁莽的假定。还有上述几个已经驯养的品种，曾被引到世界各处，其中自然必有一些又带回至原产地的，但未见有一种复回到野生境况，只有其实为岩鸽但状态略有区别的达夫科特鸽，曾在几个地方回到野生境况。再者，近来所有的经验皆证明，要使野生动物在驯养的环境中自在繁殖，是一件不容易的事；如说家鸽是多源的，那我们就必须承认至少有七八种野鸽，在古代早已经被半开化的人类完全驯养了，所以它们虽在圈养的环境下，仍能生育自如。

　　我认为有一说法是很重要的，并可运用于其他方面，即是以上所说各种家鸽，虽然体格、习性、声音、颜色和大部分构造上，大致与野岩鸽相符合，但他们构造的其他部分仍然极其异常。在鸠鸽科这一大科内，总不能找出喙像英国信鸽、短脸筋斗鸽或勾喙帕布鸽，翻毛像毛领鸽，嗉囊像球胸鸽和尾羽像扇尾鸽的。由此我们必须假定，半开化的人类不但早已驯养了几种不同的野鸽，并且还有心地或偶然地选出了极其异常的品种；而且这几个野生品种或早已灭亡，或尚未经发现。如此许多奇特偶然的事件我以为是最不可能的。

论到鸽子的颜色，有些事实很值得考虑。岩鸽是暗蓝色，尾部是白的（司垂兰命名的印度半岛亚种是浅蓝色的）；尾部末端有一暗色条，外侧尾羽基部是白的边；翼上有两个黑条；有些半驯养品种和某些显然真正的野生品种，除这两个黑条外，翼上有交错的黑斑。在全科任何其他物种中，这几种花纹并不同时出现。每一个驯养品种，只要是充分培育良好的鸽子，以上这些花纹，连外侧尾羽外缘的白边在内，有时都是完全具有的。此外，当两个确定不同的品种杂交，虽然它们都不是蓝色的并且没有上述任何花纹，其混种后代最容易忽然得着这些花纹。例如我用一些纯白的扇尾鸽与纯黑的勾喙帕布鸽杂交，它们产出斑驳棕色和黑色的鸽子；我再用这些下代杂交，结果纯白的扇尾鸽和纯黑的勾喙帕布鸽的第三代是一个极美丽的蓝身白尾鸽，翼上有双黑条，尾羽有条纹和白边，与任何野岩鸽相同！若是认为所有的家鸽品种皆来自岩鸽，依照著名的返祖规律，我们就能了解这些事实了。假如我们不承认这点，那么我们对下面两个极不可能的说法，就必须接受一个。第一就是所有几个臆想的原始祖先都有与岩鸽相同的颜色和花纹，虽然现存的其他野生鸽种没有一个是如此；于是，每一独立品种中仍可能有返到原来颜色和花纹的倾向。第二个说法即每个品种无论如何纯洁，在十二或最多二十世代中都曾与岩鸽杂交过：我说在十二或二十代中，是因没有事实能支持一个后代在二十代以外能回复到某个祖先的情形。一个品种如只与一个别的品种杂交一次，其回复这一次杂交中所获得特性的倾向便将越来越少，因为在每一后代中，那次杂交所遗留的外来血统必越来越少；但如有一品种并未与别的品种杂交过，而这品种的两亲本保有回复到前几代已经丧失了的特征的倾向，我们能看出这个倾向与前一个倾向相反，可以毫不减少地遗传到无数的世代。这两个不同的情况，在一些论遗传的著作中常被混淆。

最后一个理由是，所有家鸽品种的杂种和混种是完全能育的。我能这样说，是依我自己对几个最不同的品种特意进行的观察。两个明显不同的动物的杂交后代中，要举出一个完全能育的例证是困难的，甚至也许是不可能的。有些著作家相信，长久持续的驯养可将不育的强烈倾向消除。依照狗的历史，这个假说若应用到近缘的物种上，我想是有一些可能性的，虽然尚不能举出一个实验的事实来证明它。但如把这假说扩展到，认为原始差异就像今天的信鸽、筋斗鸽、球胸鸽和扇尾鸽等那样大的物种，它们杂交的后代都完全能育，在我看来就是极端地鲁莽。

以上所说各点理由，即：人类不可能一开始就同时驯养了七八个假想的鸽种，让它们在驯养状态下自由繁殖；这些假想的七八个物种都没有发现过野生的，而且也没有发现再回到野生的情况；这些物种在某些方面和整个鸠鸽科相比时，具有极其异常的特征，但大多数其他特征却与岩鸽又如此近似；无论是纯种或是杂交的品种中，蓝色和各种花纹在所有品种内都时有复现；混种后代都完全能育。根据这几种原因，我深信我们所有的驯养品种，都是由原鸽与其地理性亚种传留下来的。

我更可加说几条，作为这个说法的佐证。第一，原鸽或岩鸽在欧洲和印度都可以驯养；它的习性和许多构造上的特点，都与所有家鸽品种相符合。第二，虽然英国信鸽或短脸筋斗鸽在有些特征上与岩鸽大不相同，但如把它们的几个亚品种，尤其是自远地带来的那些亚品种相互比较，我们就能把它们在两个极端结构之间，排列成一个几乎完整的系列。第三，各品种的标识性特征，例如信鸽的肉瘤与长喙，筋斗鸽的短喙和扇尾鸽的尾羽数目等，在每一个品种中皆有极大的变异；这个事实等到我们讨论选择的时候就易于了解了。第四，家鸽受到人们的关注和精心照管，为许多人所喜爱，在世界各地已被驯养了几千年。莱普修斯教授向我指出，最早的记载是在埃及第五王朝时代，约为公元前3000年；但是伯奇先生告诉我，在前一王朝时代，鸽子已列入菜谱。在古罗马时代，普林尼说鸽子的价值甚高，"不仅如此，他们甚至能够评估它们的系谱和品种"。约在公元1600年时，印度阿克巴大帝即很重视鸽子，宫中常饲养20,000只以上。"伊朗和图兰的国王曾送给他一些极稀罕的品种。"这位宫廷史官继续写道，"陛下尝试了此前从未用过的方式，用各种鸽子杂交，使它们得着惊人的改进。"约在相同时期，荷兰人热心鸽子，犹如古罗马人一样。这些研究对说明鸽子曾经有过重大变异是极其重要的，当我们讨论**选择**时，即可明了。那时我们也可以知道，为什么有些品种的鸽子会表现畸形的特征。雄鸽雌鸽是终生相配的，这也是产生各类品种的最有利条件，不同的品种因此亦可豢养在同一鸽舍中。

家鸽可能的起源，我已讨论了一些，但仍嫌不甚充分。因我起初饲养家鸽时，研究了不少品种，知道它们是纯正遗传的，我深深地觉得，很不容易相信它们是从一个共同的亲本传留下来的。正如博物学家对许多雀科物种或对自然界其他大类群的鸟类，要作出相似结论，也是同样不容易的。有一种情形使我很注意，就是我曾与之交谈或拜读其著作的各种家畜育种家和植物培养家，皆深信他们各自所照料的各种动植物，均是从原始不同的物种传留下来的。如果你问一个著名的海福特牛饲养者（我自己就这样问过），他的奶牛是否是从长角牛传留下来的，他会轻蔑地嘲笑你。我从未遇见过一个鸽、鸡、鸭或兔的育种家，不深信他的每一个主要品种皆是从一特别的物种传留下来的。凡·芒斯在论梨和苹果的著作中，表示了他绝不相信各样种类的苹果，例如瑞伯斯顿－皮平苹果或柯德林苹果，是来自同一树上的种子。其他无数的实例举不胜举。我想这是容易解释的：经过长期不断的研究，他们对各种系间的差异都已有了深切的印象；他们虽然深知每一品种只有轻微的变异，他们所以能够获得成绩，正因为选择这些轻微的变异，但他们仍然不理会一切通常的论据，思想上拒绝对轻微变异在许多连续世代的积累进行估量。某些博物学家对遗传的规律，比动物育种学家知道得更少，对同源衍生系列长线的中间环节，也不比育种学家知道得更多，不过他们也承认许多的驯养种系是从同一亲本传留下来的；当他们对天然物种是别的物种的直系后裔的观点表示轻蔑的时候，是否也应该得到一次"请保持审慎态度"的教诲？

选择

　　现在我们可以简略地讨论由一种或数种近缘物种产生驯养品种的步骤。有些小的效果或可归功于外界生活条件的直接影响，有些可归于习性；但如说驾车马和赛马的差别，灵缇犬和寻血猎犬的差别，信鸽和筋斗鸽的差别皆归功于这些原因，未免太大胆。驯养种系中最须注意的一点，即它们的适应性并不是为动物或植物的本身利益，而是为了人类的利益或爱好。某些有益于人类的变异可能是突然发生的，或一步成功的；例如许多植物学家相信起绒草（其带有的钩刺是任何机械制品不能相比的）只是野生川续断的一个变种；这个变异可能是从一株秧苗突然发生的。转叉狗的产生或者也是这样，安康羊也是众所周知的例子。但当我们比较驾车马与赛马，单峰驼与双峰驼，适于在牧场或山地放牧的羊与羊毛适合这种或那种用途的各种绵羊；比较各种对人类有不同用途的狗；比较在打斗时极其凶猛的斗鸡与其他少有打斗的鸡，"长年产卵"但不孵的鸡，娇小玲珑的矮脚鸡；当我们比较大量农作物，蔬菜，果树和花卉（它们在不同季节对人类有不同用途，或是极其悦目）；当我们比较这一切时，我以为我们就不能不想到比变异更深的因素。我们不能认为，所有现在看来如此完善、如此有益的种系，是忽然产生出来的。事实上我们知道，其中有些品种的历史并不是这样简单。关键是人类的累积性选择：大自然提供着持续的变异性，人类再按照他自己的需要把这些变异累积起来。在这个意义上可以说，人类为自己造出了有益的品种。

选择原理的伟大能力并非假想。可以肯定有几个杰出的动物育种家，在他们短短的一生中，曾大大地改变了牛羊品种。如要充分了解他们所做的工作，就必须阅读讨论这些问题的许多文献之中的一些，并须观察有关的动物。动物育种学家常说动物的有机组织犹如可塑的物质，他们可以随心造出他们所需要的形象。如不限于篇幅，我可从极有权威的著作中，引述极多的记载。尤阿特对农学家的工作比任何人都知道得多，而且是一个极好的动物鉴赏家，他说选择的原理"不仅使农学家能改变他的畜群的品质，并且可能使它完全更换。选择是魔术家的魔杖，他用这魔杖能随心所欲地变幻出任何形状和性格的生命"。萨默维尔勋爵谈到育种家对羊所做的工作时说："他们似乎先把一个完美的形态做成壁画，然后叫它有了生命。"最灵巧的育种家约翰·西布赖特爵士论到养鸽时曾说："我能在三年之内育出任何样子的羽毛，在六年之内就可得着任何样子的头和喙。"在撒克逊州培育美利奴绵羊的人们，对选择规律的重要性都很了解，有育种人遵循该规律作为职业：他们把绵羊放在桌上详细观察，犹如美术鉴赏家审察绘画；审察分三次，每次间隔数月，并要把羊的特点标记起来，分成等级，以便最后把最好的羊选择出来用以育种。

英国育种家所取得的业绩，已由各种优良系谱动物的巨大价值所证明；这些动物现已出口到世界各地。动物的改良，通常并不是靠不同的品种杂交，所有优秀的育种家都坚决反对这个办法，除非在一些近缘的亚品种中。在杂交工作中，"选择"较之寻常的场合更须精密的注意。倘若选择只是将一些特别的变种分别出来，然后用它们繁殖，那么这规律就很简单，也可不必注意了；选择的重要性，是在于将许多相继世代中的差异向同一方向累积起来，以产生巨大的效果，这种差异非久经训练的慧眼不能认识。我个人虽曾经注意，但也不能了解。要成为一个高明的动物育种家，必须明察秋毫，判断正确，这种人千不得一。他如能有这种天赋品质，仍须对此行道有多年研究，仍须有坚强不变的意志，终生念兹在兹，如此方可成功，方可有重大的成就。这些品格中，他如缺少一样，必招失败。即使要成为一个精明的鸽子育种家，也必须要具有天赋和多少年的实践，此种要求，人们少能领会。

选择的规律也为园艺家所遵从，但植物的变化有时更是突然。没有人会认为我们有些最优质的植物品种，是从原始祖先一次变异出来的。我们可以从某些案例精确的记载中证明并不是这样的；普通醋栗果逐渐增大的事实可作一小例子。当我们把许多花卉栽培家现在培育出的花朵，与仅仅二三十年前所画的花朵相比较时，即可看出有惊人的进步。到一种植物的特点已经很好地固定时，培育家并不将最好的植本从幼苗中选出，而是用去劣方法检查苗床，把"捣蛋鬼"（他们这样称呼脱离正常标准的植株）从中拔出。此种选择法在动物育种中也是奉行的，没有一个粗心大意的育种家能让他最劣的动物繁殖。

在植物方面，我们另有一方法考察选择所积累的效力，就是在花园中把同一物种各变种的花的多样性互相比较；在蔬菜园中，把叶、荚、块茎或其他任何有用部分的多样性，与相应变种的花互相比较；在果园里，把同一物种的果实的多样性，与相应变种的叶和花互相比较。观察甘蓝的叶子是怎样不同，而它们的花是怎样极其相似；观察三色堇的花是怎样不同，而叶是怎样相同；观察各种醋栗果在大小、颜色、形状和茸毛大有差异，而它们的花又是怎样只有细微的差别。这不是说各变种在某个地方有很大差异，在所有其他地方即毫无不同；这种情形很少发生，也许是从来没有的。生长关联的规律会确保一些差异，这个规律是绝不可轻视的；但是，作为一般规律，我相信对轻微变异的持续选择，无论是在叶、花或果实上，就将产生主要在这些方面带有不同特征的品种。

如说选择的原理只在近七十余年中方归纳成系统化的实践，人们可能会提出异议。在最近几年中，人们确实对之更加注意，而且发表了许多论文，相应地就有了迅速和重要的结果；然而如说选择原理是近代的发现，则远非事实。我可给出几个极古的文件，其中已充分确认了此原理的重要性。在英国历史上未开化的时期，精选的动物常常是进口的，并通过法律禁止它们出口，且规定在多少尺寸以下的马匹必须消灭，犹如园艺家用"清除捣蛋鬼"的方法消除劣种幼苗一样。中国一部古老的百科全书明晰地说明了选择的原理。一些罗马的古典著作家，曾写出些清楚的规律。《创世记》中也曾记明，在很早的时期人们已经注意家畜的颜色。现在的未开化人类有时用野狗与家犬杂交，以便增进它们的品种，而且他们以前也是这样做的，在普林尼的著作中已证明此点。南非的未开化人类按颜色交配他们载重的牲畜，一些爱斯基摩人对他们的拉橇狗队也是一样。利文斯通指出非洲内地没有和欧洲人交往过的黑人是如何重视好的家畜品种。这些事实并非都证明实际上发生了选种，但却指出即在古时，家畜育种也是早经注意的，并指出就是现在极落后的未开化人类，也对它有所注意。好坏品种的遗传既是如此明显，人们若对繁殖不加注意，那也可算是一个奇迹了。

现在高明的动物育种学家都具有明确的目标，试图用有计划的选择，来产生一个能超过国内现有各品种的新品种或亚品种。但为我们的目的计，一项可称为无心的选择更为重要，其法归因于每个人都想拥有最优秀的独特动物并用它们来进行繁殖。例如饲养指示犬者，他开始就要尽可能获得最优良的狗，然后用他自己所有的最好的狗进行繁殖，但他并不有心要固定改变它的血统。若此办法长久继续数百年下去，我相信任何品种皆会提高和变化，例如贝克威尔和柯林斯等人就是用此方法，但进行得更有计划，因此只在他们这一生中，就大大地改变了他们的牛的形态品质。此种缓慢的和不知不觉的改进，除非很久以前就有了有关品种的实际测量结果，或精细的绘画可供比较，否则品种的轻微改变是绝不能看出来的。然而有时候，未改变或少有改变的相同品种，可在较不开化的地区发现，在那里品种改进较少。我们有理由可以相信，查理王猎犬自查理二世到如今已有了很大的无心的改进。有些高明的权威家相信，谍犬是直接由猎犬产生出来的，可能由之缓慢改变而来。大家知道英国的指示犬在近百年中大有改变，此种改变皆信多是由于用猎狐犬杂交而得；但我们所应注意的就是这种改变是由无心缓渐的方法而得。这方法极其有效，以致尽管西班牙指示犬从前肯定是来自西班牙的，但博罗先生曾对我说，他在西班牙从未见过像我们指示犬一样的当地狗。

通过相似的选择过程和精心的训练，所有的英国赛马在速度和大小上，皆超过原阿拉伯的亲本。如今，因后者较小，古德伍德赛马场还做出了对其负载减轻的有利规定。斯宾塞勋爵和其他人指出，英国现在的牛较之以往饲养在这个国家的牛，其重量和早熟上皆有进步。依照论鸽的古老文献中的记载，当时的信鸽和筋斗鸽，与不列颠、印度和波斯现在的品种相比较，我想皆可清晰看出它们经过了无形的进步阶段，直到与岩鸽如此大不相同。

尤阿特给出了一个极好的说明，证实一种可认为是无心的选择过程，产生了育种家从未预料到甚或希望的结果，即产生了两个不同的种系。巴克雷和伯吉斯两位先生所饲养的两群莱斯特绵羊，据尤阿特说，"都来自贝克威尔先生的原有品种，且纯正地繁殖了五十年以上。任何了解情况的人都相信，这两位主人从未有意使羊群在任何情况下偏离贝克威尔先生种群的纯正血统，但两位先生的羊群差异极大，看起来犹如两种完全不同的变种"。

如果有未开化人类因文化甚低，对驯养家畜后代的遗传特性全不注意，但在经过饥荒和其他灾难的时候（这是未开化人易于遭受的），有某个牲畜基于任何特殊目的对他特别有用，他必设法将其保存。被选的牲畜通常将较之劣种繁殖后代更多；如此做法亦即一种无心的选择。我们得知在火地岛的未开化人类也看重牲畜的价值，在遭遇饥荒的时候，宁可杀死和吞食老年妇女，因为其价值还比不上他们的狗。

在植物方面，同样的逐渐改进的过程，也是存在的。如我们所见的三色堇、玫瑰花、天竺葵、大丽花等植物，它们在大小和美观上的改进，如与原亲本比较，即可清楚地识别。此种过程即是偶然保留最好的单个植株，无论它们最初出现时是否为显著的变种，或是否由两个或更多种类杂交混合而来。没有人希求用野株的种子即能培得优良的三色堇或大丽花；也没有人希求用野梨种子即能培养出优良的软梨，但如他所培养的野幼苗原是逸出的家种，他或者可以成功。梨虽然在古时即有所栽培，但依照普林尼的描述，其品质是极劣的。自园艺学著作中的记载，我看到对园艺家由贫瘠的资料产出美丽果实的绝妙技能都是无比地惊叹；但我以为培养的技巧并不复杂，如只就最终的结果而论，大都是出于无心的选择法。其法不外长久培育最优的已知变种，播种它的种子，如中间有一稍微较好的变种偶然出现，即将它选出，并如此前进下去。然而古时种梨者只培植他所能获得的最优的梨，却从未想到我们现在的梨是何等优美；不过我们得有极好的水果，有一小部分须归功于他们曾经自然地选择与保留他们所能获得的优良变种。

由缓慢与无心选择的积累，我们培养的植物都有大量的改变。我相信由此可以说明一个众所周知的事实，即在我们的花卉和蔬菜园中，大多数久经培养的花卉和蔬菜，它们的野生亲本祖先是我们所不能辨识的，因而也不为我们所知。假如必须经过数百或数千年，方可将我们培养的大多数植物提高或改变到有益于人类的现今标准，我们即可以明了，为何澳洲、好望角或任何其他未开化人类所住的地方，无法供给我们一种值得栽培的植物。并不是因为这些地方的植物种类虽然丰富，却由于奇怪的几率，不能得着一种有用的原始物种；只因当地的植物未经长久持续的选择以得到改进，所以不及古代文明国家所产生的植物那样完善。

关于未开化人类所养的动物，我们必须注意，未开化人类几乎总是须为自己的食物而挣扎，至少在某些季节是如此。在环境非常不同的两个地区，同一物种的个体，因体质和构造稍有不同，即可在一地较另一地更兴旺。如此经过"自然选择"的方法（后当详论），可能产出两个亚种。这也可以部分地说明一些专家所持的意见，即未开化人类所养育的变种，较之文明地区所养育的变种，其物种特征更多。

依照上述人工选择所产生的重要作用看来，立即显出我们的驯养品种在构造上或习性上如何能适应人的需要或爱好。我想我们更能进一步地明白，我们的驯养品种常有非常的特征，并且它们外表的特征也有重大的差异，而内部的各部分或器官则相对只有较小的不同。对于构造变化，除在外表能看见的外，人几乎不能选择，或者选择起来非常困难；其实人也很少能注意到内部的形状。除在自然最初所给予轻微变异的基础上，人绝无法进行选择。人绝不能育成一个扇尾鸽，直到他看到一个鸽子尾巴比寻常的形状稍有差异；人也不曾想育成一个球胸鸽，直到他看到一个鸽子嗉囊大小异乎寻常。一种特征初次出现时越是畸形或越是特别，就越能引起人类的注意。但是说到"尝试育成一个扇尾鸽"的这类说法，我以为在大多数情况下，也是绝对不正确的。人起初选择一只尾巴稍大的鸽子时，他绝不能梦想到，它的后代经过部分是有计划的、部分是无心的长久的持续选择，会变成什么样子。所有扇尾鸽的亲本或许只有稍稍展开的十四支尾羽，犹如现在爪哇的扇尾鸽一样，或者像其他不同的品种那样有十七支尾羽。大概第一只球胸鸽鼓胀它的嗉囊，只如现在的浮羽鸽鼓胀它食道的上部一样。所有鸽子育种家皆不注意浮羽鸽鼓胀食道上部的习性，因为它不是该品种的主要特征之一。

我们不要以为在构造上有重大的差异，才能引起育种家的注意：他们能看到微小的变异。人类对自己已有的物品，无论有何轻微的新奇性，皆会珍视。在数个新品种完全建立后，它们诸个体上所发生的轻微差异的价值，已不及之前相同物种诸个体上所发生的轻微差异的价值。许多轻微的变异现仍在鸽群中发现，但此种变异多被抛弃，被认为是缺点或是脱离了每个品种的完美标准。而在普通的鹅中，并未产生过显著的变种；故图卢兹鹅与普通鹅虽只有颜色这一最不稳定的品质不同，最近却曾作为不同的品种在家禽展览会上陈列出来。

我想，这些观点可进一步解释我们时有留意的一点，就是我们对于任何驯养品种的起源和历史皆不甚了解。其实一个品种，犹如一个方言，并不能说它是有确切起源的。人保存和培育在构造上稍有变异的个体，或在交配他的最好品种时加以特别注意，于是它的品种即有进步，而此进步的品种即可逐渐散布于邻近四周。此时，初起品种未必即有一个名称，又因其价值不被重视，它们的历史也无人注意。当它们继续像这样缓慢与逐渐地改良，即可散布更广，并可被人承认为一特别的有价值的品种。那时它或可开始有个土名。在半开化的国土中，交通不便，新的亚品种和知识的传播必是很慢。到了新亚品种的价值为大众所公认的时候，我所称之为无心选种的原理将使品种的特征逐渐增加，无论这品种特征为何。品种在不同时期的多寡，会随时尚的升降而升降；品种在各地的多寡，将随居民文明状态的不同而不同。但如此缓慢的、无常的和不知不觉的变化，鲜能得着记载的机会。

我现须对有利和不利于人工选择能力的情况略说几句。大量的变异显然是有利的，因能方便地提供选择的资源。单独个体的不同也不能说就不利，人可用极谨慎的态度向任何期望的方向累积大量的变化。既然于人明显有用的或悦人的变异只可偶然遇见，则育种的个体数量愈多，愈能增加发现的机会，这也就成为成功的最大关键。本此原理，马歇尔论到约克郡一部分地区的羊群时曾说过："它们一般都是属于穷人的，大多数量很小，故从不能改进。"反之，园艺家对每一种植物皆大量培植，故较之业余者的小量培植，更易于得着有价值的新变种。无论在何地方，大量培植一种植物时，必须有适宜的生活条件，使植物易于繁殖。任何物种如数量微小，于是所有植株，无论品质如何，一般将听其繁殖，如此即是有效地阻止选择。或许选择的最要之点，即在所选的动物或植物，必须极其于人有用，或须为人所重视，于是各个体的品质或构造，虽只有最轻微的差异，人们也必极加注意。如无精细的注意，必是一事无成。人们曾如此严肃地说过，园艺家开始对草莓切实注意时，极为幸运地，草莓即开始变异了。草莓自培植以来，自然是常在变异的，不过它的轻微变异被人忽视了。一旦园艺家将结实稍大、稍早或果实稍好的植株特别选出，并用它们繁殖幼苗，复从幼苗中选出最佳者培育之（佐之以新种杂交），最近三四十年来，方有许多极好的草莓变种问世。

论到雌雄异体的动物，如要育成新品种，成功的关键即在防止杂交，至少在已有其他品种的地方是如此。故为牲畜圈地是有作用的。常迁徙的未开化人类或散居广野的人，同种牲畜很少有一种以上的。鸽可以终身配偶，此对育鸽家大有便利：多种鸽子可养在一个鸟舍，品种仍可保持纯正，此对改良和形成新种大为有利。我还可补充，鸽子可迅速大量地繁殖，质劣的可以挑出充作食品。反之，猫因有夜游的习性，不能强制选配，故猫虽为妇孺所重视，但我们从未见过一个特种的猫类；有时所看见的新猫种，几乎皆从外国运进，且多半是从岛国。虽然我相信有些家畜是变异较少的，但猫、驴、孔雀、鹅等少有特别新种的，其原因大部是人类对它们少用选择的功夫：猫是不易配种的；驴是因为数量很少且为穷人所有，对它的繁殖少有注意；孔雀不易饲养，饲养的数量也不多；鹅只有供食物和羽毛两个用途，人对育成新种不感兴趣。

现对动植物驯养品种的起源做一总结。我以为生活环境（因其对生殖系统的影响）对引起变异有最高的重要性。我不相信变异对所有的生物、在任何情况下，都是一个内在的和必然要发生的事件，虽然有些专家有如此想法。变异的效果因不同程度的遗传和返祖而改变。变异是被许多我们尚不知的规律，尤其是生长关联的规律所支配的。有些变异是受生活条件的直接影响；用进废退也必有一些作用。最终的结果就是无限的复杂性。在有些情况下，我相信不同原始物种的互相杂交与我们驯养品种的起源也有重要的关系。在任何地方，几个驯养品种一经建立后，它们偶然的杂交佐以人工的选择，无疑可以大大地协助新亚种的成立。但我以为，无论是在动物方面或是在植物用种子繁殖时，变种杂交的重要性是被过于夸大了。在植物暂时用插条和芽接等繁殖时，不同物种和变种间杂交的重要性是很大的，这是因为栽培家用无性繁殖时，对杂种和混种的极度变异性以及杂种的不育性等事项皆不必注意；但不用种子繁殖的植物对我们是无关紧要的，因为它们的存在是暂时的。在所有导致**变化**的因子中，我相信**选择**的累积作用，无论是有计划且更迅速的，或是无心而更迟缓（但是更有效力）的，乃是众因子中最有压倒性的**力量**。

第二章
自然状况下的变异

变异性

ᅳ

个体的差异

ᅳ

存疑的物种

ᅳ

区域大、分布广和普遍的物种变异最多

各地大属物种比小属物种更常有变异

与变种类似，大属的许多物种彼此有密切的
但不均等的亲缘关系，且分布区域受到限制

在将上章讨论所得的各项原理也运用到自然情况中的生物上以前，我们还得先行简略地讨论这些生物在自然条件下是否易发生变异。要把这个问题作适宜的讨论，就必须陈述一长系列枯燥的事实，但这些事实我将保留作为另一部书的材料。我也不打算在此讨论"物种"这一术语的许多定义。尚没有一个定义能使所有的博物学家满意，但是每个博物学家说到物种时，都模糊地知道是什么意思。一般说来，此术语含有可代表某个独立创造的未知因素。"变种"这一术语，也几乎是同样不容易给出定义的，它通常含有同源群落的意思，虽然很少能够得到证实。还有所谓"畸形"，而它可逐渐演进至变种。我以为畸形的意义，是生物一部分的构造发生显著的偏离，这种偏离对物种本身是有害的或并不有用的，且通常是不被繁殖的。有些作者在使用"变异"这个术语时，还有专门的意义，即专指生活的物质条件引起的改变，这样的"变异"意味着不能遗传。但谁能说在波罗的海微咸的海水中缩小的贝类，或阿尔卑斯高山巅上矮化的植物，或极北地方有厚毛的动物，不能将它们的特征遗传至少到数代呢？我以为这些类型就可以称作变种。

此外，在许多同亲本后裔中常常出现的微小差异，或在居于同一受限制地域内同一物种的个体（可被假设为同亲本后裔）中常常观察到的微小差异，都可称为个体差异。没有人能假设，同一物种的所有个体皆是同一个模子里铸造出来的。这些个体的不同对我们是极其重要的，因它为自然选择供给了积累的材料，犹如人在驯养生物中，可把个体的不同向一定的方向积累起来。这些个体的差异，博物学家大都认为只影响到个体不重要的部分；但我可用一系列的事实证明，无论是从生理上或分类上来说必须称作是重要的部分，在同种的个体中有时亦能发生变异。我深信，即便是最有经验的博物学家，当他从多年来的权威文献中如我一般收集到这许多变异的事例，甚至是重要结构变异的事例时，对变异之多也必表示惊异。我们必须注意，分类学家在发现重要特征上的变异时并不欣喜；也没有许多人愿意精细地考察生物内部重要器官，并用它们与同种的许多标本互相比较。我绝不曾预想，在同种昆虫的中枢神经节附近的主神经分支能有变异；我只可预想此种性质的变异仅能慢慢地逐渐出现。但是，最近卢伯克先生在胭脂虫中发现了主神经的一些变异，其变异可与树干的不规律的分枝相比拟。我还可补充，这位理性的博物学家最近也曾发现，某些昆虫幼虫彼此的肌肉远不一致。一些权威有时采用循环论证法进行辩论，一面声称重要器官是永不变异的，一面又说只有不变异的特征才是重要的（如少数博物学家所坦率承认的）。照此说法，任何重要部分的变异就绝不能发现；但如照任何其他说法，就确可举出许多实例。

在个体的差异中，有一点使我极为困惑的就是，在一些被称为"易变"或"多态"的属，其中的物种有不可胜数的变异。对于这些变异的形态，几乎没有两个博物学家能一致同意哪个可列为物种，哪个可列为变种。在植物中，我们可以举出悬钩子属、蔷薇属和山柳菊属，在动物中，可举出昆虫的几属和腕足动物中贝类下的几属。在大多数的多态属中，有些物种有固定的和确切的特征。除少数例外情况，在一地区的多态属在别的地区仍是多态属，且根据腕足门的贝类来判断，它们在从前的时期中就是这样的。这些事实极使人费解，因为它们似乎证明，这种变异是不依靠生活条件的。我认为我们可以看出，在这些多态属中，结构的部分变异对物种无利也无害，故不被自然选择所利用并使之变成固定形态。其详后当说明。

有些形态在很大程度上具有物种的特征，却因与一些别的形态密切地相似，或因一些中间级次而与之有紧密的连接，以致博物学家不愿把它们列为不同的物种；这些形态在几方面对我们是至关重要的。我们极有原因相信，这些存疑的和近缘的类型，在当地始终保有他们的特征，历经时间之长，就我们所知，正如那些非常纯正的物种。实际上，当一个博物学家通过一些具有中间特征的类型，能将两个类型联系起来的时候，他就把其中一个最普通的，或有时是最早有记载的，列为物种，而把另一个列为它的变种。但有些时候，认定某一类型是否是另一类型的变种是有很大困难的，例子这里不拟列举。即使它们有密切联系的中间环节，并且中间环节中有通常认为的杂交性质，也不能解除此困难。在极多的时候，一个类型虽被列为另一类型的变种，却并不是因为中间的环节确已找出，而是因为其相似性，使考察人料想中间环节现在在一些地方是确实存在或者从前存在过的。这样，疑惑与猜拟之门即行大开。

因此，要决定应把某一类型列作物种还是变种，似只有裁判力可靠、经验丰富的博物学家的意见，可成为唯一的指针。但在许多时候，我们仍须依靠多数博物学家的意见来决定，因为几乎所有显著和众所周知的变种，皆曾被一些权威家列为物种。

诸如此类存疑的变种是常有的，此事实无可争议。如把英、法、美植物学家所编列的植物志比较起来，就可看出有数目惊人的类型，此一植物学家列为真正的物种，而彼一植物学家仅列为是变种。多方大力帮助过我的 H. C. 沃森先生，曾为我列出 182 种英国植物，这些植物一般被认为是变种，但已被植物学家列为物种。在编制这一名单时，他删去了许多微小的变种，但这些变种在一些植物学家中也被列为了物种；并且他也把几个高度多态的属完全删去了。在包含最多态类型的属里，巴宾顿先生列出 251 个物种，而边沁先生只列出 112 个物种，差异的存疑类型竟达 139 种之多！在凡每次生育必须交配和有高度移动性的动物中，其可疑的类型会被此动物学家列为物种，而被彼动物学家列为变种，此种情况在同一地区内鲜有发现，但在分离的地区即可常见。在北美和欧洲，有多少鸟雀或昆虫，彼此只有轻微的不同，会被此一卓越的博物学家列为毋庸置疑的物种，而被另一卓越的博物学家列为变种，或常被称为地理性亚种！多少年以前，当我比较并看人比较加拉帕戈斯群岛各离岛上的鸟类，并与美洲大陆的鸟类相比较时，我就感觉在分辨物种与变种的时候，其区分是极其含糊和专断的。在小小的马德拉群岛上的许多昆虫，在渥拉斯顿的名著中被列为变种，但许多昆虫学家必将无疑地列之为不同的物种。即使在爱尔兰也有几种现在通称为变种的动物，曾被一些动物学家列为物种。有几位最有经验的鸟类学家认为，英国的红松鸡不过是挪威物种一个显著的亚种；但同时大多数的鸟类学家认为，红松鸡毫无疑问是英国特有的一个物种。两个存疑的形态生长在遥远不同的地方，就可使许多博物学家将其列为不同的物种；但人们会问，应相隔多远方可足够？如像欧洲同美洲的相隔是足够的，那么如亚速尔群岛、马德拉群岛、加那利群岛或爱尔兰等同欧洲大陆的相隔，是否足够呢？必须承认有许多类型被一些卓越的评定家认为是变种，但因完全有物种的特征，又被别的卓越评定家列为非常纯正的物种。在这些术语的定义未被普遍接受以前，讨论哪些应称为物种，哪些应称为变种，无非是空谈而已。

有许多极为显明的变种或存疑物种是值得我们注意的。已提出了几个值得注意的论证思路，如地理分布、相似变异、杂交等；我现仅举一实例以明之。有两种众所周知的报春花属植物，一为报春花，一为黄花九轮草。它们在外观上有很大的差异；有不同的滋味和香气；开花期稍有前后；生长的产地略有区别；在山岳上的高度不同；地理的分布不同；最后，依照最精细的观察家加特纳在几年中所做的许多实验，它们经过不少困难才能杂交成功。我们再不能举出比这更好的例子，表明两个类型有物种级别的不同了。在另一方面，这两类型是被许多中间环节连接起来的，而这些环节是否是杂交种，也很可疑。依照许多实验的证明，在我看来，它们是从共同亲本传留下来的，因此应当被列为变种。

在大多数情况下，精细的研究可以使博物学家一致同意如何排列存疑的类型。我们必须承认，在我们最了解的地区，发现的可疑类型也最多。在自然界如有一种动物或植物因对人最有用处，或其他原因惹人注意，它的变种就必普遍地被人记载下来，这事实给我以深刻印象。而且，这些变种将常被一些作者认为是物种。试看普通的橡树，人是怎样详细地研究它；而且有一德国专家就其不同的类型，分别列出十二个以上的物种，但这些物种，很普遍地都被认为是变种；在英国最高级的植物学家和实践者中，有的认为有梗和无梗的橡树是两个非常不同的物种，有的则认为只是变种。

一个年轻博物学家着手研究一群他完全不熟悉的生物时，第一件让他感觉纷乱的，便是决定哪些差别应认为是区分物种的，哪些只区分变种，因为他不知道这一群生物所发生的变异的种类和数量。在此至少可知变异是普遍存在的。如果他将注意力集中在一个地域内的一种类型上，不久就会知道如何排列存疑的类型了。他的一般倾向将是先列出许多物种，因为正像前述的家鸽和家禽的爱好者一样，在持续的观察中，他就容易对类型差异之大留下深刻印象；但他对其他类群和其他地方相似的变异所知尚少，无从用以更正他的初步印象。随着观察范围增大，他就会遇到更多的困难，因为他将见到更多近缘的类型。但如他再行扩大观察范围，最终必能做出自己的决定，哪些是变种，哪些是物种。但在他能这样做时，他必须承认变异之多，而这些变异的正确性又常遭到别的博物学家的辩驳。此外，当他研究自其他隔绝的地方带来的有亲缘关系的类型时，对存疑的类型他不能奢望发现中间环节，而是几乎只能完全依靠类推法，这时他的困难就达到了顶峰。

当然，物种与亚种之间，现在还没有明确的界限。有些博物学家认为，已经很接近但还没有完全达到物种等级的类型，都称为亚种。此外，亚种和明显的变种之间，或在较不明显变种和个体差异之间，也都没有明确的划分。这些极缓慢变化的差异彼此混合成一个系列，而系列会给人留下一个实际过渡通道的印象。

因此，分类学家们虽然对个体差异不大感兴趣，我却将它们看成是对我们是有高度重要性的。这些变异是迈向轻微变种的最初阶段，虽然在自然史著作中，此类轻微变种仅被认为是勉强值得记载的。任何程度上较分明和稳定的各变种，我认为是迈向更分明更稳定变种的各阶段；然后这些变种便迈向亚种，再迈向物种。有人说这一过渡所以能由一层差异进到更高一级，有时只是因为两个地区的不同物质条件长期作用的结果，但我对此说并无多少信念。我认为变种能由与其亲本无多差异的地步过渡到较多差异的地步，是由于自然选择把构造的差异向着一定的方向逐渐积累起来（后将详论）。因此我相信，一个显明的变种可以称为初起的物种。但这种信念是否合理，仍需依据本书所列举的各种事实与见解的总体分量来判断。

当然不能认为所有变种或初起物种都能达到物种的地位。它们有的在初起的阶段即可能灭亡，有的经过长久时期仍停留在变种的阶段，例如渥拉斯顿先生指出的、在马德拉岛所发现的一些陆地贝类化石变种的情况。假如一个变种非常繁荣，其数量超过它的亲本物种，它就可能升列为物种，而原亲本物种则降为变种；或者它可能代替并消灭亲本物种；或者可能两者并存，都列为独立的物种。后当再返回此题。

由以上的论断，可以说明我对于"物种"这一术语的看法：它只是为了方便而武断地定出来，代指一组极其密切相似的个体；它与"变种"一词并无本质的区别，后者则指显著性较弱而波动较多的一些类型。同样，"变种"这一术语，也只是在比较个体差异时，为便利起见而武断采用的。

从理论方面来讲，我想如把几个研究成熟的植物群落的变种一起表列起来，我们将可对最多变异的物种的性质和关系得着很有趣味的结果。此办法初看时似甚简单，但沃森先生对这问题给我甚多宝贵的建议和帮助，使我很快认识到其中有许多困难，随后胡克博士更对之加重说明。关于困难的情形和变异物种比例数目的表格，我要保留作为我将来著作的资料。胡克博士在详细阅读我的原稿并考察了我的表格后，允许我补充他的看法，即他认为下列的说法是很可以成立的。此处所讨论的整个问题颇为复杂，现只能说些大概，并须提及"竞争生存""性状分歧"和其他问题，其详后当另论。

阿方斯·德·康多尔和别的专家们曾指出，分布最广的植物一般都有变种。这是在意料之中的，因为它们暴露在不同的物质条件下，并且要与不同种类的生物群体相竞争（这是更重要的条件，后将详论）。我的材料列表更显明地指出，在任何有限的区域内，最普遍的物种，即个体数目最多、在原乡土地散布最广泛的物种（此"散布最广泛"，不同于区域最大，也略不同于常见），常有显著的变种被载在各植物学著作中。因此，最繁盛的物种，也可称为最优势的物种，即散布于全世界广大的区域，或在本乡土上分布最广泛，或是个体最多的，它们常可产生显著的变种，或如我所称，初起的物种。这也似乎是预料之中的，因为一个变种为了在任何程度上能固定下来，必须与该地区的其他生物相竞争，而已成为最占优势的物种必是后代繁多，其后代虽有一些微小的变化，也必仍继承了其亲体超越同类的各优胜点。

若是把一地经植物志记载的植物，分成对等的两个子集，把所有大属的植物放在一边，把所有小属的植物放在另一边，势必发现在大属一边很普遍、散布广泛或优势的物种数目较多。这也是预料之中的。因为仅仅是在同一属中有许多物种聚在某地区的事实，就可证明当地有机或无机的物质条件，必定对此属有利；因此我们可以预料在这些大属中，即在有多物种的属中，能发现比例数较多的优势物种。

但仍有许多原因使这一结果不甚明显，在我的列表中，也只显出大属一边只有略多的数目，这使我深为惊异。我现只说两种原因。淡水和嗜盐植物通常是占有广大区域并散布甚广的，这现象似乎大多是依赖植物分布地区的性质，而与属的大小关系不大甚或没有关系。此外，低等植物普遍比高等植物散布更广，此事实也与属的大小无密切的关系。低等植物分布较广的原因，将在**地理分布**一章中讨论。

如果认为物种只是有显著标志和界线分明的变种，我即可推测到各地区的大属物种比小属物种更可经常产生变种。因为凡在一地曾经产生了许多近缘的物种（即同属的物种），按一般规律，即应有许多变种和初起的物种现时仍在继续产生。在有大树的地方必能看见一些幼树。凡在一地，一属因变异而能产生许多物种，其环境必是有利于该属的变异，因此我们便可预期其环境现在对该属的变异必仍是大体上有利的。反之，假如我们认为每一物种是特别创造的行为，我们就无显著的理由说明，为何有许多物种的类群比之只有很少物种的类群能有较多变种。

为要证明此预测的真实性，我曾把十二个地区的植物和两个地区的甲虫类，列成两个数量几乎相等的子集，把较大属的物种放在一边，把较小属的物种放在另一边，结果证明，在大属边的物种产生变种的比例总是比在小属边的更大，并且大属物种凡有变种的，其变种类型平均数总是比小属边的更多。当我用另一方法分列，也就是把全部只有一至四个物种的最小的属完全从列表中除去后，两个结果仍与上同。这些事实对证明"物种只是显著的和固定的变种"这一说法，是有明确意义的；因为凡一属能有许多物种，或说凡一地已是活跃的制造物种的工厂，我们就应大体上发现这种制造新物种的过程现仍在继续进行，特别是当我们已有各种理由相信，制造新物种的过程是缓慢的。假如我们认为变种是初起的物种，肯定就是这样；因为我的列表很明白地显示出一个一般性的规律，即在某一个属能产生许多物种的地区，该属的物种就能产生很多变种（也就是初起的物种），其数量超过平均数。这并非说所有的大属现仍多有变异而由此增加其物种的数目，也并非说小属现在是不变异的、也不增加物种；如果确实如此，我的学说便不能成立了，因为地质学明白地告诉我们，小属在长时期中，其数量常是大有增加，而大属是常会发达到顶端然后下降以至灭亡。我们所要说明的只是，凡一属产生了许多物种的地方，平均说来，许多该属的新物种现在仍是继续产生着；此说确是事实。

大属的物种和同属中经记载的变种之间，仍有其他关系值得注意。我们已经知道，物种和显著变种间绝没有万无一失的划分标准。当在存疑的类型中不能找出中间的环节时，博物学家只能根据它们之间的差异量做出决定，依照类推法，看差异量是否足以决定让某个升为物种或两个同升为物种。因此差异量就成了重要的标准，以决定两个类型应否确定为物种或变种。弗里斯关于植物的评论、韦斯特伍德关于昆虫的评论，皆说大属物种间的差异量常是极微小的。我曾试用平均数来努力考证此说，其结果虽不完全，却已证明此说的正确。我也曾与一些精明而富有经验的观察家讨论，他们在考虑后也都同意此说。由此即可说明，大属物种相较小属物种更与其变种相似。在另一情形下也是同理，我们可以说在大属中现时正产出的一些物种或初起的物种（其数量大于平均数），许多已形成的物种在一定程度上仍与变种相似，因为这些物种彼此间的差异比之一般物种间的差异更小。

再者，大属的物种彼此间的亲缘关系，与同一物种的变种彼此间的亲缘关系是一样的。没有博物学家会声称同属中所有的物种彼此间的区别是相等的；一属之中仍可分出亚属、节或更小的类群。弗里斯说得好，小群的物种通常犹如卫星集聚在某一其他物种周围。那么变种岂不只是彼此之间亲缘关系不相等的一群类型，围绕在某些类型（即它们亲本物种）的周围么？变种和物种之间，无疑仍有一个最重要的区别之点，就是变异的量。当变种彼此比较或与亲本物种比较时，差异量小于同属中物种之间的差异量。到我们讨论我所称之为**性状分歧**的原理时，我们就可明了此事是如何解释的，并可明了为何变种之间的较小差异将趋向于增大到物种之间的较大差异。

在我看来另有一点值得注意的，就是变种分布的区域是有限制的。这实际上是自明之理。因为假如一个变种分布的区域是大于它的亲本物种的，那么它们的名称就当彼此调换了。同时我们也有理由相信，凡与别的物种近缘到与变种极相似的，它们的分布就常多有限制。例如沃森先生从精选的《伦敦植物目录》（第四版）中为我标记出列为物种的 63 种植物，他认为这些植物与别的物种有近缘的关系，故它们的地位就是存疑的。沃森把大不列颠划分成若干生态区，这 63 个号称为物种的，平均分布的区域只占 6.9 区；同时，在此目录内记载着 53 个变种，它们分布的区域平均占 7.7 区，而这些变种所属物种的分布平均达到 14.3 区。所以，这些经承认的变种分布的区域，几乎与那些经沃森先生为我标记为"存疑物种"的近缘类型受到同样程度的限制。但这些存疑的类型，英国的植物学家几乎都认为是非常纯正的物种。

总之，变种有与物种相同的一般特征，它们不能从物种中区分出来，除非第一，在它们之间发现了中间环节，而这些环节对它们所连接类型的特征并不能有何影响；第二，两个类型须有一定的差异，因为倘若差异不大，常就被列为变种，虽然中间环节并未发现。但在两类型中差异的量数应有多少方可使它们列为物种，却是不一定的。在任一地区，当某些属的所有物种的数目超过平均数目时，这些属的物种也就有超过平均数目的变种。在大属中，物种倾向于以不等的近缘关系联系在一起，并在某些物种周围结成小群。彼此有近缘关系的物种，显然有分布区域的限制。在这几点上，大属的物种有显然与变种相似的地方。假如物种是曾作为过变种的，并且是由此起源而来的，我们对这些相似的性质就能十分明了。但是假如每一物种是各自独立创造出来的，那么这些相似性就完全无法解释。

我们已经知道，大属中最繁茂或最优势的物种，平均而言是最多变异的。而变种，我们随后也会知道，是倾向于变成新的和不同的物种的。这样一来，大属倾向于继续增大；在整个自然界，现在占优势的类型，由于它们能留下许多改变的和优势的后裔，是倾向于变得更占优势的。大属也倾向于分成小属，其分裂的步骤后将讨论。如此，全世界的生物即在类群下又分出隶属的类群了。

第三章
竞争生存

　　在未讨论本章主题以前，我要先对竞争生存与**自然选择**的关系略述几句。自然界的生物能有些个体的变异，前章业已说过；关于个体变异的说法，尚未见有反驳的意见。对于成群存疑的类型究竟应称为物种、亚种或变种，对我们并无重大关系。例如，倘若一些显著的变种亦被承认，那么英国植物有二三百种存疑的类型又应该各列在何等级，这是不太要紧的。但是，个体变异和显著变种的存在虽是本著作必要的基础，若仅止于此，并不能使我们更明了物种在自然界是如何形成的。生物体中一部分对另一部分和对生活条件的精密适应，一个生物对别个生物的精密适应，是如何达到完美的？我们已经明白地看见啄木鸟和槲寄生美满的互相适应，最低微的寄生物如何附着在四足兽的毛上和鸟雀的羽上，在水中游泳的甲虫的构造，在微风中飘荡的带茸毛的种子等等良好的适应，也只是稍隐蔽些。总之，在生物界的各部分和各方面，我们都可看见美满的适应。

　　此外，我们也可以问：我所称之为初起物种的一些变种，如何最终变成非常明确的物种？在多数情况下，物种彼此间的差异，显然多于同物种的变种彼此间的差异。一些物种群合成所谓不同的属，这些不同的属彼此间的差异，又多于同属中的物种彼此间的差异，这些物种群又是如何产生的呢？所有这些结果，如我下章更当详细论证的，都是由竞争生存而来。为竞争生存的缘故，任何变异无论是如何微小、无论是因何发生，若其能在与别的生物和与外界环境的无限复杂的关系中，对任一物种的个体有任何程度的利益，则这个变异就要使出现变异的生物个体得以保存，并且通常由其后代继承下去。这样的后裔也就有较好的生存机会，因为在任何物种以一定周期产生的许多个体中，能够生存的只占少数。每一微小的变异假如有用就被保存下来，这个原理我称之为**自然选择**，以表明它与人工选择的关系。我们已看到人工选择确能产生重大的结果：人通过积累自然之手给他的微小有用的变异，能使生物改变以适应自己的需要。然而**自然选择**，我们以后会看到，是一长久不息地运行的力量，较之人的微小努力犹如天成相比于人工，高下如天壤之别。

现在我们要略微详论竞争生存。在我将来的著作中，对这题目仍须给予更详尽的发挥，因为这是值得的。老康多尔和莱伊尔曾大致和哲理性地指明，所有生物皆是处在激烈竞争的环境中。论到植物，曼彻斯特教区的 W. 赫伯特主教具有渊博的园艺知识，没有人比他更有能力讨论此题了。认为竞争生存是普遍的真理，这话说起来是最容易的；但如把这真理常常留在心念中，是最不容易的事情，至少我发现是这样。如不把这思想深入脑内，我确信对整个的自然组织，包括对生物的分布、多寡、灭亡和变异诸事项，就不能清晰地认识，甚或就完全误解。我们看见大地的面目是光明快乐的，食物是常常富足的；我们看见周围的雀鸟悠闲地飞鸣，但没有看到或是忘了雀鸟是靠昆虫和种子生活的，因此常在毁灭生命；我们也没有注意到，这些雀鸟、它们的蛋和巢中的小鸟是常被别的鸟兽所吞噬的；我们也不是总能想到，虽然现在食物是充足的，但并非常年所有季节都是如此。

须预先说明，我用**竞争生存**这一术语是广义的，是含有许多隐喻的。这术语包括生物的互相依赖性，并且不仅包括生物个体的生存，还包括更重要的，即传留后代。在食物稀少的时候，两只犬科动物的确可说是互相竞争，看谁能得着食物便生存下来。在沙漠边缘的植物却是与干旱竞争而求生存，更恰当的说法是依赖水得生。一株植物一年可产生千粒种子，而平均只有一粒生长至成熟，这便可以较确切地说，这株植物在它生长的地区必须与已有的同种或异种植物相竞争。槲寄生是靠苹果和其他几个树种生存的，只在一不寻常的意义上才可说它是与这些树争生存的，因为如一株树上有许多槲寄生，此树就将衰微死亡；但当几个槲寄生密长在一个枝上，它们就真是互相竞争生存。槲寄生是靠鸟雀散布的，故可说它们的生存是依靠鸟雀；同时也可以隐喻地说，它们是与别的果树相竞争的，因为它们要引诱雀鸟吞食和散布它们的种子，而不去吞食和散布别的植物的种子。这些含义是彼此相接的，我为便利起见，一概称之为竞争生存。

竞争生存必然地是由所有生物趋向于高速度繁殖而来的。每一个生物在它生存的时期中，产生若干种子或卵，它们在生命的某些时期、某些季节或偶然的年份中，必遭受死亡。如其不然，依照几何级数增加的原理，其所产生的数目必是迅速地极大增加，以致无地可以容纳。既然生产的数目超过生存的数目，故在任何情况下各个生物必须为生存而竞争，或是与同种的其他个体相竞争，或与别种个体相竞争，或与生活的物质条件相竞争。这是把马尔萨斯论人口的说法，以不同的面貌用在整个动物界和植物界上，因为在这两界中，并无有意增加食物的方法，亦无谨慎的生育节制。虽然有些物种一时可以迅速地增加，但不是所有的物种都可如此，因为世界将不能容纳。

每一生物自然地皆是以高速度增加的，这规律并无例外。所增个体如不被消灭，全世界必被一对生物所产后裔所统占。虽然人类的生产较慢，但每二十五年即可增加一倍，照此速度几千年以后，全世界就没有其子孙可以立足的地方了。林奈曾计算过，假如一个一年生的植株每年只产两粒种子（没有植物如此低产的），下年每个幼苗又产两粒种子，如此前进，在二十年中就将生产一百万植株。大象是所有动物中生产最慢的，我曾花费一些力气，用它的自然生产量做最保守的计算：假定大象自三十岁开始生产到九十岁为止，在此期间将产生三对后裔；照此计算在五百年后，从这一对大象传衍下来的，就将有活的大象一千五百万只。①

关于迅速增加的论题，除有理论的计算外，我们还有更好的证据。很多实际记载证明，各种动物连续两三年在适当的自然环境下，其数目就有惊人的剧增。另有多种驯养的动物在世界几处地方又复归野境者，其证据更属可惊：论到生育较慢的牛和马，先在南美洲后在澳大利亚，所记载增加的数目，若非经过考证确实可靠，其数字是难以置信的。动物如此，植物亦然：有些引到海岛上的植物，不到十年就分

①此处计算疑有误。若按每 30 年生育 1 对后裔，又假设大象寿命为 120 岁（应比实际稍长），500 年后活着的大象计约 15 万只；不过再过 250 年，便可达到约 2000 万只。在第六版中，达尔文将此句修订为"740～750 年后，将有活的大象近 1900 万只"。——编者注

散到全岛各处，成为普遍常见的。有几种由欧洲引进的植物，例如刺巴莱蓟与另一种高蓟，在拉普拉塔大平原现已成片遮蔽多少平方英里，几乎将其他植物全数排除。法康纳博士曾对我说，在印度有些植物是美洲发现以来才引进的，现已自科摩林角分布到喜马拉雅山。诸如此类的事实，不胜枚举。没有人能说，这些动植物的生产能力，是忽然和暂时地明显增加了。显而易见的解释就是，生活的条件忽然大为便利，老幼的死亡数为之减少，且所有的下代皆能滋生。在这些情形下，几何级数的增加本是至可惊人的。由此即可简单地解释，这些乡土化的动植物到了它们的新家，即有非常迅速的增加和广泛的分布。

在自然环境下，每一植物通常皆是结籽的，在动物中少有不年年交配的。所以我们可以肯定地说，所有动植物皆有按几何级数增加的倾向。只要是它们能生存的每一个产地，都将迅速地被充满，所以按几何级数增加的倾向必须在它们生命过程中的某一时期被死亡所限制。我们对大型家畜的熟悉，可能给我们一个错误的印象：我们并没有看见它们大量地死亡。但我们容易忽略，每年为供食用有成千上万的大型家畜被宰杀了，在自然界，也会有相等的数目以某种方式被消灭了。

有些生物每年产出成千的卵或种子，有些生物每年只产生几个；但只要是生存在合宜的环境下，两者之间的唯一不同就是只生产少数者要将全区域整个占领更需多花几年时间，不论其区域是如何广大。兀鹰每年只产两个蛋，鸵鸟则产二十个，但在同一区域，兀鹰可能比鸵鸟更多。管鼻鸟只下一个蛋，但人们相信它是世界上数量最多的鸟。一只苍蝇每次产数百卵，而虱蝇只产一卵，但产卵的不同，不能决定在同一地方哪种个体最多。在食物迅速消长的地方，能多产卵对物种是大有重要性的，因为如此它们可以迅速增加数目。但生产大量种子和卵的真正关键，就是在生命的某些时期中，当遇有大量毁灭时，易于补充；这样的毁灭，大多数是在生命的早期。一种动物如能以任何方式保护它所产的卵或幼子，它就可以产子较少而能维持种群的平均数目；但如多数的卵或幼子会被毁灭，那它繁殖的数目就必须加多，否则此物种就必归于灭亡。假如一树种平均能活一千年，如要长久维持此树种的数目，则这一树种在每一千年中，只需产一粒籽，只要此一粒籽不被毁灭，并且在适宜的地方发芽成长。由此可见，要保持动植物的平均数目，产卵或种子的数量只有间接的影响。

在我们观察自然时，必须注意上述各点，且绝不可忘记：我们周围所有的生物都要争取增加它自己的数目；每一生物在它生命过程的某些阶段必须竞争方可生存；在每一世代或每循环一时期，老少生物皆要遭遇大量的死亡。若减轻限制和减少毁灭，无论如何轻微，则物种的数量就可立刻增加到极大数目。

为何各物种增加数量的自然倾向会遭限制，其原因至难解释。试看最强健的物种，其数目有多大，其增加生产数量的倾向就有多大。我们在任何情况下也不能确切地举出一个限制该倾向的原因。我们在此问题上的极其无知，如稍加思索就不足为怪：就是对人类，我们虽远比对别的动物知道更多，其实也甚不清楚。关于此题曾经有几位专家写得很好，我在日后的著作中，对限制的原因将详加讨论，尤其关于南美洲一些凶猛的动物；现只略说数则使读者能明其要点。卵和初生动物是受灾最重的，但也不完全如此。植物的种子毁灭甚多，但由我实际的观察看来，我以为在土地已被别种植物密占的时候，植物在初发芽时受害最多。幼苗的大多数是被各种敌体所摧毁。例如在一块长三英尺宽二英尺^①、经翻土清理后并无其他植物可以压制为害的土地上，本地杂草的幼苗长出时，我对它们都做了标记，在 357 株杂草中就有 295 株以上被蛞蝓和昆虫所毁灭。如以常被剪短的草皮模拟常被牲畜吃短的草皮，并听其自由生长，较强健的植物即可毁灭较弱的植物，虽然较弱的已经长成。于是在一块长四英尺宽三英尺的草皮上，原有的 20 种植物里，就有 9 种会被自由生长的其余植物所毁灭。

各种动物所能有的食物量，给出了各种动物自由增加的最大限度；但能否得着食物并不常是限制的因素。为其他动物所吞噬的多少，决定了动物平均的数量。在任何大的庄园里所存山鹑、松鸡和野兔的数量，大都是以被其他动物毁灭的数量为依归，这事实似是少有疑问的。假如在未来二十年中，英国供狩猎的动物不被射杀一只，同时亦不消灭其天敌，供狩猎动物所存的数目或许比现在还少，虽然现在每年所杀伤的数量常在数十万以上。在另一方面，有些大动物如大象和犀牛并不被别的动物所毁灭，甚至在印度的老虎少有敢对有母象保护的小象进攻的。

气候是决定每一物种平均数量的一个重要因素。季节周期中的严寒与干旱，我以为是诸限制中最有效的力量。我估计 1845～55 年冬季，我居住地区的鸟类被毁灭了五分之四；假如我们注意到当人经过瘟疫时死亡百分之十就是非常严重的，就能明白这是一个极大的毁灭。气候的作用初看起来似乎是与竞争生存无关的；但气候的主要作用是减少食物，因此会导致以同样的食物为生的、同种的或不同种的个体间最严厉的斗争。气候虽在严寒的时候对生物有直接的影响，但只有孱弱的，或是在冬季降临时获得最少食物的生物，受害最大。当我们

---

① 1 英尺约等于 0.3 米。

由南向北或由湿地向干地旅行时，我们就必看出有些物种的数量逐渐减少，最终即不存在。气候的改变是很明显的，我们便容易把所有的结果都归到气候的直接影响上。但这是错误的，我们须知，每一物种即使在其数量最多的地方，在其生命的某一时期中，由于敌体或竞争者与它争地争食，也是常常受到极大毁灭的。假如这些敌体或竞争者因气候的微小改变，得有轻微的便利，它们便可增加数量，同时因为每个区域已被生物占满，其他物种的数量就将减少。当我们由北向南旅行时，如看出一物种的数量逐渐减少，就可确定必有别的物种占到优势，因而这个物种就受损伤。当我们由南向北旅行时，情况也是一样，不过程度稍差，因为所有物种的数量连竞争者在内皆在减少。因此向北旅行或登山时，较之向南旅行或下山时，因为气候直接的损害作用，我们更经常地看到矮小的生物类型。当我们到达北极、积雪的山峰或完全的沙漠时，我们即可看出气候成了竞争生存的唯一对象。

气候的作用，大部分是间接地使一些物种得有优势。在我们的园中可以看见极多种类的外来植物生长茂盛，可以适应我们的气候，但仍无法乡土化，因为它们既不能与本地植物竞争，又不能抵抗本地动物的摧毁。

当一物种因为高度优厚的条件，可以在一小块地方极度增多，流行病就常时因之发生（至少在供狩猎的动物中常有此现象）。在此种现象中即可看出，有一种对数量增加的限制，是可以不与竞争生存相联系的。不过有些所谓流行病实由寄生虫所致，寄生虫由于某些原因（可能部分是因动物繁盛）取得了特别有利的传播条件，此种情形亦可说是寄生物与其寄主之间的一种斗争。

在另一方面，有许多时候，同一物种的大群个体数量大于其天敌的数量，乃是保存此物种的绝对需要。例如我们可以种植大量的玉米和油菜等作物并有收获，因为我们所产生的种子数量大大超过来吃它们的鸟雀数量。虽然鸟雀在这一个季节内有充分的食物，但其能增加的数量也不能与食物的供给量相匹配，因为冬季就是对鸟雀增加的一个限制。但如一个人在他自己的地中种植过少量的小麦或类似的作物，就知道获得种子是何等麻烦。我自己就如此做过而颗粒无收。一个物种为要保全生存，必须要有很大数量，我相信此观点在自然界亦可解释一些奇特的事实。例如有些极稀少的植物，有时可在几个地点大量地生长；又如丛生的植物即使在分布范围的边界，也会有众多个体聚集生长。在此种情形下我们可以相信，该种植物是仅可在生存条件优厚到可使众多个体存活的地方存活，它们因而得以彼此保全不致完全灭亡。我可另说一点，就是常行互相杂交的优良结果和近亲杂交的不利结果，有些时候对于物种的盛衰也有关系；此题最为复杂，此处姑不详述。

有许多记载可以表明，在同一地区，共同竞争的生物之间相互的限制和关系是何等复杂、何等出人意料的。我可只叙述一件实例，虽很简单，但令我大有兴趣。在斯塔福德郡我亲戚的庄园上，我有充分的机会去调查；那里有一大而极荒凉的荒原，从未经过人工的开发，在该地段内，有数百英亩①完全同一性质的土地，二十五年前被围圈起来栽植了苏格兰冷杉。栽树地方的植物变化至属惊人，比通常看到的两片非常不同的土地上植物的区别更明显：不但原荒地植物的比例数大有改变，且另有十二种植物（不算牧草和薹草属植物）为原荒地所没有的，现亦生长茂盛。栽植冷杉对于昆虫的影响想必更为深远，

---

① 1 英亩约等于 0.4 公顷。

因为在栽树的区域遍布了六种吃虫的鸟雀，皆是原荒区所没有的；而荒区常见的是另外两三种吃虫的鸟雀。由此我们可以看见，仅仅栽植一种树木，且除把地围起来使牛不能进入外，并未做任何其他事情，即有如此重大的作用。圈地的重大影响，我在萨里郡靠近法纳姆的地方看得很清楚。此处有大片石楠荒原，只在较远的小山顶上有几丛老年的苏格兰冷杉林。最近十年来，有大块地段曾被围起，于是天然撒种的冷杉大量地长起，密度极高，以致不是所有的小树都可生存。当我发现这些小树并非由人工种植时，其数目之多使我惊异，我因而特别观察了几处成千百英亩未经围圈的荒地，除原有的几丛老树外，并无一株幼年冷杉。但细察荒地原有的石楠植物茎株间，即见成片的冷杉幼苗和小树，被牛常常把叶食尽。离一老丛冷杉数百码① 的地方，在一码见方中有三十二株小树，有一株小树年轮已有二十六年，但因常被牛噬食，总不能长出石楠茎株之上。难怪地段一经围圈后，不久即被生长茂盛的幼年冷杉所遮蔽。没有人能想到，在如此广大荒凉的荒原上，牛能够如此彻底有效地寻找冷杉小树作为食物。

在这里我们看到，牛完全决定了苏格兰冷杉的生存；但在世界上有些地方，昆虫决定了牛的生存。巴拉圭或许就是一个奇异的事例：在该地，牛、马和狗从来没有在野地上生存的，虽然它们在国境南北皆于野境群生。阿萨拉和伦格尔两人曾指明，这是由于在巴拉圭多有一种苍蝇，在牲畜初生时就在他们脐内下子。此种苍蝇数量虽多，必有一种惯常的方法来限制它们，这很可能是鸟。因此在巴拉圭如有一种食虫的鸟雀数目增加，此种苍蝇即可减少（但鸟雀的数量或许又被鹰和别的野兽管制住了），于是牛和马就可以在野地生长，因此野地的植物又必将

---

① 1 码约等于 0.9 米。

有一大变更（如我在南美几处所见）；然后昆虫又必受到很大影响，从而如在斯塔福德郡所见，又会影响到食虫的雀鸟，如此加增复杂的无止境的循环。这个系列我们是由食虫的鸟雀开始的，我们仍以它们归结；在自然界，生物的互相关系并非如此简单。战争中复有战争，循环不断，胜败常常变化；但在长久的时期中，各种力量是如此微妙地均衡着，使自然长久保存着稳定的面貌，但只要有微小的变动即可使一种生物征服另一种生物。但人们是最糊涂最自高自大的，每当我们听到一种生物的灭亡就感惊诧；我们并不知道它灭亡的原因，于是就说是大灾难临到世界，或编造一些定律来说明各种生物类型只能持续某一注定的时期！

我要再说一件事实，证明动植物无论在自然界的位置是如何悬殊，它们均是被一个由复杂关系结成的网络连接在一起了。一种引进的半边莲，在英国的这一区域从来没有昆虫飞落其上，而且由于其构造的特殊，从不能结一粒种子。关于此菜以后还将详述之。我们有许多兰科植物，必须有飞蛾接近方可带走它的花粉，于是才能受精。我也有理由相信，三色堇必须有大黄蜂方可受精结籽，因为别种蜂不接近此花。我由实验发现，我们的三叶草的受精，如果不是必须，至少也是极大受益于蜜蜂的拜访；但是只有大黄蜂拜访红三叶草，因为其花蜜是别种蜂所不吸取的。因此我相信，假如在英国整个大黄蜂属被消灭或仅余很少，三色堇和红三叶草即会被连带减少数量或完全消灭。大黄蜂在任何地方的数量又与田鼠的数量有连带关系，因田鼠能毁灭大黄蜂的蜂房和蜂巢。H.纽曼先生曾长期研究过大黄蜂的习性，他相信"全英国三分之二的大黄蜂是被田鼠消灭了"。田鼠数量的多寡，大家知道是看猫的数量多寡而定，纽曼先生说："靠近小城镇和乡村，我发现大黄蜂巢的数量就比别处为多，我认为这是由于猫数量增多而消灭了田鼠。"如此可以相信，猫的数量决定了一地田鼠的数量，然后决定了蜂类的数量，由此连带地决定了该地某种花草的多寡！

每一个物种，在其生命的不同时期，在不同季节或年度，可能有许多不同的限制对它发生作用；或有某一种或数种限制对它最有效力，但所有限制的共同作用，决定了该物种的平均数量甚至其灭亡。在有些时候，同一物种在不同的地方受到极其不同的限制。当我们看到在一个堤岸上有多种不同的植物和灌木互相遮盖生长，我们容易说它们的比例数和种类是出于偶然的。这样的说法是何等不正确！大家皆听说过，当美洲一片森林被砍伐后，一片极不同的植被就生长起来；但人们已看见过在美国南部一个古印第安人的废墟，原有的树木已被当时的居住者砍伐尽净，但现在生长着的植物，与其四周的原始森林展现出一致的美丽多样，且各种树木的比例皆相同。在长久的数百年中，这里各种树木的互相竞争是何等严厉，每一树木每年必散布成千的种子；昆虫与昆虫，昆虫、蜗牛等动物与鸷禽猛兽，都进行了何等激烈的战争；各个皆要增加数量，皆要互相吞食，或要吞食树木、树籽及其幼苗，或吞食起初在此地生长因而也限制树木生长的其他植物！试将一把羽毛抛向空中，各个羽毛必依照一定的规律分别向地坠落；但是此问题较之无数的动植物经过数百年互相的作用与反作用，终于决定了现在此古老印第安废墟上生长树木的种类和比例，又是何等的简单！

互相依赖的生物，例如寄生物与其寄主，在自然界的位置上大都是相隔甚远的，但相隔远的生物彼此也常有为生存而直接竞争的，例如蝗虫对吃草的四脚动物。不过，最激烈的斗争总是同种间个体的互相竞争，因为它们多生长在同一地区，需要同样的食物，受到同样的危害。同种内变种间的互相竞争也同样严厉，其斗争的结果我们有时在短时期内即可看出：例如有几个小麦的变种混合播种，所得的混合种子再行播种，种子中最与土壤或气候相适合或天然最能育的，必将胜过其他变种而结实较多，故在几年之中，即可将其他变种的地位取而代之。为了同时保存极相近的变种，例如不同颜色的各种香豌豆，每年必须将各种种子分别收割，到播种的时候，再依适当比例混合起来，不然较弱的变种就必逐渐减少终至灭亡。绵羊的变种亦然：人们曾指出，某种山地变种可以使其他的山地变种饿死，所以它们不能混合牧放。不同变种的药用蚂蟥若生长在一处，亦必得到同样的结果。我们驯养的任何一种植物或动物的变种，如果让它们如在自然状况下一般彼此互相竞争，并且所产的种子或幼体也不每年分选，那么难以判断，它们的强健性、习性和体质是否完全与现在相同，原来的混合比例是否能保持六代。

同属的物种，在习性上和体格上虽不无变化，但通常是相似的，在结构上也总是相似，因此彼此之间的竞争比不同属物种之间的竞争更加激烈。在美国，我们看到有一种燕子近来伸展到别一区域，就使另一种燕子数量减少。在苏格兰的一些地方，槲鸫近来增加了数量，就使欧歌鸫减少了数量。我们常听说到，一种老鼠在极端不同的气候下代替了另一种老鼠！在俄罗斯，一种亚洲小蟑螂到处驱逐它同属的一种大蟑螂。一种野芥代替了一种别的芥种。如此事实为数甚多。对于在自然的组织中占据了同一位置的亲缘类型为何竞争最为激烈，我们或能有模糊的认识；但在生存的大战中，为何一个物种能战胜另一个物种，我们大概在任何一个事例上都不能精确地说明。

在前面的说明中可以得着一至关重要的推论，即各生物用于竞争食物和住所、用于逃脱或捕食的构造，是以最基本的但常为隐蔽的形式，与其他一切生物构造相关联。老虎牙和爪的构造，与附着在老虎体毛上的寄生虫的腿脚的构造，就是一些明显的实例。蒲公英美丽的有茸毛的种子、水生甲虫扁平的有边毛的腿，初看时似只是与对空气和水的利用有关；但有茸毛的种子能得优胜，无疑是与植株生长在植物密集的地区最有关系，因如此一来，它可广泛地散布并降落到空旷的未被占据的地区。水生甲虫腿的构造最适合于潜水，使它能与别的水生昆虫竞争，更善捕食或逃避追捕的天敌。

许多植物种子中储藏了养料，初看时似与别的植物没有关系。但当把这类种子（如豌豆和蚕豆）播种在繁茂的草中，它就能长出健壮的幼苗，所以我以为，种子内养料的主要作用就是有利于幼苗在周围植物旺盛生长的环境中，能与之竞争生长。

一个植物在它的分布范围中，为何不能加倍或多倍繁殖呢？我们知道它原是可以多抗点寒或暑、多抗点旱或湿的，因为在别的地方它们能延伸到稍冷或稍暖、稍旱或稍湿的地区。在这种情况下我们清楚地知道，我们如设想要使这个植物有增加数量的能力，就必须给它一些优厚的条件，以对抗其竞敌或以它为食的动物。在地理分布领域的边缘，为适应气候而产生的体质的改变，当然对植物是有利的；但我们有理由相信，只有少数动植物能分布如此广远，使气候的严酷成为抹消它们的唯一因素。不到北极区或沙漠的边缘，竞争是不会停止的。哪怕在极寒或极干的地区，在少数物种之间或在同物种中一些个体之间仍要竞争，以得到最暖或最湿的地点。

由此我们可知，当一种动物或植物被引进到一个新区域、生长在一群新竞争者中，虽然气候或许是与原乡土相同的，但它生活条件的重要方面已有改变。如我们要想使它在新地区增加平均量数，我们必须要采用一个不同于原乡的新方法使它变化，因为我们要给它的优胜条件，乃是针对与它原乡不同的竞争者或敌体。

由此我们便可设想如何能给一种类型胜过别种类型的便利，这固然很好。但大概在任何一例中，我们都不知道应当怎样做方可成功。如此我们就认识到，我们对所有生物的互相关系是何等的愚昧无知。认识这种关系虽然是必要的，却极难达成。我们所能做的就是要在我们心目中牢牢记着：每一种生物皆要用几何级数争取增加自己的数量；每一种生物在它生命的某个时刻、在一年的一些季节中、在每一世代或每隔一段时期，都要为了生存而竞争并要遭受大量的灭亡。当考虑到这种竞争时，我们可以用充分的信赖安慰自己：自然界的战争不是持续不断的，且在其中感觉不到畏惧，因死亡通常是迅速的；而强健的、健康的和幸运的，能够生存和繁殖。

第四章
自然选择

自然选择

—

自然选择力量和人工选择力量的比较

—

它的力量对不重要特征的作用

—

它的力量对所有年龄和雌雄两性的作用

—

性的选择

—

同种内个体间杂交的普遍性

—

对自然选择有利和不利的情况，即杂交、隔离和个体数量

—

缓慢的行动

—

自然选择导致的灭亡

—

性状分歧，与任何小区域栖息生物多样性相关联，
并与乡土化相关联

—

自然选择通过性状分歧和灭亡对同亲本后代的作用

—

对所有生物分类的说明

前章所略论的竞争生存对于变异有何作用？由人运用时，选择的原理有强大的力量，那么这个原理在自然界也能运用么？我想我们将会看到，它在自然界也能最有效地运用。我们应当注意，在驯养的产品和自然界中已产生了多少奇异形态的变异，不过自然界中程度较小罢了。我们也须注意遗传的倾向是何等强大。在驯养的力量下，可以确实地说，整个生物在某种程度上犹如可塑体。我们也须注意，所有生物的相互关系及其对生活的物质条件的关系，是何等无穷地复杂和密切适应。我们既然已经看到，在那些生物身上对人有利的变异已确切地发生了，那么，在巨大的、复杂的生存战斗中，那些对每个生物在某些方面有利的其他变异，难道在经过数千世代的过程中就不可能有时也能发生吗？假如这种变异确有发生，我们便可以设想（记住个体产生的数目远比可能生存的为多），只要是有此优势的个体，无论其变异如何微小，不将有最好的机会生存和传留后代吗？反之，我们可以肯定，凡有害的变异，无论如何微小，必被严格地淘汰。保存有利的变异、淘汰有害的变异，我称之为**自然选择**。无利无害的变异，将不被自然选择所影响，并如我们在具有多态现象的物种中所看到的，成为一种浮游的性质。

为要明了自然选择可能的过程，我们可以拿一自然环境（例如气候）有所改变的地区以说明之。气候一旦改变，一地区各生物的比例数即将立刻变动，有些物种即可因之灭亡。因为一地区的生物是相互密切关联的，我们可以推断，某种生物的比例数有所变动，即使与气候无关，也会严重地影响到许多其他生物。假如一地区的边境是开放的，新类型必将移进，这也会严重地影响区域内一些原有生物间的关系。我们必须切记，一种新引进的树种或哺乳动物，它的影响会是何等巨大。但假如该地区是一个海岛，或周围有些阻隔，令新的和改良的类型不得自由进入，这时，如本乡土的生物有些变异，则此地区自然组织中的各位置必将被这些更适宜的生物占满，因假如这地区对移入是开放的，则占据这一位置的必是侵入的生物。在此情形下，每一轻微的变异，虽是在若干年代中偶然发生的，但如在任何方面对任何物种的个体是有利的、能使它们更好地适应改变了的自然条件，则此种变异就有保留下来的倾向；自然选择也可有自由的余地做物种的改进工作。

因第一章内已说明的情形，我们可以相信，生活的条件如有改变，特别是影响到生殖系统时，即将引起或增加变异。而在如前所述的情况下，生活条件既已改变，此种改变对自然选择是明显有利的，因它能给有利的变异提供更好的机会。只有当有利的变异发生，自然选择才能发挥它的作用。并且我相信，自然选择并不需要有极度大量的改变。人按任何给定的方向只是积累生物个体的不同，即能产生重大的结果；自然也能如此，并且比人更为容易，因它可利用无限长久的时期。

我也不相信自然选择必须要有重大的环境改变，例如气候变迁，或必须要有重大的隔离用以限制迁移，才可有些新的和空缺的位置，以便由自然选择使正在变化和改进的一些生物来将空区占据。因为每个地方的所有生物是以圆满的平衡力量互相竞争着的，如一生物构造或习性上得有极轻微的变异，它就将获得超过其他生物的优势；如这生物有更有益的变化，即将更增加其优势。没有一处可以说，所有原居的生物是完全互相适应、并且完全适应于它们的生活条件的，以至于它们可以无须再行改进。因为在所有的地区，原乡土的生物已被外来的已经乡土化的生物所征服，并让外来的生物稳固地占领了它们的土地。既然外来的生物能这样在各处战胜本地的一些生物，我们可以正确地作结论说，本地生物也已向有利的方向改变过，于是可更有力抵抗入侵者。

　　人既然有能力用有计划的和无心的选择造出伟大成绩，并且确实造出了，自然又有什么不能做的呢？人只能靠外在的与能看见的形态来选择，自然却不顾外表，除非此外表是对生物有利的。自然能改变生物内部的各器官，能改变体格的各个微小不同处，能改变整个生命的机构。人只为自己的利益进行选择；自然则只为生物本身的利益。每个被选择的特征皆被自然充分地锻炼，每个生物皆处在合适的生活条件下。人把各种气候下的当地生物聚集在同一土地上，且对于每个被选择的特征，也并不特殊地或合适地利用：他供给长喙和短喙的鸽子同样的食物；他对长背的或长腿的四脚动物并不予以特别的锻炼；他把长毛和短毛的绵羊放在同一气候下。他不让最强健的雄兽自由争夺雌兽。他不严格地消灭所有品质较劣的动物，而是在季节变动的时候，对他的所有生物都尽力保护。他常选择一些半畸形的类型，或只采用一些惹他注意的变异和于他有利的形态。在自然状况下，结构或体质上最微小的差异，如能改动竞争生存天平精细的平衡，就会被保留下来。人的愿望和努力是何等的转瞬即逝！他的时光是何等的短暂！因此他的成就较之自然经过整个地质时期的积累是何等的渺小！因此，自然的产物较之人的产物，在特征上是格外地"纯正"，又无限地适宜最复杂的生活条件、明显地带着极高技艺的印记，对此我们值得惊异么？

我们可以用比喻的说法，说自然选择在全世界时时刻刻地详细检查每一个即使是最微小的变异：淘汰有害的，保存和积累各种优的；无论何时何地，只要有机会，自然选择无声无息地工作着，使每一个生物改善了它与有机和无机的生活条件的关系。这些缓慢进行中的变化，我们是看不出的，直等到时间的指针把过去长久时期的流逝向我们标示出来，我们才可以对以往地质的悠久世纪有一不完全的了解，我们只能看出，现在生命的类型比之以往已大不相同。

虽然自然选择只能作用于单个生物并为每个生物本身的利益下功夫，但它正是这样达成了一些我们容易以为是无关紧要的特征和构造。当我们看见食叶的昆虫是绿色，吃树皮的昆虫是灰斑色，高山的松鸡在冬天是白色，红松鸡是石楠花色，黑松鸡是泥炭土色，我们就必相信，这些颜色对这些鸟和虫是有用处的，是保护它们避免危险的。松鸡若不是在生命的某一时期被消灭，数量将增加至无限；它们多数是被猛禽消灭。鹰的捕猎靠眼力，故在欧洲大陆有些地方警诫人们勿养白鸽。因此我深信，自然选择给每种松鸡一种最有效的保护色，而某种颜色一经获得后即常常纯正地保存下来。不要小看偶尔消灭某种颜色的动物可产生的影响：我们应当记得从白羊群中消灭任何有轻微黑色痕迹的羔羊是何等重要。在植物界，果实上的茸毛和果肉的颜色，被有些植物学家认为是无关重要的品质。但著名的园艺学家唐宁说，光皮的水果在美国受到象鼻虫的危害比有茸毛的水果要严重；紫色李子比黄色李子更易受到一种病害；黄肉的桃比别种肉色的桃受病较深。假如在水果园艺技术中，这些轻微的变异对培育不同的变种有极大的影响，那么在自然界，树木要与别的树木和成群的天敌相竞争，此种不同即可有效地决定哪一变种——光皮的或有茸毛的，黄色果肉的或紫色果肉的——能获得胜利。

物种中许多轻微的差异，在我们无知的判断中似觉不大重要，但我们必须切记，气候、食物等因素可以产生一些轻微的和直接的影响。我们更须记着，在生长关联的诸规律中，有许多是我们不知道的，如在生物中有一部分因变异而有些改变，自然选择为了此生物的利益即将此改变积累起来，并将引起其他改变，有时后续的改变是在人意料之外的。

驯养下的变异，无论发现于生物发育中的任何时期，例如在蔬菜园艺和农作物中许多变种的种子内、在蚕中一些变种的幼虫和茧蛹阶段中、在家禽的蛋中、在小鸡绒毛的颜色中、在牛羊快要长成时的角中，此变异也会在其后代发育中的相同时期发现。在自然界也是一样。自然选择亦可作用在生物的任何时期并使之改变，办法是积累在该时期的有利变异，并在相应时期遗传下去。如要使种子多借风力更加广泛地播传出去，而选择来增加和改变棉桃中的棉茸，自然选择较之棉农并无多大的困难。自然选择能使一昆虫的幼虫变化并适应与成虫完全不同的境遇。这些幼虫的改变，在关联规律的作用下也要影响到成虫的构造；尤其是一些成虫，它们的生命不过几小时的功夫并且不进食物，因而它们大部分的构造，是从幼虫构造演变而来的。反之，成虫的变化亦有时影响到幼虫构造的变化；但无论如何，自然选择能够保证，该变化所引起的在其他生命时期的相应变化，不会对生物有丝毫的损害，因为如有损害即将使此物种归于灭亡。

自然选择会由于亲本而改变子本的构造，也会由于子代而改变其亲本的构造。在群居动物中，自然选择也要使每一个体的构造适应于群落的利益。自然选择所不能做的就是，改变一物种的构造使其对别的物种有利，对它本身却并无利益。这种说法虽见于自然史的著作中，但我从未发现一件事实可资佐证。某一个构造虽在动物的一生中只用一次，但如有重要关系，自然选择亦可将它改变至任何程度，例如某些昆虫的大颚只专为开茧，某些雏鸟的硬喙尖只为破开蛋壳。人们曾说最好的短喙筋斗鸽多数将因不得出蛋壳而死亡，故培育家要在此时施以人工的帮助。假如自然为着鸽子的本身利益，要生成最短的喙，其改变的过程必是极其缓慢，且对雏鸟方在蛋中时就进行严格的选择，使它得有最强最硬的喙，所有喙软弱的定行灭亡；或者，选择脆弱易碎的蛋壳，蛋壳的厚薄亦与其他结构一样是可以变异的。

性的选择

在驯养之下，在某一性中发现的特别形态，经常专在此一性中遗传下去，此种事实也可在自然界中同样发现。如此，自然选择亦可使某一性依照与另一性的功能关系有所改变，或者依照两性完全不同的生活习性而改变，犹如有时在昆虫界所发现的。这现象引起我对所称"性的选择"略述数言。它与竞争生存无关，而是关系到雄性之间为争获雌性的竞争；其结果并非竞争失败者的死亡，只是减少或没有后代而已。故性的选择不像自然选择那么严厉。一般说来，最强健的雄性最适应其在自然界的位置，将能多留后代。但在许多地方，胜利不专靠强健，也靠雄性特有的武器。无角的公鹿和无距的公鸡少有传种的机会。性的选择因常使胜利者能得传种，可使它保有不屈服的胆量、长距和拍击距腿的有力的翅，犹如残忍的斗鸡者一样，知道用细心选择他的最好的公鸡，就能改进他的斗鸡品种。这个争斗的规律沿着自然的等级阶梯下降到何等的程度，我不知道；有人描述说雄鳄鱼为争夺雌性搏斗时，要咆哮和绕圈旋转，犹如印第安人在跳战斗舞；雄鲑鱼为争雌性终日斗争；雄锹形甲虫常被别的雄虫的大颚所咬伤。这种战争在多妻的动物中，或是最厉害的，正是这类动物的雄性似常备有特别的武装。肉食动物的雄性本来已有锋利的武器，但在它们中间和在一些别的雄性中，经过性的选择，更备有特殊的防御武器，如雄狮的鬃毛，野猪的肩垫和雄鲑鱼的钩状下颌，因为盾对于战斗的胜利，其重要性犹如刀矛。

鸟雀内竞争的性质，常比较平和。对此问题有研究的人均认为，有许多种类的雄鸟，为吸引雌鸟，常发生最激烈的鸣吟竞争。圭亚那的矶鸫、极乐鸟和其他一些鸟，常成群集合，雄鸟一个接一个地在雌鸟眼前炫耀它华丽的羽毛，并做些奇怪的动作，雌鸟从旁观看，最后选择最吸引它的配偶。经常照料樊笼中鸟雀的人确知各个鸟雀个体亦常有好恶的不同，H. 赫伦爵士曾说过一只带有斑点的雄孔雀是如何特别地吸引了许多雌孔雀。把任何效果归功于这样看似不够牢靠的方法或许显得简单化了，但足以支持此意见的细节，限于篇幅，在此不便详叙。然而，既然人能在短时间内依照自身的审美使他的矮脚鸡有雅致的风度和美丽的外表，那么我们就没有理由怀疑，雌鸟在数千代的时期中，通过按照它们审美的标准选择出唱得最悦耳的或最美丽的雄鸟，显著地改变了雄鸟的特性。我很以为，较之雏鸟而言，雌雄鸟雀羽毛的发育有些显明的规律，能用在鸟雀繁殖的年龄或繁殖的季节发生的性的选择来解释。如此产生的变化，可由雄性一方面或由雌雄两方面在相应的年龄或季节遗传下去，但此题因限于篇幅不予详述。

故我相信，任何动物的雌雄性如有相同的一般生活习性，但在结构上、颜色上或装饰上并不相同，则这些不同主要是由性的选择引起。这就是说，个体雄性在武器、防卫或吸引方面，在连续的世代中，较之其他雄性发生轻微的优势，并把这些优势传给雄性的后代。但我不愿把这些性的差异都归之于性的选择，因为在我们家养动物的雄性中能看到产生了一些特别的形状，如雄性信鸽的肉瘤，某些公禽的角状突出物等，我们相信它们对于雄性既不能有助于斗争，又不能吸引雌性。在自然界我们也可以看到相似的情形，例如雄火鸡胸前的一簇毛，既不能有用又难以称作装饰，假如在驯养中发现这丛毛，即必称之为畸形。

自然选择行动的释例

为要表明自然选择是如何作用的，请允许我且提出一两个假想的释例。就拿狼来说，它们捕获各种动物，有些是用狡诈，有些是用体力，有些是用速度。再假设它的猎物中速度最快的一种（如鹿）在一地区因某一变化而数量骤增，或者其他猎物数量减少，而此时又正值狼最迫切需要食物的季节。在此情形之下，我看不出有何理由怀疑，最快最苗条的狼必有最好的生存机会，因此它就被保留或选择下来——只要当它们在这一季节或其他季节被迫要捕猎其他动物时，总是保有征服其猎物的体力。我看不出有何理由怀疑这点，正如人能够通过细心和有计划的选择，或是由于每个人都设法保留他最好的狗而无意要改变其品种的无心选择，就能够改进其赛狗的速度，这在自然界是一样的。

在狼所要猎取的动物并未因故增减其比例数时，一头幼狼也会有其内在的倾向，偏爱追逐某种动物。这不能认为是非常不可能的，因为在我们的家畜中，也常发现有很不同的内在倾向。例如某一猫喜欢擒拿大鼠，而另一只猫则倾向于擒小鼠；圣约翰说有猫喜捉飞禽，有猫喜捉走兔，另有猫喜在莽草湿地寻猎，几乎每夜带回山鹬或沙锥鸟。猫喜擒大鼠不喜擒小鼠的倾向已经公认是出于遗传。如有一头狼在它的习性上或构造内部有轻微的有利改变，它就有生存和传留后代的最好机会。有些狼的后代或可传承此同样的习性或构造，如此重复，一个新的变种或可成立，新变种可与其亲本同时共存，或取而代之。再者，居住在山地的狼和居住在平地的狼必须自然而然地追逐不同的猎物；由于长久持续地保存最合两地的不同个体，两个变种就或可慢慢地养成。这些变种若会聚，就必杂交和混合；关于互相杂交的问题后再讨论。我再补充一点，依照皮尔斯先生所说，在美国的卡茨基尔山脉的狼有两个变种，其一有轻捷如赛狗的形状，常喜逐鹿，其一身躯粗壮，腿较短，常喜进攻羊群。

现可更说一较复杂的事例。某些植物分泌出一些甜液，其原因显然是要从植物液体中排出一些毒素。在有些豆科植物中，此液体是由托叶基部的液腺中溢出，普通月桂树则是由叶的背面溢出。此种液体量虽小，但为昆虫所竞相争取。现在再比如说，如这微小的甜液或蜜是由花瓣基部内侧分泌出来的。在此情形下，昆虫为获得此蜜，身上就必沾染一些花粉，于是就常把此花之粉移上彼花之柱。同一物种的两个不同个体因得杂交。由这杂交的行为，我们即可相信将要产出的是极强健的幼苗（此点后将详论），它们将得有生长茂盛和留存的最好机会。这些幼苗中，有些或将得有分泌蜜液的能力。凡花有大的分泌管而能多出蜜，即可多得昆虫的往顾，于是最易得到杂交；久而久之它们就能得到优势地位。凡花的雄蕊和雌蕊生长合宜，适合某种常往顾昆虫的习性和身躯的大小，就能使花粉易于从一花带到另一花，也就将受到宠顾和选择。我们也可讲到一些往顾昆虫不取蜜而专取花粉的情形。产生花粉的目的是专为受精，消灭一些花粉自然就是植物的损失；但如能有少量花粉，初是偶然的、后是经常的，被食粉的昆虫由一花带到另一花，因而完成杂交，故虽十分之九的花粉被毁灭，仍对植株是十分有利的。因此，凡植株花粉越产越多，粉囊越变越大，亦必受到选择。

当我们的植物因持续地保存或由自然选择更有吸引力的花，而更能吸引昆虫，昆虫就会在无意中规律地把花粉散布到各花。关于这种很有效的散粉情形我能举出许多惊人的事例。我现先只说一个不惊奇的例子，但可说明植物雌雄分离的第一步。有些冬青树只长雄花，含有四个产生少量花粉的雄蕊，和一个未发育的雌蕊；另有别的冬青树只长雌花，花中有一充分发达的雌蕊和四个有萎缩粉囊的雄蕊，并不产生一粒花粉。在距离一株雄树正好六十码远处，我发现一株雌树。我自雌树不同的枝上，收集了二十朵花的雌蕊柱头，在显微镜下观察时，没有一个柱头上没有花粉，并且有的花粉甚多。在此前几天，风的方向是由雌树吹向雄树，花粉是不能由风传播过去的。此时气候甚冷且多暴风雨，不利于蜜蜂的活动，虽然如此，凡我考察的雌花，皆被蜜蜂因寻找花蜜而将花粉由树到树带到各个雌蕊上。现在再回到假想的事件：植物既然发展到能高度吸引昆虫常将花粉散布到各花，则另一步的发展过程将行开始。博物学家皆相信，被称为"生理分工"的现象是有利的；因此我们也可以相信，在一株植物上有些花专长雄蕊或全树只长雄花，另一植株有些花专长雌蕊或全树只长雌花，是对一种植物有利的。当培育下的植物生长在新的环境时，雄器官或雌器官有时或多或少会失去生育力。假如在自然界这种情形也有发生，即使其程度极为微小，既然花粉已经是常常由一花带到另一花，既然按分工的原理下，植物的雌雄更加完全地分离是于植物有利的，那么，凡个体对分工的倾向愈益增加，此个体即必常被自然宠顾或被选择，直到雌雄完全分离的工作得以完成。

现可再谈到我们所设想的食蜜昆虫的事情：我们可以设想某种普通植物因长久的选择使蜜量逐渐增加了，并设想有某种昆虫，它的食物是以蜜为主体。我可举出许多事实，证明蜜蜂是如何要节省时间：例如为从某种花中吸取得蜜，它们习惯在一些花的基部咬一小孔，其实它们可以稍微麻烦一点，由花的开口进入。如把这些事实存在心中，我相信昆虫身体的大小和形态，或昆虫口器的曲度和长度等偶然的偏离，虽微小到不为我们所注意，但对于蜜蜂或别的昆虫可能是有利的。于是，凡个体能有此种特点者，即能更迅速得着食物，更有生存和传留后代的机会。它的后代或者也可能继承这结构轻微偏离的倾向。普通红色三叶草和淡红色三叶草的管状花冠骤看之下并无长短的不同，但蜜蜂容易从淡红色三叶草吸出蜜液而不能从红色三叶草吸得。红色三叶草是只由大黄蜂寻访的；尽管整个田野的红色三叶草能贡献多量的蜜液，对于蜜蜂却是无用的。假如蜜蜂有一稍微较长和构造稍微不同的口器，即必大有优势。在另一方面，我从实验发现，三叶草的受精是靠蜜蜂到访和推移部分花冠，始可把花粉送到雌蕊的柱头。假如大黄蜂的数量在一地因故减少，在此情形下红色三叶草如将它的花管变短些或分裂深些，则蜜蜂也可往顾。此种改变对红色三叶草必是一极大的优势。由此我更可了解，一种花和一种蜜蜂可以持续不断地保留各自个体上出现的构造上互利的轻微偏离，同时或先后缓慢地变化，以使它们互相极完美地相适应。

我深知，如上面设想的例证中所说明的这种自然选择的学说，是易于受到反驳的。这和查理·莱伊尔爵士的卓越见解"现代地球的变化可以解释地质学"最初受到的反驳是一样的。但我们现在已很少能听说，例如"海岸波涛的作用能说明巨大山谷的开凿和内地最长峭壁的形成"的观点，被称为是微小和无足轻重的了。自然选择只能通过保存和积累每一个体所继承的对它本身有利的极微小改变，来发生作用。正如现代地质学已经几乎完全抛弃了"巨大山谷的凿成是由一次洪积波造成"的观点一样，自然选择，如果是真理，也将要把各个新的生物是不断被创造出来的信仰，或说生物的构造可以有任何巨大的或突然的改变的信仰，彻底抛弃。

个体的互相杂交

我现先说一段短短的离题话。凡动物和植物是雌雄异体的，除了一些不甚明了和奇怪的单性生殖的事例外，每次生产时两个体必先交配，此理甚明；但在雌雄同体动物中，其理却不甚明了。虽然我仍深信，在所有雌雄同体动物中，两个个体为生产后代仍会偶然地或惯常地交配。此意见是首先由安德鲁·耐特提出的。我们随后将认识此说的重要性；但在此地我只能简略地论述，虽然我有作充分讨论的材料。所有的脊椎动物、所有的昆虫和其他一些大类群的动物，每次生产皆须交配。近代的研究已令曾被认为是雌雄同体动物的种类大大减少，而在真的雌雄同体动物中，大多数是交配的，亦即两个个体是正常交配以资繁殖，这正是我们所关心的。但仍有许多雌雄同体动物是不常交配的，且大多数植物是雌雄同株的。人们可以问，在这些情况下为何认为两个个体为繁殖而曾经交配？由于此处不能详细讨论，我只可说些一般的概念。

首先，我曾收集了大量事实，并依照所有育种家一致的意见，证明植物在不同的变种中或在同一变种不同支系中的个体互相交配，可增加后代的健强和能育性；反之，近亲的杂交减少后代的健强和能育性。这些事实足可使我相信自然的一个通用定律（虽然我们完全不知此定律的意义），即没有任何生物能世世代代永久地自行受精；它必须偶尔(或许间隔一个长久的时间)与另一个体杂交,这是绝不可少的。

在相信这个自然定律的基础上，我想我们就能明白下面所说几大类的若干事实，这些事实如另按他种说法是不可理解的。每个杂种育种家都知道，阴湿的气候不利于花的受精，但是花的雌蕊雄蕊充分暴露在此种气候中的现象又多不胜数！然而，假如间或杂交是绝不可少的，我们就可了解，为使别的个体的花粉可充分地进入雌花，暴露的情况就是必须有的。尤其在有些植物本身的雌蕊和雄蕊排列甚近，以致自粉受精似乎是不能避免的情况。另外有许多花的生殖器官是深被包藏的，例如广大的蝶形花科或豆科；但在此科的花中，部分的或所有的花皆有一奇异的构造，可适应蜜蜂类进入取蜜。蜜蜂在取蜜的时候，或将本花的粉推上本花的雌蕊，或另散布些别花所带来的花粉。

蝶形花必须有蜂的光顾，我已找到在别处发表的实验证明，假如蜂的访问受阻，其受精传种就将大为减少。蜂由一花飞到另一花而不传布花粉似乎是不可能的，我相信这对植株有极大好处。蜂传粉时的工作犹如驼毛画笔，只要它先碰一花的花药，然后仍用此笔尖再碰一花的柱头，即能达到授精的任务。但我们绝不可认为蜂的这种行动就可在不同的物种间产生大量的杂种；因为假如在这同一支画笔上带来了植物本身的花粉和别种植物的花粉，前者就有充分的遗传优势将别种花粉的任何影响完全消灭，正如加特纳所证明了的。

有时，一朵花的雄蕊忽然齐向雌蕊弹动，或一个一个慢慢地向雌蕊移动，此等适应性技巧似乎是为保证自花受精而存在。为达到自花受精的目的，这无疑是甚有用的，但雄蕊向雌蕊弹动有时也需要昆虫的协助。犹如柯尔路特所证，在小蘗属中就有这种现象。在此一属中虽有一特别的技巧专为自花受精，但大家也知道，如将此属的近缘类型或变种临近栽植，它们大多数就自然杂交，欲求纯种的后代即是几乎不可能的。另一方面，我可由 C.C.斯普润格的著作中和我自己的观察证明，许多别的植物不仅并无如上所说自粉受精的辅助手段，还另有特种技巧，有效地阻止雌蕊自本花受粉。例如半边莲属就有一种极美妙和复杂的技巧，在各个花的雌蕊能够受粉之前，把相连粉囊中的极多花粉扫除出去，一粒不留。并且当没有昆虫光顾半边莲时，至少在我的花园中是这样，它就从不结籽；但当我取一花的粉放在另一花的雌蕊上，我就收获了许多种子。同时另有一种半边莲生长在附近，因为有蜂的拜访，即结籽甚多。另有许多别的植物虽然无特别的和机械的技巧阻止自花授粉，但如 C.C.斯普润格所发现，并由我证实，有些植物的粉囊在雌蕊尚不能成熟受精时即行爆裂，或者有些花蕊在花粉尚未成熟之前先行成熟，所以这些植物，实际上是无异于雌雄分株的，因而必须常行杂交。这些事实是何等的奇妙！在同一花中雄蕊和雌蕊彼此邻近生长，似乎专为自行受精而设，但在许多情形中它们又毫不相关，这又是何等的奇妙！这些事实按照"偶然与别的个体杂交是有利或必需"这一观点来解释，又是何等的简单！

如把甘蓝、萝卜、洋葱以及其他植物的多数变种相邻播种，其后代所产的幼苗，如我所发现的，大多数是混种。例如我把一些甘蓝的变种邻近种植，由此我获得了 233 株幼苗，其中只有 78 株与原种无异，这 78 株中仍有若干并非是完全的纯种。但每一朵甘蓝花的雌蕊周围不单绕有六个雄蕊，并在同株上仍有许多别的花，既然如此，其后代中如此多数的混种幼苗究竟由何而来？我以为其中必有一种不同的变种，其花粉较之各株的自体花粉更有遗传优势；我又以为由同种的不同个体互相杂交，可以产生优良的后代，也是一般自然定律的一部分。但不同的物种杂交时，其结果正是相反，因为同一物种的花粉比外来另一物种的花粉，是永远更有遗传优势的。关于此题将在另章讨论。

关于开满花的高大乔木，人们可提出反驳，说花粉是少能由一乔木带到另一乔木的，至多只可说是由本树的一花带到本树的另一花上，并且同一树上不同的花只在有限的意义上可看作不同的个体。这种反驳我相信是有理的，但大自然已多有准备，使乔木有雌雄异花的极大倾向。雌雄既已异花，则虽然雌雄两花生长在同一树上，花粉也必须由一花带到另一花，其中即有机会使花粉偶然由一树带到另一树。在每一目下，乔木较之别种植物更多为雌雄异花，此种情形在英国即是。我曾请胡克博士为我把新西兰的乔木分别列表，并请阿萨·格雷博士为我把美国乔木分别列表，其结果正如我所料。但胡克博士近来曾通知我，此律不适于澳大利亚；故我在此处略论乔木的雌雄性，只是为使读者对此题目稍留意耳。

现且略论动物。在陆地上有些雌雄同体的动物，例如旱地软体动物和蚯蚓，但它们都是交配的。直到现在，我尚没有发现一个自行受精的陆地动物。假如依照生物有时必须杂交的观点，并考虑到陆地动物生活的环境和它们生殖元素的性质，我们就能明了陆地动物这种与陆地植物造成强烈对比的显著特点。我们知道对陆地动物，因不像植物那样有昆虫和风作为媒介，若没有两个个体的交配，偶然的杂交就不能实现。在水生动物中，则有许多自行受精的雌雄同体动物；但流水是一很显明的媒介，可使其得以偶然的杂交。关于雌雄同体动物，与花的情形相同，我尚未发现任何一种的生殖器官严密深藏在身躯之内，完全隔绝外界偶然的侵入和其他个体偶尔的影响；关于此点我曾与一位至高权威，赫胥黎教授，加以讨论。照着这个说法，蔓足动物却是一个难解的事例，但我幸有机会能在别处得着一个实例，两个蔓足动物个体虽皆是自精受胎的雌雄同体动物，但有时仍会杂交。

有一种情况定会被许多博物学家认为是出乎寻常的：有些同科甚至是同属的动植物，虽然整个生物体几乎是彼此密切相似的，但是它们中间有些是雌雄同体的，有些是雌雄异体的，并且此种事实并不罕见。但如雌雄同体生物其实有时也与别的个体互相杂交，那么雌雄同体与雌雄异体的差别，自其作用而论，就甚微小了。

根据这些意见，同我所收集的许多别的事实（尽管此处不能详述），我很以为在动植物界，不同的个体有时互相杂交是大自然的规律。我深知关于此种说法实有许多难解之点，其中有些我仍在研究。总之我们可以归结地说，许多生物每次生产时，两个个体显然必须杂交；又有许多别的生物，杂交是只在长时期中偶然一行的；但我以为绝没有生物能永远自行受精。

对自然选择有利的情况

这个题目是极其复杂的。大量产生能遗传的和多样化的变异，对自然选择是有利的；但我相信仅仅个体的差异即可满足自然选择的需要。个体的众多，可令一定期间内较有机会出现有利变异，这样便可补偿每一个体变异的不足，我相信这是达成自然选择的极其重要的因素。虽然大自然给自然选择长久的时期来工作，但这时期并不是无限的。因为所有生物既然在自然组织内要争取占领各自的位置，假如一个物种对比其竞争者在相当程度内不能变化和改进，它不久即必被消灭。

在人的有计划选择中，育种家是为一定的目的而选择，自由的互相杂交将使其工作完全停止。但是倘若有许多人，虽不想育成新品种，但在培育工作中有一几乎共同的标准，并且大家皆要从最好的动物中去培育，那么经此无心的选择，即必有改变和完善慢慢地发生，虽然在它们当中也有大量的劣种杂交。此种情形在自然界亦必也有，因为在有限的地域内，假如自然的体制中仍有些位置未被完全填满，自然选择就总是倾向于保存所有向正确方向变异的个体（虽然其变异在程度上有所不同），以便更好地填满空缺的位置。但如果一地域是广大的，其不同的地段必定有不同的生活条件；假如自然选择要在这些不同的地段改变和完善同一个物种，这一物种的个体就必然要在各地段边界处进行杂交。在这种情况下，自然选择的工作鲜能与杂交的结果相抗衡，因为自然选择常要在每一地段用同一方法改变所有的个体，使之能合乎各个地段的条件；而在一个连续不断的区域内，由一地段到另一地段，某一特别的物质条件是不易察觉地逐渐消失的。在一些游动性大、生育又不甚快、每次生产又必须交配的动物中，杂交是有最大影响的。我因此相信，在这种性质的动物中，例如鸟雀，变种大多仅出现在隔离的区域内。只偶然杂交的雌雄同体生物中，和在游动少、滋生速且生产必须交配的动物中，新的且有改进的品种可能迅速地在一地方发生，并可能形成一整体，于是无论何种杂交，皆将限于此同一新变种的个体之间。一个地方的变种如此成立之后，即可慢慢地分散到别的区域。依照此原理，治苗圃的人总是倾向于从同一变种的大丛植物中收集种子，于是即可减少与别的变种杂交的机会。

即使在滋生较慢并且每次生产必先交配的动物中，我们也不可过量估计互相杂交对自然选择的延迟力量。我能用许多事实证明，在同一区域内，同样动物的变种能长久保持它们的区别，或是由于它们常去不同的场所繁殖，或是由于繁殖季节稍微不同，或是由于更喜欢与同类的变种交配。

在自然界，为保持同一物种或同一变种特征的纯正和一致，互相杂交是至关重要的。对于每次生产必须交配的动物，显然更易得着效果。但我已经力图指出，我们有理由相信所有的动植物皆有时进行杂交。虽然此种杂交经过很长时期方有一次，但我确信杂交的后代因较之自行受精的后代更加强健和能育，生存和传留后代的机会也必是更大。故在长久的时期中杂交虽然不是常有，其影响仍是甚远。如有生物永无杂交，在生活条件长久不变的情形下，其品质的一致性是依靠遗传的原理，并依靠自然选择的力量来消灭脱离固有类型者；但如生活的条件有所变更，生物也有变化，则只有依靠自然选择来保持其相同的有利变异，使其有变异的后代得有一致的品质。

隔离也是自然选择过程中的一种要素。在一个有限的或隔离的区域内，如面积不大，其有机和无机生活条件大致是一致的，自然选择就会倾向将全区域内一个有变异物种的全部个体按着同一条件向同一方向改变。这种情况下，四周就没有栖居在不同环境的同一物种的个体，互相杂交也就被阻止。因任何物质条件（例如气候或海拔高度等）发生变化而造成的隔离，对阻止更适宜生物的移入格外有力。于是该自然组织的新位置就向老的栖居者开放，由之竞争，通过它们构造和体质上的变化来适应改变的环境。最后，隔离因阻碍新生物的移进和由之而来的竞争，即可使任何新变种有长久的时间慢慢地改进，此种情形有时对新物种的产生是重要的。假如隔离的区域面积很小，因四周有险阻或因特别的物质条件，在此区域内个体的总数将会极小。个体稀少即要大大地阻止自然选择产生新物种的能力，因为它减少了有益变异发生的机会。

上述的一切，如转到自然界来检查它们的真实性，并考察一个小的隔离地区，例如一个海岛，就可发现在此地区内物种的数目虽是微小（如我们将在**地理分布**章所见），但这些物种中的一大部分是当地所特有，即它们是本地的原产而为别处所无。骤然看来，海岛上最宜于生产新的物种；但其实这样就是欺骗我们自己，因为如要弄清小的孤立区域还是广阔开放区域（如一大陆）最适宜产生的新生物类型，我们就必须将比较限于同一时期之内，但这是我们所不能做到的。

虽然我不怀疑隔离对新物种的产生是重要的，但总起来说，我倾向相信广大的面积是更加重要的，尤其对于产生能够长时间存在并散布甚广的新物种而言。在一空旷和开放的地区内，不但在生于其间的大量同种个体中更易产生有利变异的机会，还因有众多的物种早已生存其间，其生活的条件即成为无限地复杂；这许多物种中如有一些变化和改进，别的物种势必也须有相当的进步，否则即被消灭。每一新类型已经多有改进之后，即能分布到空旷和相连的地区，于是就与许多别的物种发生竞争。故在一大地区较之在一小而隔离的地区，自然组织中就将形成更多新位置，占据它们的竞争将更激烈。再者，大的地区虽然现在是连接的，但因地平的迭次升降，在不久前常是断裂的，于是在一定程度上，隔离的良好效果在一些区域内一般亦必发现。最后，我的结论是，虽然小的隔离地区对于新物种的产生，在一些方面或许很是优厚，但在大的地区上，变化的过程一般是更迅速的。尤其重要的就是，在大地区所产生的新类型，因它已经战胜过许多竞争者，分布必是最广，所发生的新变种和新物种亦必最多，因而它们在生物世界的发展史上将起重要作用。

由上所述，我们或可对在**地理分布**章内将再讨论的一些事实更加明了。例如在较小的澳洲，其生物过去曾在来自较大的欧亚大陆的生物前败退，现在的生物也显然如此。同样地，大陆上的生物来到各海岛上，多数也在该岛上乡土化了。在小岛上生存竞争不甚激烈，类型有改变的较少，消灭的也较少。因此依照奥斯瓦尔德·黑尔的说法，在马德拉群岛上的植物区系大概是与欧洲已灭绝的第三纪①植物区系相似。全世界所有淡水湖面积的总和，较之海洋或陆地的面积为小，因此淡水生物中的竞争较之别处相对温和，新类型的产生和旧类型的灭

①早期地质科学采用的名称，现已废弃，相当于现在的古近纪和新近纪，开始于距今 6500 万年前，结束于约 2300 万年前。

亡皆更加缓慢。在淡水中，我们发现七个属的硬鳞鱼，它们是以往一个强盛目的残存者；在淡水中，我们还发现一些现在世界上所知的最奇特的类型，例如鸭嘴兽和肺鱼，犹如化石一样，在一定程度上把现时在自然阶层中远远分离的一些目联系了起来。这些奇特生物可以称为活的化石，它们因生长在有限制的地区内，不受严厉的斗争，故能保存到现在。

对自然选择有利和不利的条件，我姑且在此极复杂的题目所许可的范围之下总结起来。考虑到未来的远景，我的结论是，就陆地的生物而论，一片广阔的、或许将经历地面反复升降因而在一长时期中是断裂的大陆地区，对很多新生物的产生是最有利的，并且新生物很可能维持长久，分布广远。因为在一开始就是大陆的区域，在此期间居在其上的生物种类和个体为数都很多，它们必将经过最严厉的竞争。当此大陆因地面下降，变成分离的大岛时，每一个岛上仍必存有许多同种的个体，同时每一物种在区域边界处的互相杂交将被阻止；而在任何物质条件改变之后，新物种的移入将被阻止，在每一岛屿内，自然体制中空缺的位置即必由经改变后的原住生物占领之；在每一岛上的变种，将有长久的时期让其改变和进步。当下沉的地段复行上升时，岛屿将又连成大陆，于是严厉的竞争又复开始：最有利最进步的变种将能分布开来，少有进步的类型即将多被淘汰，在此新大陆上各种生物互相的比例数将又有变更；由是自然选择就有了良好的活动场所来更进一步地改进其住户，于是就可产生新的物种。

我完全承认，自然选择的行动是极其缓慢的。其行动要看自然体制中有无位置能由原疆界内经过某些变化的生物更合宜地占领起来。能否有此种位置，一要靠物质环境的变迁，这一般是极其缓慢的；二要靠阻止较好的类型，使其不得侵入。自然选择的行动，更须依靠当地原有的一些生物慢慢地变化，此种变化即将扰动许多当地其他生物的互相关系。变异本身永远是一个极其缓慢的过程，若无有利的变异，就必一事无成。变异的过程常因自由的互相杂交而大大延迟。必有人说这些因素就足够完全停止自然选择的作为。我觉得不然。我倒以为自然选择总是慢慢进行的，常常需经长久时期而达成，并且通常在同时同地只对少数的生物进行。我还相信自然选择缓慢和间歇性的行动，正是与地质学所告诉我们的全世界生物的改变速度和方式完全相符合。

自然选择的过程虽然缓慢，但若渺小无力的人类用其人为的选择尚能成就许多，那么在自然力量长久的选择下，能累积何等巨大的改变，能让所有生物之间和它们与其生活的物质条件之间形成何等美满和无限复杂的互相适应，我就看不出有任何限制。

灭亡

此题在**地质**一章内将更充分地讨论，但因其与自然选择有密切的关系，此处也须说及。自然选择的行动完全靠保存有利的变异并使它们得以持久延续。既然所有生物的增加皆依照几何级数的高速度，那么每一地区应早经完全占满，于是每个被选择的优胜类型的数目增加，自然会导致非优胜类型的数目即行下降而终至稀少。地质学告诉我们，稀少是灭亡的预兆。我们也可看出，凡类型只有少数个体的，在季节变迁或天敌数量增加的时候，即有完全消灭的可能。但我们更可以进一步地说，随着新类型持续慢慢地产生，任何一个类型若不能持久而无限地增加，灭亡是不可避免的。地质学也明白地证明，物种类型的数目并不能无限地增加，并且我们也确切地知道它们为何不能如此增加——自然体制中的位置并不是无限的。这不是说我们已有任何手段知道自然界内某一区域的物种种类已达到最高数；很可能尚没有一个地区的生物已经完全充满。在好望角，植物的种类比世界任何地方都更拥挤，而在那地方仍有一些外来植物完成了乡土化，并且就我们所知，并没有使本地任何植物归于灭亡。

再者，在一定期间内，个体最多的物种最有好机会产生优胜的变异。在第二章内我们已有事实证明，最普遍的物种供给了最大数目的经记载的变种或称初起物种。因此，稀少的物种因在一定期间内改变或进步较慢，它们在生存竞争中就要被较普遍物种的进步后裔所战胜。

根据上述各理由，我想必然的结局就是，随着新物种在长时期内经自然选择而形成，别的物种就必越来越少，终归灭亡。凡与正在变化和进步的类型竞争最激烈的，必受到最大的损失。我们在**竞争生存**一章内，已经看到凡最近缘的类型（同种的变种、同属或有亲缘关系的物种），因几乎有同样的构造、体质和习性，一般说来彼此间即有最激烈的竞争。因此每一新的变种或物种，在它成立的过程中，对与它最近的亲属压力最大，并有消灭它们的倾向。在我们驯养的生物中，通过人对进步品种的选择，我们也可看出同样的消灭过程。我们可以举出许多奇异的事实证明，新品种的牛、羊和其他动物，以及新的花卉变种，是如何迅速代替了旧的和较次的品种。约克郡历史的事实告诉我们，古老的黑牛已被长角牛所代替，而长角牛，用一农艺作者的说法，又是"如经过凶残的瘟疫一样被短角牛所清除了"。

性状分歧

我用这一术语命名的原理，对我的学说是极重要的，我相信它能解释几个重要的事实。第一，关于变种（甚至明显的变种），它们虽然有些近乎物种的特征，但又因可疑之点甚多，在很多情况下不知究应如何分类；但它们彼此不同之处较之非常不同的物种究竟较少。依我看来，变种是正在形成中的物种，或者如我所称的初起物种，那么变种间彼此较小的差异如何能变成物种间较大的差异呢？此种事实经常发生，因为在自然界我们可以看到，在无数的物种中大多数皆表现出很明显的差异，但在变种中只有轻微和不明显的差异，而变种理应是未来的显明物种的原型和亲本。我们可以说，是由于纯粹偶然的原因，使一个变种在有些特征上与其亲本有所差异，又使这一变种的后裔在这些完全同样的特征上与其亲本发生更大的差异；但仅此一点决不能说明在同物种的变种之间和同属的物种之间出现的累积的和大量的差异。

欲明了这个问题，如我一向的办法就是从驯养的生物中寻找一些光明。我们可以由此得着些相似的情况。一个鸽子育种家注意到某鸽有一较短的喙；另一育种家注意到某鸽有一较长的喙；依照一个公认的规律，即"育种家不欣赏中庸的标准而是喜欢极端的"，此两育种家就分别行事，一位由长喙中培育愈来愈长的，一位由短喙中培育愈来愈短的（犹如实际上的筋斗鸽）。我们也可以设想到在很早的时期，一位喜欢快马，另一位喜欢更强更大的马。起初两种马的不同是很轻微的，但经过长久的时期，一些育种家由快马继续选择更快的，另一些育种家持续选择更强大的，两种马的不同就更加明显，被认成两个亚种。最后，经过数百年的时光，亚品种就可确实地变为两个不同的品种。随着差异逐渐加大，较劣势的中间品种既不很快又不很强，就会被忽略，终久即趋于淘汰。由此可见，自人为驯养的生物中所发生的差异，其原因或可称为分歧原理。此原理使起初勉强才可感觉到的差异，其后即稳健地增大，致使品种彼此之间以及与共同亲本之间在特征上发生分歧。

人们可能会问，相似的原理可以类推到自然界吗？我以为是可能的，而且已经最有效地实现了，只须考察一简单的情形；一个物种的后裔在构造、体质和习性上分歧愈多，在自然的体制内就愈能占领许多不同的位置，并且更可增加数量。

此种情形在习性简单的动物中可清楚地看出。拿肉食四脚动物来说，它们的数量在任何可供养的地区早已达到饱和的均值。假如让它依其本能继续增加，同时原地环境并无任何改变，此动物增加的可能唯有靠其有变化的后裔夺取其他动物已占据的位置：比如有些后裔能以新的猎物为食，无论是死的或活的；有些能栖居于新的处所，或能爬树，或能常常入水；又有些或者能少依赖肉食。这些肉食动物的后裔如在习性上和构造上多有分歧，它们即多能占据不同的位置。此理能用于一种动物，则能用于所有时候的所有动物，当然它们要能变异，否则自然选择就无能为力。动物如此，植物亦然。人们已用实验证明，用一块地皮只种某一个物种的草，另一块相似的地皮播种几个不同属的草，结果后者就能生长较多数量的植物、得到较多重量的干草。用一块地皮只种一种小麦变种，另在相同面积的地皮上播种几种不同的小麦变种，其结果与前相同。所以如一种草持续变异，而其各变种仍被持续选择，以致犹如不同种和不同属的草那样彼此分明，则这一种草即有更多的个体（包括它有变化的后裔在内）能在同一块地皮上顺利地生长。我们知道每一物种和每一变种的草每年传播几乎无数的种子，即是说它们各要竭力争取增加其数量。因此，我相信在经过千万世代中，在任何一个草的物种中最不同的变种，就总是有最好的机会得到胜利并增加它的数量，于是代替了较少不同的变种。变种发展到彼此极不相同的时候，就进步到物种的地位。

生物构造的分歧愈大，所能支持的生命即愈多，此原理的真实性在许多自然的环境中可以看到。在一极小的地段，尤其是生物可自由移入的，个体间彼此的竞争就必极其严厉，在此地方我们总是发现生物的分歧极大。例如我发现在一块长四英尺宽三英尺、多少年中生活条件都一样的小草地上，即有二十种植物，分列八个目的十八属中，由此可见这些植物互相不同的程度。在环境一致的小岛上，植物和昆虫生长的情形也与此相同；在淡水的小池塘内也是如此。农民知道轮种属于最不相同的目的植物可以收获最多的食粮；大自然则是用所谓同时轮种的方法。密集生长在任何一小块土地上的动植物，大多数得以生存（假设此块土地在其性质上没有什么特异之处），我们也可以说它们皆是竭力地生存；但是我们也可以看出，在它们彼此竞争最密切的地方，构造分歧的优势，以及连带着发生的习性和体质的不同，决定了最接近和最密切竞争的生物种类，一般来说属于我们所定义的不同的属和目。

同样的原理亦可在人们自外地引进植物使之乡土化的情形中看出。人们或多以为，凡自新地引进的植物如能顺利地乡土化，大都应与本地原生植物是近缘的，因原生植物普遍以为是为本地特别创造的，适合生长于此。人们或者也会认为，被引进的植物既能本地化，亦必是属于特别适合新乡土某些地点的少数类群。但事实上并非如此，阿方斯·德·康多尔在其伟大而可钦佩的著作中曾清楚地说，能够本地化的植物与原地植物的属和种的数目比较，新属比新种多得多。兹试举一例以证明之，在阿萨·格雷博士的《美国北部植物志》最新版中，列举了 260 种已经本地化的植物，分属于 162 个属。由此我们可以看出，这些本地化的植物有高度分歧的性质。并且它们与本地原生植物之间的差异更大：在这 162 属中，即有 100 属以上并非本地原产。故在美国这些州内，属的数目与总数之比就大为增加。

　　考虑在任一新地能与当地动植物竞争胜利，并使植物或动物的性质适于本地，我们可以有些粗浅的认识，那就是本地原有的一些生物应如何变化，才可以比本地其他生物更占优势。我们也可以稳妥地推论，构造的分歧达到成为新属的差异程度，就会对它们有利。

　　同一地方的生物，其分歧带来的好处犹如同一个体身体上的各器官在生理上分工的好处，此理曾由米尔恩·爱德华兹详细说明。没有一个生理学家不相信，一个专门消化植物或肉类的胃能从这些物质中吸取出最多养料。所以就一地的总的自然组织说，动植物在它们生活习性上分歧愈多、愈完善，就能有愈多的个体得以生存。一群动物，如在它们的生物组织上少有分歧，就不容易与一群在构造上分歧更完善的动物相竞争。例如澳洲的有袋动物分成了一些类群，各类群之间彼此并无多大的差异；如沃特豪斯先生和其他人所指出的，这些有袋动物只可做我们的肉食类、反刍类、啮齿类哺乳动物的微弱代表，它们如与这几个目中特征鲜明的动物相竞争，其胜利是大成疑问的。在澳洲这些哺乳动物中，它们分歧的发展过程，仍是在早期和不完全的阶段中。

　　在以上的极简略讨论之后，我想我们可以推定，任何物种的有变化的后裔，如在构造上有更大分歧，它们就更有机会得到胜利，就更能侵占别的生物所占据的位置。我们现在可以考察一下，这个从性状分歧上获得利益的原理，连同自然选择和灭亡的原理，将会如何起作用。

本书开始处的附图使我们易于明了此种比较复杂的问题。假设从A 到 L 代表在某地区一大属的各种物种；假定这些物种彼此相似的程度是互不相等的，如在自然界的实况一样，图中字母间各种不等的距离，可代表其不相等的程度。我说一大属，因为在第二章内业已说明，通常大属的物种比小属的物种平均变异较多；大属变异的物种也产生较多的变种。在该章内又指明最普遍的和散布最广的物种，比稀少的和区域受限制的物种变异较多。假设 A 是一普通的散布较广、变异较多的物种，它是属于本地一大属的。从 A 发出小扇形分散的长短不同的点画线，代表其变异的后裔。假定这些变异极其微小，但性质极为分歧；假设它们并不是一起出现的，而常常间隔很长时期，它们生存的时期也长短不同。只有那些有益的变异才会被保存或是被自然选择。由性状分歧获得优势的原理在此就可现出其重要性，因为由该原理，一般最不同或最分歧的变异（由图中离开中心的点画线代表）即被自然选择保留并累积起来。点画线达到一横线时，即用一带编号的小写字母标识之，表示假设因变异的充分累积，足可造成一明显的变种，值得在分类文献中记载下来。

图中平行横线每一格距离可代表一千代，但如每格代表一万代则更佳。经过一千代后，假定物种 A 产生了两个完全显明的变种 a^1 和 m^1。这两变种一般是继续处于使其亲本发生变异的同样环境下，而变异性的倾向是遗传的，因此它们也倾向于变异，且通常几乎是像亲本那样变异。再者，此两变种只是轻微变化，将倾向于继承它们共同亲本 A 的那些使其在本土比别的生物繁殖更多的优胜条件；它们同样也要分享使其亲本属在其本土成为一大属的更为一般的优胜条件。我们知道这些情形是利于产生新变种的。

如果这两变种接着变异，所有最分歧的变异一般将在其下一千代中被保存下来。在此期间后，假定图中变种 a^1 就产生了变种 a^2，因分歧的原理，a^2 比 a^1 更不像其亲本 A。假定变种 m^1 产生了两个变种，即 m^2 和 s^2，两者互不相同，较之共同亲本 A 则差异更大。我们可以如此类推逐步进展直至任何时期。有些变种经过一千代后，只产生一个变种，但其变化状况即愈来愈大；有些可产生两三个变种；也有些则一个不产。如此由共同亲本 A 产生的这些变种或有变化的后裔，一般就将继续增加数目，并在特征上继续增加分歧。图中只标明了到第十个千代，并再用一压缩和简化的形式标明到第十四个千代。

我必须指明，生物进展的程序并非像图中所表示的如此整齐，虽然其中也已表示了些不整齐的形状。我并不以为所有分歧的变种皆可常得胜利和繁衍，一个中等类型有时可长久生存，并可产生或不产生多于一个有变化的后裔。因为自然选择是长久依照那些或是空缺或是尚未被别的生物完善地占据的位置的情形来作用的；由此就又须依赖于无穷复杂的关系了。依照一般的规律说来，任一物种的后裔，若其构造愈多分歧，它们就能占领更多位置，它们有变化的后代就更能增多。在我们的图中，生物演替的线在一定的间隔处，被有编号的小写字母隔断，表示其后继的类型已有充分的不同，可以被记录为变种。但这些间隔是假想的，可以随便插放在任何地方，只是其所隔的时间必须足可容许积累相当大量的分歧变异。

一个属于大属的普遍而分布广的物种，既然它所有经变化的后裔都能分享其亲本生存的优胜条件，一般说来，这些后裔就要增加数目并要发生性状分歧，这是由图中 A 所发出的几个分歧的旁支表明出来的。同源衍生系列线上，较后出来的进步较高的变化后裔分支常要代替先出来的和少有进步的分支，并将它们消灭，这在图中是用一些比较低的未能达到上边的横线的分支以表明之。在有些地方，我想变异的过程仅限于某一单独的同源系列线，其后裔的数目亦不增加；虽然在其相继的世代中，分歧变化的量级仍有增加。在图中如我们把从 A 所发出的各线尽行除去，只保留 a^1 到 a^{10} 的各线，这种情形即可表明出来，例如英国的赛马和指示犬这两种动物，很显明是由它们原亲本缓慢发生性状分歧而来，但它们并没有产生什么新分支或新品种。

在十个千代之后假定物种 A 产生了三种类型，a^{10}、f^{10} 和 m^{10}，它们在相继的世代中已有性状分歧，彼此间与它们的亲本间就大不相同，但不同的程度可能并不相等。如果我们假定在图中各个横线间的改变量级过于轻微，三种类型将只是显著的变种；或者它们可以达到存疑的亚种范畴；但如我们假定变化过程的步骤更多或变化的分量更大，则此三类型即可变成明显的物种，于是图内即表示出分辨变种的小差异增加到分辨物种的大差异的步骤。如再将此过程增加若干代（如图中所表示的压缩和简化的形式），我们就可得着八个物种，皆是物种 A 的后裔，以字母 a^{14} 到 m^{14} 标识之。这样如我相信的，物种增加了，并且属也造成了。

在大属中物种的变异，可能是不限于一种的。在图中我就用第二物种 I 以表明之。由与前所述相似的步骤，在十个千代后产生两个明显的变种或者是两个物种（w^{10} 和 z^{10}）（依横线间改变的大小而定）。

在十四个千代以后，六个新物种，如图中以 n^{14} 到 z^{14} 所表示的，即可产生出来。在每一个属中，所有的物种在特征上已大不相同，并皆要倾向于产生最大量的有变化的后裔，因为这些后裔将有最好的机会占满自然体制中各种新的和不同的位置；因此我在图中用极端的物种 A 和近乎极端的物种 I 来表示此两种变异甚大，并产生了新变种和新物种的物种。图中用大写字母表明的原来属的其余九个物种，可能经过长久时代持续产生没有改变的后裔；因限于空间，图中只用未向上引申的点画线表明之。

但如图中所表现的，在变化的过程中更有一种原理，即灭亡的原理，发挥了重要作用。在每个充满生物的地带，自然选择在竞争生存中的作用，只能是选择有优胜条件能战胜其他生物的类型；故任何物种的进步后裔就常有一倾向，即在同源衍生系列的每一阶段中来代替和消灭它们的前代以及它们的原亲本。我们仍须记着，在习性上、体质上和构造上彼此极相关联的类型，竞争一般皆极严厉。因此，所有前代和后代间的中间类型，即在少改进和多改进物种中间的类型，包括原亲本在内，一般将要倾向于灭亡。同样地，同源系列线的许多旁支可能整个被后起的经变化的同源系列线所战胜而灭亡。但如一物种的有变化的后裔进入了一个完全分开的地区，或者迅速地适应了新处所，亲本与后代彼此即无竞争，于是两者皆可继续生存。

假设在图中我们要表示一种大量的变化，则物种 A 和以前所有的变种皆须趋于灭亡，被由 a^{14} 到 m^{14} 的八个新物种所代替，物种 I 则被由 n^{14} 到 z^{14} 的六个新物种所代替。

我们仍可以由此更进一步。假设我们大属的各原物种彼此相似的程度不同，如在自然界一样：物种 A 与物种 B、C、D 的亲缘较之别的物种更相接近，物种 I 与物种 G、H、K、L 的亲缘较之别的物种也更相接近；还假设 A 和 I 两物种是最普遍的和分布最广的，于是它们原来就比同属的其他大多数物种更有一些优胜的条件。它们变化的后裔在十四个千代之后有十四种，很可能将要继承一些同样的优胜条件；它们在同源衍生的每一阶段皆在多方面有变化和改进，于是它们在自己疆域内的自然组织中能够适应许多相关联的位置。由是我以为，它们极其可能非但代替和消灭了它们的亲本 A 和 I，并且也消灭了一些与它们亲本最近缘的原物种。因此，原来的物种只有极少数能遗留后代直到第十四个千代。我们可以认为，在与其余九个原物种最远缘的两个物种中，只有 F 传留了后代直到同源系列的晚期阶段。

图中从原有的十一个物种传留下来，现在的新物种数目就变成十五个。因自然选择的分歧倾向，物种 a^{14} 和 z^{14} 之间特征的最大差异，较之原来十一物种之间的最大差异仍大为超过。再者，十五个新物种之间彼此的亲缘关系也有极大的不同。由物种 A 所传留下来的八种后裔，其中三种 a^{14}、q^{14}、p^{14} 因是最近由 a^{10} 分支出来的，故彼此是近缘的；b^{14} 和 f^{14} 是较早由前代 a^5 分歧出来的，就与前面所说的三物种有较大的差异；最后 o^{14}、e^{14} 和 m^{14} 彼此是近缘的，它们是从改变过程一开始的时候就分歧出来的，与前述五物种就大不相同，可以形成一亚属甚或形成一不同的属。

由 I 传留下来的六个后裔将要形成两个亚属甚或成为属。但因原物种 I 与 A 彼此差异甚大，几乎站在原属的两极端，因此 I 的六个后裔因遗传关系与 A 的八个后裔差异甚大，而且这两个类群的分歧应该是向着不同的方向。连接原物种 A 和 I 的中间物种除了 F 以外，皆已灭亡未留后裔（此点甚关重要），因此由 I 传留下来的六个新物种和由 A 传留下来的八个新物种，就要列为非常不同的属甚至是不同的亚科。

由此我相信，两个或更多的属，是由同属的两个或更多物种的有改变的同源衍生产生的。原来的两个或更多的亲本物种，也可假设是从一个较早属的某一物种传留下来的。此一假设在图中是用在大写字母下边的点画线分支向下会聚趋于一点来表明的，该点即是我们若干新亚属和新属的唯一假设亲本。

值得考虑一下新物种 F^{14} 的性质，假设它在特征上原无多大分歧，只继承了 F 的本型，没有改变或者只有轻微的改变。在此情况下，它与十四个新物种的亲缘关系，就有一种奇特和曲折的性质。它原是由两亲本物种 A 和 I 中间的一个类型传留下来的，而现在 A 和 I 皆已灭亡不为人知，所以它的特征在一些程度上是在所传留下来的这两个类群之间。这两个类群在特征上既与它们原亲本的模型有所分歧，新物种 F^{14} 就不能是它们两类群内某些物种的直接中间物，而是两类群本身的中间物。此种情况每个博物学家皆可从心里举出一些实例来。

图中每一横线，我们方才一直是代表一千代的。但每一线也可代表一百万代或一亿代，它也可代表含有灭亡物种遗迹的地壳连续地层的一段。我们以后在论**地质**的一章内对此题目将再讨论，我想那时我们可以看出本图对于灭绝生物与现存生物的亲缘关系提供了线索，一般说来灭绝生物与现存生物虽然属于同目、同科或同属，但在一定程度上，它们在特征上常是现存类群的中间物。对此我们可以明白，因已灭亡的物种，是生存在极古远的时期的，那时同源系列的分支线分歧较少。

我想没有理由把变化的过程仅限于属的形成。在图中，如果我们假设每个分歧点画线上各个相继的类群，其改变的量是极其巨大的，由 a^{14} 到 p^{14} 的类型，由 b^{14} 到 f^{14} 的类型和由 o^{14} 到 m^{14} 的类型，将要成为三个极不相同的属。由 I 也传留下来两个极不同的属，此二属因其连续的性状分歧和由不同亲本的遗传，将与 A 所传留下来的三个属大不相同。这两个小属的类群也要形成两个不同的科，甚或不同的目，此只在于图中所示假设的分歧改进的量级。此两新科或新目是由一个原属的两物种传留下来的，而此两物种假设是由一更古的且不为所知的属内的一个物种传留下来的。

我们已经看到在每一地区，大属的物种最容易产生变种或初起的物种。这是可以预料到的，因为自然选择既然只在当一个类型在竞争生存中具备有利条件可胜过别的类型时，方能有所动作，那么它只能对已经有优势条件的类型下功夫。任何类群若规模巨大，是说明其物种从它们的共同祖先继承了一些共同的优势。因此生产新的和有变化的后裔的竞争，将多半存在于较大的类群之间，它们都要力图增加数目。一个大类群将要逐渐胜过一个别的大类群，减少后者的数目，因此也将减少后者更多的变异和进步的机会。在同一大类群中，后起的和较多完善的发达亚类群因其分支广，在自然体制内占据了许多新位置，它们将要常常倾向于代替和毁灭较早的和进步较少的亚类群。小的、破碎的类群以及亚类群终将归于灭亡。展望未来，我们可以预言，现时大的、胜利的、少有破碎的以及现尚少遭灭亡的生物类群，将可长期继续地增加。至于哪些类群最终将要胜利，则无人可以预告，因为我们深知有许多类群从前甚为发达，现在则已灭亡。如更向遥远的未来观看，我们可以预言，因为较大的类群持续和稳定地增加，众多较小的类群最终必全归灭亡，并且不留有变化的后裔。结果在任何时期，生存的物种只有少数能传留后代到遥远的将来。此题在**分类**一章内将再述及，但我还要补充，依照多数古远的物种只有少数遗留后代的看法，以及依照同物种所有的后代形成一纲的看法，我们可以明白，为何在动植物界的每一大类中只有极少数的纲。虽然古远的物种只有极少现仍传有生存的和经变化的后裔，但在极远的地质时代中，地面也可充满了许多物种，分为许多属、科、目和纲，犹如今日一样。

本章提要

　　如果在长久的时期中、在变化的生活条件下，有的生物在它们组织的各部分有所变异，我想这是无可争议的。如果由于每一物种以几何级数的高比例增加，使得在某些年龄、季节或年代中，生存竞争极其严厉，这也是无可争议的。那么如考虑到所有生物彼此间和与它们生活条件间无限复杂的关联，因而在构造上、体质上和习性上就产生出对它们有利的无限分歧，我就想到，假如从未发生过对每个生物的本身利益有用的变异（犹如已发生的许多对于人类有用的变异那样），就将是一个最奇怪的事情。但如对任何生物确实发生了有用的变异，那么有此特征的个体，在竞争生存中无疑将有保存下来的最好机会，并且因有力的遗传原理，这些个体将要产生有同样特征的后裔。这种使之保存的原理，为简洁计，我称之为"自然选择"。此原理将使每个生物改进与有机和无机的生活条件的关系。

　　依照生物的品质可以在相应时期遗传下去的原理，自然选择可以改变卵、种子或幼体，犹如改变成体一样容易。在许多动物中，性的选择可对普通选择予以协助，使最强健的和最适应的雄性能产生最多的后裔。性的选择将专给雄性一些与其他雄性竞争时有益的特征。

在自然界，自然选择是否真正用改变和适应，使各种不同的生物类型适合于它们各自的若干条件和生存地区，必须按下面各章所给出的一般要领并综合各种证据来判断。我们已经说明自然选择如何招致灭亡，而地质学已经明白地宣布，在世界生物史上灭亡是如何起了巨大的作用。自然选择还引起性状分歧，因生物在构造上、习性上和体质上越有分歧，同一地区就越能维持更多的生物，对此我们已经由任何小区域内的所有生物、或由我们已经乡土化的生物中看出证据。因此，当任何物种的后裔在变化期间，当所有物种用不停息的竞争以增加数目的期间，这些后裔越加分歧，它们在生存的战争中就越有机会能得胜利。如此一来，区别同物种各变种之间的轻微差异，就持续地趋向增加，一直到这些差异达到同属中各物种之间的较大差异，或者甚至达到不同属之间的差异。

我们已经知道，大属中普遍的、分散广的和占领区域大的物种，变异也最多；并知道这些物种趋向于把它们在本乡土能占优胜地位的特点传给它们有变化的后裔。如刚才所说，自然选择引起性状分歧，并使较少进步的和中间的类型大量趋向灭亡。依照这些原理，我相信，所有生物的亲缘性即可得到解释。所有的动物和所有的植物，在所有的时间和空间，皆是以类群隶属于类群的方式互相联系的。我们在各地皆能看出，同物种的变种彼此亲缘最密切；同属的物种彼此亲缘较疏远，并且亲疏不等，因而分成节和亚属；不同属的物种彼此亲缘关系更疏远，属的互相亲缘远近不同，组成亚科、科、目、亚纲和纲。这些分类的联系是一真正的奇迹，只因我们常常接触，就易于忽略过去。任何纲内的各个附属类群皆不能排成一单独的纵列，它们像是环绕一些中心点聚集，而这些点又环绕另一些点，如此前进，几至无穷。假若依照每一物种是独立创造的说法，那么对所有生物分类的伟大事实，我就不知道应如何说明；但是就我的判断，通过遗传以及自然选择引起灭亡和性状分歧的复杂作用，如我们在图中所看到的，这事实就得到了解释。

同纲中所有生物的亲缘关系，可以用一大树以代表之。我相信这个比喻大可说明其实况。发芽的绿小枝可以代表现存的物种，所有以前每年发出的枝条可以代表以往长期持续灭亡的物种。在每一生长时期，所有生长中的小枝都要设法在其周围发出分枝，并要争取超越和毁灭四周的各枝条，犹如物种和物种群在生存的大战中要争取压倒别的物种一样。主干分出大枝，大枝又分出越来越小的分枝，当树方幼小的时候，所有这些枝条皆曾是发芽的小枝；所有这些以往和现在的枝芽由不断分叉的枝条连接，可以代表所有已亡和现存物种的分类，即类群隶属于类群。当树方矮小的时候，许多茂盛的小枝中，只有二三枝长成大枝，存在至今并生出所有的别枝；同样地，所有在远古地质时期生长的物种，现在只有少数遗留了存活的和有变化的后裔。自大树开始生长以来，许多主枝和分支已经腐烂和凋落；这些大小不同的丧失的枝条，可以代表现在已经灭亡的整个的目、科和属的生物，它们现在都没有活的代表，只能通过被发现的化石为我们所知。我们从大树的基部，可以在不定的地点发现在一个分叉上零星长出的细小枝条，因偶然的机会得到庇护，现仍在其生命的最高点；同样地，我们也可以偶然发现例如鸭嘴兽或肺鱼的动物，它们通过亲缘关系把两个生物大支在一轻微的程度上联系起来，并显然因栖居于受保护的地区，在生死的竞争中得以幸免。树芽继续生长而再发新芽，强健的又向四周长成枝条，超越许多软弱的枝；我相信世代更替的**生命之树**也是这样，用死亡和残破的枝条填满了地壳，又用不停生长的美丽的分枝，盖满了地球的表面。

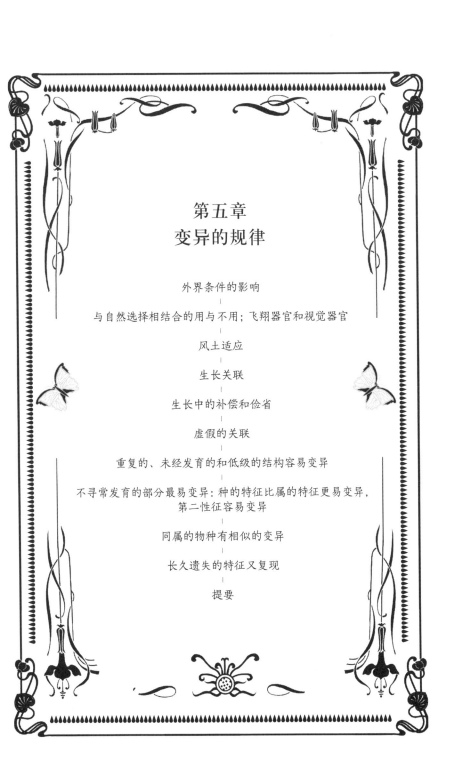

第五章
变异的规律

　　我此前论到变异，如生物在驯养下的变异是普通的和多样的，以及生物在自然界的变异是比较轻微的，似乎说变异是出于偶然的。当然这种说法是完全不正确的，但这可明白表示，我们对于每一特种变异的原因茫然无知。有些作者认为其多半出于生殖系统的作用，个体的不同或构造上的轻微偏差由此产生，犹如子嗣像其亲本。但在驯养或培植下所产生的变异和畸形较之在自然界格外地多，这使我相信有些构造的变异在某种程度上是由生活条件的性质所影响，这些条件，生物的亲本和它们久远的祖先已经承受了多少世代。我在第一章内已经说过（但是不能在此用一长系列事实来表明其真实性），就是生殖系统最容易感受到生活条件的变化。后裔的变异性或可塑性，我主要归因于亲本生殖系统在机能上所受到的激扰。雌雄性的生殖元素似乎是在交配造成新生命以前受到的影响。关于植物"芽变"的事例，只有植物的芽单独受到影响，而极早时期的芽与胚珠在本质上并无显明的不同。但为何因生殖系统受到激扰，其后裔或此或彼的一部分就有或多或少的变异，我们毫无所知。不过，我们仍可在一些地方得着一点微弱的亮光，并且可以无疑地说，每一个构造的变异无论如何微小，其中必有一些原因。

气候、营养等的不同，对于生物有多少直接的影响，是极其难说的。我个人的印象是它对于动物的影响极其微小，对于植物的影响或稍较多。至少我们可以稳妥地说，这些影响不能使生物彼此在构造上产生出我们在自然界随处可见的那些惊人的和复杂的互相适应。有些轻微的影响，可以归因于气候、营养等，例如 E. 福布斯断言，生长在其可分布的最南处，或是生长在浅水内的贝类，较之同种的生长在北方或深水中的贝类，其颜色就更鲜明。古尔德相信，同种的鸟雀，生长在清朗大气中的，较之在岛屿上或海边的，其颜色亦更鲜明。昆虫也是如此，渥拉斯顿确信，生长在海边可以影响它们的颜色。莫昆－覃顿举出一系列的植物，若生长在海边，它们的叶就多少变成肉质，但生长在别处，就无此现象。一些其他类似的事例还可举出。

某一物种的变种，侵入到别的物种的疆界时，常极轻微地获得别的物种的一些特征，此事实与我们所说的"所有物种只是标志显明的和稳定的变种"的论断相符合。因此生长在热带或浅水内的贝类较之在冷的和深海的贝类，其颜色通常是更鲜明的。依照古尔德先生的观察，生长在大陆的鸟雀，较之在海岛上的，颜色也更鲜明。每个采集家皆知道，生长在海边的昆虫，其颜色多是黄铜色或暗褐色。专门生长在海边的植物，常有肉质的叶子。相信每一个物种是分别创造而来的人将不得不说，这个贝类鲜明颜色的壳是为温暖海洋地区创造的；但同时他又须说，当另一个贝类来到更温暖或较浅的水中时，它鲜明的颜色是由变异而得的。

在某一变异对一生物有轻微的用处时，我们难以辨清多少可以归功于自然选择积累的作用，多少是由于生活条件的作用。所有皮货商皆深知，同种动物生长在越寒冷的地带就有越厚和越好的皮毛。但是谁能说明这种不同，多少是由于有最温暖皮毛覆盖的个体在许多世代的自然选择中最得眷顾与保存，又有多少是由于严寒气候的直接作用？因为气候对我们四脚家畜的毛似乎是有些直接影响的。

可以举出许多实例，证明在人所能构想的极不相同的生活条件下也能产生出同样的变种；同时也可举出，同一物种在同一生活条件下可产生出不同的变种。这些事实证明，生活条件是如何只能起间接的作用。再者，每个博物学家都知道无数的事例：某一物种即使生活在极为相反的气候中，也可以保持纯正或是完全不变异。这些思考使我认为，生活条件在直接影响上少有分量。间接上，如已说过，生活条件可以对生殖系统发生重要的影响，如此就可引起变异。自然选择于是就积累所有有益的变异，无论变异是如何微小，直至发展到显明的地步，而为我们所注意。

用与不用的影响

从第一章内提到的事实可看到，我们的家畜中，有些器官因为使用，就被加强加大，有些器官因为不用，就被萎缩变小，我认为这是毋庸置疑的。我还认为这些变化是可以遗传的。在自然界，我们没有比较的标准用以评判长久使用或不使用对于生物所发生的影响，因为我们不知道它们前代的亲本体型；但我们可以由许多动物的构造，来解释不用所造成的影响。正如欧文教授所说，在自然界最奇异的莫甚于不能飞的鸟；但有一些鸟就是这样的。南美洲所产笨鸭只能在水面上扇动它们的翅膀前进，其翅膀的情形有如家禽中的埃尔兹伯里鸭。

在地面上觅食的大鸟，只为逃离危险，才在甚少的情形下飞行，因此我相信现在或最近居住在大洋岛上的几种几乎无翅的鸟，是因无猛物居住，久不用翅至成现状。居住大陆的鸵鸟，不能飞翔躲避危险，但能用脚踢敌体保护自己，和一些较小的四脚兽一样。我们可以猜想到鸵鸟的先祖，是有像鸨鸟的习性的，由于自然选择，经过多少连续的世代，增加了它身体的大小与重量，它用腿愈多，用翅愈少，以致它变到不能飞翔的状况。

柯尔比曾说过（我亦见过同样的事实），许多食粪的雄甲虫前跗节或前脚常是中断的。他检查了他自己收集的十七个样本，甚至并无一种尚保有前脚的遗迹。一种阿佩勒蜣螂常常缺失了前跗节，乃至被说成是没有前跗节。在有些别的属中，是仍有前跗节的，但是处在尚未发育的状态。泥丸蜣螂即埃及人所称的圣甲虫完全没有前跗节。没有充分的事实可以使我们相信残损的器官是可以遗传的，所以对圣甲虫完全没有前跗节，或对一些别属昆虫只有未完全发育的前跗节，我倾向的解释是因为它们祖先长久不用的关系。因为在许多食粪的甲虫中，前跗节几乎是不存在的，它们必是在初生的时期即已遗失，因而不怎么能够使用。

有些时候我们可以轻易地说，构造的改变是由于不用；而这些改变乃是完全或大部分由于自然选择。渥拉斯顿先生曾发现了一个奇特的事实，那就是在马德拉群岛居住的550种甲虫中就有200种因缺少翅膀不能飞行；而在本地特有的29个属中，不下于23个属中的所有物种皆是这样！和此现象相关的有些事实：在世界上许多地方甲虫被吹到海里而丧生；照渥拉斯顿先生所发现的，在马德拉群岛的甲虫在大风的时候多深藏不出，直到风息日出；在多所暴露的德塞塔群岛，无翅甲虫比在马德拉群岛的更多；渥拉斯顿先生特别指出一个非凡的事实，就是一些生活习性须常常飞行的大类群的甲虫，在别处为数甚多，但在马德拉几乎完全没有。这些事实使我相信，在马德拉群岛有如此多的甲虫类没有翅膀，应主要归因于自然选择的行动，但可能是与不用相结合的。因为经过连续数千世代，每个个体甲虫或因其翅膀未经完全发育，或因长久懒惰的习性而飞行甚少，将有使它们不被吹到海里而得以生存的最好机会。反之，那些喜欢飞行的甲虫常被吹入海中而招致毁灭。

马德拉群岛上那些不在地上觅食的昆虫，如靠花生活的鞘翅目和鳞翅目昆虫，为求生存必须惯用它们的翅膀，这些虫类的翅膀正如渥拉斯顿所猜测的，非但没有缩减，而且是加大了。这是与自然选择的行动极相符合的。当有一种新虫初到此岛上来，自然选择就要倾向于或加大它的翅膀，或缩小之。此种决定就要看多数个体是能因用翼战胜风力而得生存，还是放弃飞行、因少飞或绝不飞行而得生存。譬如在靠近海边的失事船只上的水手，其能浮水者如能浮得比海岸更远则最好是努力浮到海岸，其不能浮水者则最好就留在失事船只上。

鼹鼠和其他一些穴居啮齿动物的眼睛，在大小上是未发育的形状，并且有些时候是完全被皮和毛遮盖起来的。这种眼睛的形状可能是因不用而逐渐缩小，但也可能得助于自然选择。在南美洲有一种穴居啮齿动物名为栉鼠，它比鼹鼠更习惯居住地下，有一常捕此动物的西班牙人说它们多是瞎眼的。我所养的一个就是这样。其致瞎的原因，经解剖后证明是眼睛瞬膜发炎。既然长久发炎的眼必是对动物不利的，加之有居住地下习性的动物并非是必须用眼的，那么眼睛缩小、眼睑粘连、眼上长毛，或对此种动物是有利的。若是如此，自然选择将持续协助"弃用效应"。

　　有几种为人所熟知的动物，居住在施泰利亚和肯塔基的洞穴中，它们属于最不相同的纲，而皆是瞎的。在有些蟹类，它们眼的轴柄仍在而眼已丧失，犹如望远镜的架子仍在而镜筒与玻璃业已遗失。生存在黑暗中的动物，眼虽无用但也想不出有何不利，我以为这种损失完全是由于不用的关系。在瞎眼动物中有一种名为洞鼠，眼睛甚大，西里曼教授认为它们居住在光亮下一些天后，将又能获得些微视力。同样的，在马德拉有些昆虫翅膀加大，有些昆虫翅膀缩小，是由于自然选择及用与不用协助的关系。洞鼠的情况也一样，自然选择似乎争取减少光线的损失而加大了它们的眼睛；而对其他穴居动物不用似乎就发生了效力。

　　难以想象有比居住在几乎相同气候下的深大石灰岩洞中更相似的生活条件。如照着一般的意见，欧美两洲岩洞中的瞎眼动物是各自被创造的，那么它们在生物组织上和亲缘上应当是极其相似的。但秀特和其他人认为此说并非正确，欧美两洲的穴居昆虫，并不比两洲别的动物彼此间更相似。我以为我们必须假设美洲的动物原有普通的视觉能力，它们经过多少连续世代，由外部世界逐渐缓慢地迁移到肯塔基洞穴越来越深的地方，犹如欧洲的动物也逐渐迁入欧洲的岩洞中一样。对此逐渐变化的习性，我们是有些证据的，如秀特说过："起初准备从光明过渡到黑暗的动物与一般的动物形态并无多大区别。随后在构造上是适应于微光，最后就是专门适应于完全的黑暗了。"经过无数的世代，动物进到最深的黑地，弃用效应就差不多把眼睛完全消除了，同时自然选择就要使之发生其他的改变，例如加长其触角或触须，以补偿其失明的损失。尽管有此变化，我们仍可看出美洲穴居动物与居于本洲的其他动物的亲缘关系，以及欧洲穴居动物与其同洲的其他动物的亲缘关系。达纳教授曾对我说，美洲穴居动物的情形就是这样的。而有些欧洲的穴居昆虫，也是与它们四周外界的昆虫极近缘的。如依照它们是单独创造的一般说法，此两洲失明的穴居动物分别与其两洲外界动物的亲缘关系，就极难给出合理解释了。新旧两大陆穴居动物中有几种应该是近缘的，对此我们可以期望从熟悉的两大洲其他大多数生物的关系中看出来。有些穴居动物是极其异常的，此亦无需惊奇，如阿加西曾说过的一种洞鲈属的盲鱼，以及欧洲的爬虫盲螈。我所感到惊奇的，是这些栖息在黑暗住所的动物很可能是处于竞争不大激烈的环境，而其残余的躯壳并未更多保留下来。

风土适应

植物的习性是遗传的，例如开花的时期、种子发芽所需雨量、休眠的时期等，这些就使我要对风土适应略加讨论。同属的物种生长在很热的地方也生长在很冷的地方，本是一极寻常的事情；并且我相信所有同属的物种皆来自一个亲本，如此观点是正确的，那么，风土适应必定是在长久持续的同源衍生过程中没有困难地实现了。众所周知，每一物种皆是适应其本地气候的：极地的物种甚或温带的物种不能耐受热带的气候，反之亦然。另外，许多多肉植物不能耐受潮湿的气候。但物种能适应它所在气候的程度，有时也被过高估计。这点可由下述事实推知：我们常常不能准确预测某种引进的植物能否耐受我们的气候，而我们自较热地区引进来的多数动植物皆在此地生长健旺。我们有理由相信，物种在自然界由于来自别种生物的竞争而受到的疆界限制，是与来自特种气候适应的限制相当的，甚至前者还超过后者。

但无论植物对于气候是否能普遍地密切适应，对少数几种植物，我们有证据说明，它们在一定限度内自然地习惯于不同的气温，即"风土适应"了。胡克博士从喜马拉雅山不等的高度所采集的松树和杜鹃花种子，在英国种植后体质上具有不同的抗寒能力；思韦茨先生曾告诉我，在锡兰关于植物他也曾发现同样的情况；H.C.沃森先生对由亚速尔群岛带进英国的欧洲植物品种，也观察到相似的情形。关于动物，可举出几个可靠的事实，有史以来有些物种曾将它们的分布范围由较热纬度扩展到较冷纬度，并也有反向的扩展。但是我们不能很肯定地知道这些动物在它们原土地上是否完全适应，但在所有一般的情况下，我们总以为它们是适应的。我们也不知道它们随后是否对新家乡也有了风土适应。

我相信未开化的人类起初选择驯养某种动物时，是因为它们于人有用，并在圈养下易于繁殖，而不是因为它们随后能被转运到遥远的地方。我想我们的驯养动物共有的卓越能力，不单是能承受最不同的气候，并且是在该气候下也完全能生育（这是一更严重的考验）；由此可以论证，现在野生的其他动物中，也有一大部分可以容易地忍受各种很不同的气候，因为我们的家畜很可能是从几个野生祖先起源的（我们不可以把此论证推之太广），例如热带和寒带的狼或野狗的血源可能掺杂在我们的驯养动物品种中。大鼠和小鼠不能认作是驯养动物，但它们是被人带到世界各处的，啮齿动物中没有比它们分布更广的，它们既可在北至法罗群岛、南至福克兰群岛的寒冷环境下自由生活，也可生活在许多热带岛屿上。因此，在审视对任何特别气候的适应性时，我倾向于认为是因为在它们内在体质中容易植入充分的柔韧性，这一特性对大多数动物是很常见的。照此观点，人类本身和他的家畜就有忍耐最不相同气候的能力，又如古时的象和犀牛能忍耐冰河时期的气候，而现在的象和犀牛皆生活在热带和亚热带，这些事实不能认为是异乎寻常的，只能认为是动物体质上一种很常见的柔韧性在特殊的状况之下就发挥作用的实例。

物种对任何特别气候产生风土适应，有多少只是由于习性，有多少是由于内在体质不同的变种的自然选择，有多少是由于两种因子的结合，是一极不明了的问题。我以为习性或习惯是有些影响，这一结论既是出于类比，又是出于多少农业著作不断地提醒，甚至古老的中国百科全书也曾说到，人对搬运动物从一地到一地时必须小心，因为人不大可能顺利地选择许多动物品种和亚品种，使其体质都是特别适于他们自己的地区。造成这一结果，我想必是由于习性。另一方面，我认为没有理由怀疑，自然选择趋向于保存那些在体质上生来最能适应其本乡土的个体。在讨论培植植物的专著中说，某些变种比其他变种对某些气候更能承受；美国论果树的著作中，特别显著地指明某些变种常被推荐于美国北方，某些则被推荐于美国南方；既然这些变种的大多数是近代产物，它们体质的不同，就不能归之于习性。菊芋是从来不用种子繁殖的，因此就不能产生新变种，以致它的柔嫩古今相同，却因此也被举出作为风土适应不能实现的证明！为了同样的目的，菜豆的事例也常被人引用，并认为有更大的分量。但是，如不人为将菜豆播种时期提早，直到一大部分被霜冻消灭，然后在其少数生存的菜豆中收集种子，并留心不许有偶然的杂交，然后再收集这些幼苗产生的种子继续播种，采取同样的严格措施，直到经过二十代，我们甚至不能说这个实验做过了。我们也不能假定菜豆的幼苗在体质上从未产生过什么差异，因为已有著作提出有些菜豆苗比别的更耐寒。

121

总体上我们可以结论说，习性、用与不用，在有些时候对于体质和各种器官的结构变化，是有很大作用的。但是，用与不用的效果大部分是与对内在差异的自然选择相结合的，并且有时是由自然选择起压倒作用的。

生长关联

生长关联的含义，就是生物的整个组织在它生长和发育的时期，是如此密切地结合起来，因此无论在哪一部分遇有轻微的变异并由自然选择将它们积累起来，别的部分就一并变化。此题至关重要，但多未被充分了解。最显明的事实，就是专为幼小动物或幼虫的利益所积累的变化，可以肯定地说也要影响到成体的结构。同样的，如在早期的胚胎内有任何畸形的发展，亦将严重影响到成体的整个组织。在身体内有几个相关的部分，在早期胚胎的时期是相同的，如有变异，似乎它们都是一齐联系地变异：正如我们所看见的，身躯的左右两边是按同样方式变异；前腿和后腿，甚至下颌和四肢，也都共同变异，因下颌与四肢被认为是相关联的。这些倾向，我相信多少是全由自然选择控制的：例如曾经有一个群落的雄鹿一度只在头的一边有角；假如它对鹿是有过任何大的用途的，自然选择就可能使它固定下来。

有些作者曾指出，关联的部分倾向于相结合生长，如我们在畸形植物中所常看见的，又例如花冠的各花瓣结合成花筒是很普通的。硬的部分有时似乎影响到其邻近柔软部分的形状。有些作者相信，雀鸟骨盆形状的分歧影响着它们肾脏形状的显著分歧。另有作者相信，人类母亲骨盆的形状，因压力的关系，影响婴儿头的形状。施莱格尔说蛇的身体形状和它吞下食物的状态，决定了几个重要内脏的位置。

　　生长关联的纽带常常是不甚明了的，伊西多尔·若弗鲁瓦·圣提雷尔曾强调指出，某些畸形的发展多是同时共存的，但有时候又不尽然，对此我们不能指出任何原因。蓝眼的猫耳朵聋，玳瑁颜色的猫常是母的；脚上生羽毛的鸽子，外趾间常有蹼皮；初出壳的幼鸟生长有或多或少的绒毛，是与它将来大毛颜色相联系的；还有无毛的土耳其狗，它的毛是和牙齿相联系的，虽然这里有时是因为同源的关系；但还有比这些相联系的事实更奇特的吗？与上述最后一例有关的，可举出两个目的哺乳动物，一是鲸类，一是贫齿类（如犰狳、带鳞的食蚁兽等），它们的表皮皆是最奇特的，而它们的牙齿也是最奇特的，此种生长的关联我想不能说是偶然的。

　　菊科和伞形科植物内花与外花之间的差异，可最容易证明关联规律在改变关键构造中的重要性，它能不依效用，因而也不依自然选择。大家都知道某些花，例如雏菊，边小花和中央小花间的差异，此种差异常附带着一部分花的夭折。但有些菊科植物，它们的种子在形状和雕纹上也表现出差异；依照卡西尼所叙述的，连它们的子房本身和附属器官，也有不同。依照一些作者的说法，这些差异是由于压力所造成的。菊科外侧小花内的种子形状可支持此说。但胡克博士告诉我，内花之间极常差异这点，在具有最浓密头状花序的伞形花物种的花冠上并不成立。有人认为可能因边花花瓣的生长须从花的其他部分吸收养料，以致引起其他部分的退化；但在有些菊科植物中，其内外小花的种子有所差别而花冠并无不同之处。这几种差异可能是由于养料向中央花和外部花流动的不同：至少我们知道在不整齐的花中，靠近中轴的小花常是反常整齐花。我仍可举出关于关联规律的同样奇特的事实。最近我在一天竺葵园中，观察花束的中央花，在它上部的两花瓣上常缺失较深色的花斑。凡有此种情况时，其附着的蜜槽就很退化；凡在上部两花瓣上只有一花瓣缺失颜色时，其蜜槽只大为缩短而已。

关于头状花序或伞形花序花冠的外部和内部小花的差异，依照C.C.斯普润格的意见，以为其外围的小花有吸引昆虫的作用，对此二目植物的受精是大有利的。此种意见骤看之似乎是牵强附会，但我却不敢如此断言：如果对植物有利，自然选择可能已经开始对之发生作用。种子内部以及外部结构的差异（这些差异并不总是与花冠的差异相关），似乎对植物不可能有什么利益；不过在伞形科内，种子的不同对花的外表至为重要，依照陶施的研究，有些情况下，外部花有直生胚珠，内部花有弯生胚珠，而老康多尔对该目分类的根据，就是建立在此差异上。因此我们可以看出，依照植物分类学家看来是极有价值的结构改变，其实可以完全是由于我们尚不知道的生长关联的规律所致；按我们所能见到的而言，它对于物种本身并无丝毫用途。

我们有时把整个物种类群共有的结构，错误地归因于生长关联，其实那只是由于遗传。因为一个久远的始祖经过自然选择，可以得着一种结构的变化，再经过数千世代，又得着另一个不相关联的变化。这两种变化都遗传到习性多样的后代的全部类群，我们因而就以为二者必然是以某种方式互相关联。当然，另一方面，我也不怀疑有些在整个目的生物中都出现的明显关联，完全是由于自然选择发挥了作用。康多尔曾说过，在不裂开的果实中从未发现带翅的种子；此一规律我可以用事实解释之，即除非果实裂开，其内的种子才能通过自然选择逐渐变成有翅的，种子略更适于飘远的植物，较之种子不适合散布的植物就能取得优势；果实不能裂开的就不能有这个过程。

老若弗鲁瓦和歌德差不多曾同时提出过生长的补偿或是平衡规

律。如歌德所说："自然为了要在一边花费，就必要在另一边节省。"
我想此说对于我们驯养的生物在一定范围内是适用的：养料如对某一
部分或器官供应太多，对别一部分就必少有供应，至少不得太多。如
一母牛若能多出牛奶，就不容易使它肥胖。同一甘蓝变种不能同时供
给大量有营养的绿叶，又产生很多含油的种子。水果内的种子既然萎
缩，水果本身即可加大且品质加良。在我们的家禽中，头上冠毛加大，
肉冠即行缩小，须羽加大，肉垂即行缩小。在自然状况下，此规律不
是普遍适用的；但许多善于观察者，尤其是植物学家，相信此律是正
确的。对此问题我不再另举实例，因为我对以下两种说法的效果不能
有所分辨：一个说法是生物体一部分的发达是由于自然选择，而另一
相邻近部分的萎缩也是由于自然选择或由于不用；另一说法是一相邻
近部分由于过于发达，导致另一部分就少得到营养。

　　我以为上述所提出的一些补偿的事例以及一些其他的事实，可以
在一个更一般的原理下合并起来，此原理就是自然选择不断地尝试在
生物的各部分施行节约。如在生活条件改变的情况下，前此有用的结
构，现已不甚有用，对此结构的发育如有任何轻微的缩减，即被自然
选择抓住。因为不把营养浪费在建立一不甚有用的结构上，是对个体
有利的。考察蔓足类动物时，我印象十分深刻，对此我可举出许多事例：
当一蔓足动物寄生在一别的蔓足动物内并受其保护时，它就或多或少
完全失去自己的甲壳。鸟嘴属的雄性即是如此，而 proteolepas 属① 则
完全是这样：蔓足动物的甲壳包括头部的前三大要节，此三节是异常
地发达，具有较大的神经和肌肉；但在寄生和被保护的这一属，其头

---

① 达尔文发现和命名的物种，近年来研究表明并非蔓足动物，已被重新划分入等足目毛
虮科。——编者注

的整个前部被缩减成一极小的残迹，附着在用于抓握的触角的基部。因其寄生习性，其大而复杂的结构经过长久缓慢的步骤变成多余，此一节省自然对该物种每一个后代是极其有利的。因为每一个动物都处于竞争生存之中，每一个该属生物因少浪费营养在一无用处的结构上，就可较好地支持其本身的需要。

因此我相信，凡生物组织的某一部分一旦变到多余的时候，自然选择终究将成功地把它缩小和节省，同时并不需要使其他部分相应发达。反之，自然选择也能完满成功地发展任何器官，而不需缩小其邻近部分以作补偿。

伊西多尔·若弗鲁瓦·圣提雷尔说过，以下现象可算是一个规律：无论是物种或变种，在同一个体中凡结构中的任何部分或器官有多次重复的（如蛇的椎骨和多雄蕊花的雄蕊），其重复部分的数目是容易变异的；但如重复的数目不大，其数目即易稳定。原作者与一些植物学家又说过，重复部分极容易在结构上发生变异，因为欧文教授所命名的此种"生长式的重复"，就是低级组织的标志；而前面所说的自然界中低级生物比高级生物更容易变异，似是诸博物学家的一般意见。我认为此处所说的低级的意义，就是生物体中的几部分并未专门承担特定的功能。既然同一部分要做多种工作，我们大概就可明了它为何是容易变异的，这就是说，自然选择对这些部分较之有专一任务的，在保存或排除每个小的结构分歧上不是那么在意。就像如有一刀是用以切割各种东西的，此刀就可有任何形状；而假如一刀是切割特定物体的，最好它就须有某个特别的形状。我们应经常注意，对每一生物的各部分，自然选择仅仅是通过此生物本身并且是为它的利益，才能发挥作用。

有些作者曾说未发育的部分是最容易变异的，我相信这是真实的。关于未发育和退化器官的题目随后将再讨论；我在此只再说一点，那就是未发育器官易于变异似乎是因为它们并未使用，因此自然选择对它们结构的偏离就无力阻止。这样，未发育部分就可以听凭各种生长规律自由地发挥作用，并受长久不用和返祖倾向的影响。

任何物种中发达程度远超过亲缘物种的部分，就有高度的变异倾向

几年前沃特豪斯先生曾发表与上述相似的言论，使我印象深刻。我在此处也可提出欧文教授对于猩猩臂膀长度的观察，他的结论也略与上同。此论点的真实性，若不将我所收集的一长系列事实摆列出来，是不容易说服任何人的，但此处又为篇幅所限，我只能说我深信此结论是一非常普遍的规律。我也知道有几个原因可能导致论点的错误，但我希望我已给了它们适度的限定。我们也必须明了，此规律并非适用于任何非常发达的部分，除非它与其近缘物种的同一部分相比较时，仍显出是异常地发达。例如蝙蝠的翅膀，在哺乳纲中是最奇特的结构，但此规律即不适用，因为所有蝙蝠类群皆有翅膀；此规则只能适用于某一种蝙蝠，假如其较之同属其他蝙蝠，翅膀有特殊的发育。当第二性征以任何异常的方式呈现时，此规律最为有力。亨特采用"第二性征"这一术语，描述专附着在某一性上，且是与生殖行动没有直接联系的特征。此规律适用于雌雄两性；但雌性少有显著的第二性征，故它适用于雌性的场合也就不多。此规律所以很显明地适用于第二性征，可能是由于这些特征无论是否表现有任何特殊，却都具有最大的变异性。我对此一事实是没有疑惑的。但我们的规律并不限于第二性征方面，此点在雌雄同体的蔓足类上可以证明。我可以补充说，在研究这一目时，我特别注意到沃特豪斯的说法，并深信此规律对蔓足类是几乎完全适用的。在将来的著作中，我将要列出清单，给出许多显著的实例；此处我只简略地陈说一件，可以作此规律的普遍适用的说明。无柄蔓足类（岩藤壶）的厣盖，从任何意义上说，都是极其重要的结构，此结构即使在不同的属中，皆少有差异；但在塔藤壶属内的若干物种中，其厣盖分歧极大：同源的厣盖在不同物种中有时候有完全不同的形状；且在有几个物种，一些个体的变异极大，在这些重要的厣盖特征上，如果说各变种彼此之间的差异胜过了与别的不同属的物种的差异，也并非夸张。

在同一区域内的鸟雀变异极少，我对它们特加研究并觉此规律对这一纲也是适用的。此规律对于植物是否适用，我尚不能肯定，若不是因为植物的变异极大，使对它们变异的相对程度极难比较，几乎就会严重动摇我对此规律真实性的信赖。

当我们看到在任何物种的任何部分或器官，有程度显著或方式上明显不同的发育时，适当的推测就是此种变异对此物种必是有高度的重要性；然而，这些部分又具有极大的变异性。这究竟是什么缘故呢？按照各个物种是单独创造的说法，它的所有部分就总是像我们现在看到的那样，我就看不到解答。但如说诸物种类群是从别的物种传留下来的，并且经过自然选择的改变，我想我们就能有些领悟。在我们的家畜中，如对其任何部分或整体未加注意，又未加选择，那该部分（例如杜金鸡的鸡冠）或整个品种，就不能有普遍一致的品质，这家畜的品种就要退化。在未发育的器官中、在没有任何专职的器官中，以及可能在多形的生物中，我们看出相似的自然现象，是因为在这些情况中自然选择没有或不能发挥充分的作用，于是这生物的组织，就落在进退不定的状况中。但是此处与我们有特别关系的事实，则是在我们的家畜中，那些因不断选择而正在迅速改变的部分，也极易变异。试观我们家鸽的品种，不同筋斗鸽的喙，不同信鸽的喙和肉瘤，各种扇尾鸽的尾和举止等等，是有何等惊人的差异，这些都是英国的育鸟家所主要注意的。就是在鸽的亚变种中，例如短脸的筋斗鸽，人们也极不容易育成美满的品种，养出的个体常去标准甚远。可以准确地说，有两个方向在进行持续的斗争，一个是恢复到较少变化状态的倾向以及更多各种变异的内在倾向，另一个是保持品种纯正的持续选择的力量。久而久之，选择获得了优势，由一只好的短脸筋斗鸽中产生一个粗糙寻常的品种的情况就不会发生了。但只要选择是在迅速地进行，我们总可以期望在生物正经历变化的结构中产生很大的变异性。还值得注意的是，在人的选择下，变异的性质有时易于偏向到某一性别，通常是偏向于雄性，例如信鸽的肉瘤和球胸鸽的嗉囊，至于倾向的原因，我们并不知道。

现在让我们转到自然界。当某一物种的某一部分较之同属中另一物种发育到非常形状时，我们可以结论说，自从该物种由同属的祖先分离出来之后，这一部分已经过了大量的变化。这个时期通常不会太遥远，因为物种极少有能持续一个地质时期以上的。如此众多的变化，意味着得自数量庞大且长期连续的变异，它是由自然选择为物种本身利益持续积累下来的。既然生物的某一异常发达的部分或器官，其繁多且长期连续的变异所经过的时期并不过分遥远，按照一般规律我们就可以期望发现，这些部分较之生物组织中在很长时期内几乎保持不变的部分，仍然具有更大的变异性。我深信事实就是这样。一方面是自然选择，另一方面是返祖和变异的倾向，两方面的斗争经过一相当长的时期是要停止的，非常发达的器官可以就此变成稳定的，对此我认为毋庸置疑。因此，如一器官，例如蝙蝠的翅膀，无论是如何异常，却已经以近乎同样的状况被传递到许多变化了的后裔，那么依照我的学说，它必是在一极长的时期中几乎保持其原样，因此就不比别的结构更容易变异。只有从那些比较晚近的和特大的改变中，我们才应可发现所谓生殖的变异性仍高度存在着。因为在这种情况下，按所需方式和程度对发生变异的个体进行的持续选择，和对倾向于回复到过去较少变化的个体进行的持续摒弃，到现在为止还未能将变异性固定下来。

以上所论的原理还可扩展。大家皆知物种的特征较之属的特征更容易变异。此说的意义可用一简单的事实说明之。在一大属中，如有些物种的植物开蓝花，有些物种开红花，此红蓝的颜色只可认为是物种的特征，如有一物种的蓝花变为红的或红花变为蓝的，并不如何出奇。但如此一属内所有物种的植物皆是蓝花，此颜色就成为属的特征，它如有颜色的变异就是不寻常的。我所以用此事实作为解释，因为有许多博物学家曾另提出我认为不适用的解释，他们说物种的特征比属的特征更易变异，是因为此类特征所在的部分，与属的分类所依据的部分相比，在生理上只有次等的重要性。我认为此解释是部分正确的，但只是间接地正确。关于此题我在**分类**章内将再讨论。对于物种的特征比属的特征变异更多的说法，我以为如再提出证明已是多余的；但是我曾多次在自然史的著作中看到，作者惊奇地说一个重要器官或部分在物种的大类群中经常是极其稳定的，而在近缘的物种中却有了极大的差异，而且在有些物种的个体中也是易于变异的。此事实显示一种情形就是，一个一般在属的级别的特征，到它降低到只有种的级别时，它就是常易于变异的，虽然它在生理上仍然同等地重要。与此相同的事实对于畸形亦能适用，至少伊西多尔·若弗鲁瓦·圣提雷尔相信在同类的不同物种中，如一个器官越多有差异，在个体中就越易于产生畸形。

依照每个物种是单独创造的普通观念说来，人们可以问道，在各单独创造的同属物种之间，结构的某些相同部分，为什么彼此更有差异的比密切相似的更易于变异？对此问题我看不到任何能够给出的解释。但如依照物种不过是显著且固定的变种的说法，我们便可以预期发现，那些在近期发生了变异，并且出现差异的部分仍是常常在继续变异。换言之，在同属中所有物种彼此相似而与别属物种不同之点就称为属的特征。这些共同的特征，我认为是由共同祖先遗传下来的，因为自然选择很少能使几个适合于大不相同的习性的物种照完全同一的方式来变化：既然所谓的属的特征是从遥远的时期传留下来的，从物种自它们的共同祖先开始分离以来，并无变异或有任何程度的差异，或仅有微小的差异，那么现在它们就不大可能另有变异。在另一方面，物种与同属别的物种的不同之点就称为物种的特征，既然这些物种的特征在物种自共同祖先分离以来曾有变化以致彼此不同，那么现在它们很可能仍有些变异，至少比那些在生物组织中长久保持不变的部分是更容易变异的。

关于本题我只再讨论两点。我想大家皆承认，第二性征是极容易变异的，对此我不必细述；我想大家也承认，在同类群的物种中第二性征的变异较之生物组织中其他部分变异更大。例如在雄性第二性征极为突出的鹑鸡类禽鸟中，把雄性之间第二性征的差异量与雌性之间的差异量进行比较，即可确认本论点的真实性。第二性征原始变异的原因不甚明了，但我们能够了解这些特征为何不像生物组织中的其他部分一样，成为固定的和一致的。第二性征是由性选择逐渐积累起来的，而性选择并不像一般选择那么严厉。性选择没有生死的关系，它不过使少有优胜条件的雄性少传几个后代而已。无论是出于何种缘由，第二性征总是极易变异的，于是性选择就有广大的作用范围，可给同类群的物种在性的特征上较之其他结构部分有较大的差异。

同种两性间第二性征有差异的部分，与同属的不同物种间彼此有差异的部分通常完全相同，这是值得注意的事实。关于这一事实我要举两个例子以解释之，第一个正好是在我的清单上。这些事例中的差异在性质上极其特殊，它们的关系很难是偶然的。在一大部分的甲虫中，它们足的跗节数相同，是普通的共有特征。但在吸虫科中，正如韦斯特伍德所说，跗节数也大有变异；且在同物种的两性中，其跗节数亦不相同。此外，掘土的膜翅目，其翅的脉序形状是一重要的特征，因为这特征是为其大类群中所共有的；但在有些属中，脉序的形状在物种间就有差异，与此同时，在同一物种的两性间也有不同。这种关系在我对此题的看法上有一很清楚的含义：我认为同属的所有物种，犹如任何物种的两性一样，必皆是从一个祖先传留下来的。因此共同祖先（或其早先后代）结构的任何部分如成为易变的，自然选择或性的选择就极有可能要利用该部分的变异，以使几个不同的物种在自然组织中适合于各自的位置，也使同物种的两性彼此适合，或是使雄性和雌性适合于不同的生活习性，或是使雄性为争得雌性而适合于与别的雄性进行斗争。

因此我的最终结论是：物种的特征，即分别物种的特征，较属的特征，即同属内所有物种的共同特征，变异性更大；一物种中任何部分与其同属物种中同一部分相比较异常发达的，就常有高度变异性；一部分无论如何发达，若它是整个类群物种所共有的，其变异性是轻微的；第二性征变异性很大，并且在近缘物种中这些相同特征差异甚大；第二性征的差异和物种间一般的差异，通常是显现在生物组织的相同部分；所有以上原理皆是密切联系的。它们的主因皆为，同一类群的物种皆是从一个共同的始祖传留下来的，它们从这始祖继承了许多共同点；晚近和大量变异的部分较之早先遗传下来而少有变异的部分，是更易继续变异的；自然选择依照它经过时间的长短，已或多或少压制了返祖和更多变异的倾向；性的选择不像一般选择那么严厉；相同部分的变异是自然选择和性的选择积累起来的，目的是使这些部分适应成为第二性征和物种的一般特征。

不同的物种有相似的变异；物种的变种常具有亲缘物种的一些特征，或复返到早期祖先的一些特征

如考察被驯化的品种，我们对这些说法就易于明了。有些极不相同的鸽子品种，散居在遥远相隔的地区，有些亚变种脚上有羽毛，头上有反羽，这些特征是原始岩鸽所没有的；在两三个不同的品种中这些都是相似的变异。球胸鸽常有尾羽十四甚至到十六根，此种现象可以认为是一个变异，却表现了另一品种扇尾鸽的正常结构。我以为没有人会怀疑，所有这些相似的变异，是由于这些品种是从共同的亲本继承了同样的体质和变异的倾向，且受到人所不知道的相似影响而产生的。在植物界，我们也有一个相似变异的例子，即瑞典芜菁和球茎芜菁，它们有膨大的茎，常被称为根。这些植物，有

些植物学家把它们列为由共同亲本栽培而成的两个变种：若是不然，那就可以说是两个不同的物种发生了相似的变异；在此两变种之外仍可以加上第三个，那就是普通芜菁。按照各个物种是单独创造的说法，对于这三种茎部膨大的植物的相似处，我们就不能说是由于有同源群落的原因而有以类似方式变异的倾向，而只能说这是三个独立却极其相似的创造行为。

关于鸽子，我们另有一个实例，就是在所有的品种中有时发现一些暗蓝色的鸽子，翅上有两黑条，白腰，尾尖上有一黑条，外羽近基部边缘为白色。既然所有这些标记皆是亲代岩鸽的特征，我想没有人会怀疑这是一个返祖的实例，而不是几个品种中出现了新的相似的变异。我想我们得着这个结论是肯定的，因为这些颜色的标记是最容易在两个不同颜色不同品种的杂交后代中出现的。在此实例内没有外界生活环境能使此暗蓝色与几个标记复行出现，而只能是依照遗传规律由杂交作用产生了影响。

可能经过几百世代之后，久经遗失的特征复又发现，这自然是一个惊人的事实。但一个品种只要有一次与其他品种杂交，其后代在许多世代（有些人说在十二甚至二十世代）之中，即会有时表现出复现外来品种特征的倾向。在十二代之后，任一祖先的血，按普通的说法，其比例成分只有 1:2048；然而一般都相信，由这微小外来血的成分，仍可保持发生返祖的倾向。在一未经杂交的品种中，若这品种的亲本双方都曾遗失它们祖先的一些特征，则再产生这遗失特征的倾向，无论强弱，无论曾出现哪些反例，如前所述，该倾向都可以传递到几乎是无数的世代。在一品种中一个久经遗失的特征经过许多世代忽又发现，最可能的假说是，不是后裔在数百世代之后忽然反像它们的祖先，而是在每一世代中，皆有返到此特征的倾向，而此特征最后在人所不知的有利条件之下得到了支配地位。例如在极少产生蓝色带黑条的勾喙帕布鸽的每一世代中，皆有产生这种颜色羽毛的倾向。此一意见虽是假说，但有些事实可给予支持。我认为产生任何特征的倾向遗传到无数世代，较之产生毫无用处或未完全发育的器官的倾向能遗传无数世代，在抽象的可能性上并不更小，而后者我们都知道是存在的。确实我们有时可以看见，一种不过是产生未发育器官的倾向，却经遗传保留下来：例如普通金鱼草，就时常发现有第五个未发育的雄蕊，因为这个植物必是久经遗传下来的产生它的倾向。

按照我的学说，既然同属的所有物种是从一共同的亲本传留下来的，那就可以期望它们有时会以相似的方式变异。于是一个物种的变种，在有些特征上，就会与别的物种相似；而此一别的物种，照我的看法，不过是一个显明且稳定的变种而已。但如此得来的特征，在性质上大概都是不重要的，因为所有重要的特征皆由自然选择所管制，依据的乃是此物种的不同习性，而不会留待生活条件和相似的遗传体质的互相作用去影响。我们仍可以更期望，同属的物种可以有时复行出现久经遗失的祖先特征。但既然我们不知道一个类群共同祖先的确切特征，我们就不能对下列两种事实有所区别：例如，假若我们不知道岩鸽是脚上没有羽毛或是没有反羽冠的，我们就不能说这些特征在我们的家禽中是返祖，或仅仅是相似的变异。但我们可以推论说，蓝色是复古的，由于与蓝色相关的斑纹数量众多，它们不大可能由一次简单变异就一齐实现。特别是当不同颜色的不同品种杂交时，蓝色和斑纹产生得如此频繁，我们更可以得着上述的推论。哪些是由于回复到祖先已有的特征，哪些是由于新的相似的变异，虽在自然界我们不容易分辨，但依照我的学说，我们有时当能发现一物种的变异后代，可以获得在相同类群中的其他一些个体早已有的一些特征（无论是由于返祖或是由于相似的变异）。这在自然界是毋庸置疑的事实。

在我们的分类工作中，辨识变异物种的主要困难，在于这变种会与同属中的一些其他物种相类似。我们可以提出一长目录记载两种类型的中间类型，而这两种类型本身也是可疑的类型，既可列为变种亦可列为物种。除非认为所有这些类型皆是单独创造的物种，否则这些记录便可证明，是一个在变异中的物种已经取得了其他物种的一些特征，于是产生了中间的类型。但相似变异最好的证据，就是一个重要并且不变的部分或器官，偶尔在变异中，也会在某些程度上获得亲缘物种相应部分或器官的特征。我曾收集了此种事例的一长清单，但和以前一样，不能在此处将它们陈述出来，我只能再次说明这些事例是确有的，并且在我看来很值得注意。

我可在此陈述一个奇异复杂的事例，它并不影响到任何重要的特征，但它出现在同属的几个物种中，这些物种一部分是在驯养状况下，一部分是在自然状况下。此事例显然是属于返祖类的。驴的腿上常有很清楚的横道，与斑马腿上的横道相似，有说这些横道在幼驴身上是极清楚的，我经过调查，相信此说是真的。人们也说在驴的两肩上，有时有双道的条纹，肩上条纹的长短和形状是多有变异的。说有一头白驴（并非因为白化病），既无肩条，又无脊条；在黑驴中，肩条有时是极不清楚的，或确是遗失了。巴拉斯的野驴，人们曾传说是有双肩条的。蒙古野驴没有肩条，但布莱斯先生及别的人说，有时发现肩条的痕迹；普尔上校曾告诉我，此驴种的幼驴腿上是常有条纹的，肩上微有条纹痕迹。斑驴和斑马一样，满身有清楚的横道，而腿上没有；

但格雷博士曾画过一个斑驴的标本，在跗关节处有极清楚的像斑马的条纹。

论到马类，在英国我曾收集许多不同品种的各色马的脊背条纹例子，在暗褐色、深灰色和一个栗色的马种中，腿上的条纹是常见的：在暗褐色的马种中有时可看见不明显的肩条，在一匹枣红色的马身上我曾见有肩条的痕迹。我的儿子曾替我详细考察并画了一匹暗褐色的比利时的驾车马，在每一肩上有双道条纹，腿上也有条纹。一个极可靠的人曾替我考察了一匹威尔士暗褐色小型马，每肩上有三道短而平行的条纹。

在印度的西北部，卡提瓦马种普遍皆有条纹，普尔上校专为印度政府考察马种，他曾告诉我说无条纹的马不能被认为是纯种。卡提瓦马脊上常有条纹，腿上一般有横道，肩上条纹有时两道、有时三道是很普遍的，而且脸上有时也有条纹。幼马的条纹极清楚，而老马的有时就消失了。普尔上校曾看见灰色和红棕色的卡提瓦马初生时皆有条纹。依照 W. W. 爱德华兹先生所告诉我的资料，我也有理由认为英国的赛马在幼时比在长成的时候脊上条纹更常见。此处不再细讲，但我可略说我曾收集了各种不同马种肩和腿的条纹资料，西由英国东到中国，北从挪威南到马来群岛。在世界所有的地方，暗褐色和深灰色的马种最易有条纹，暗褐色这一术语包括了很大的颜色范围，从棕色和黑色之间的各色一直到浅黄色。

我知道汉密尔顿·史密斯上校关于此题目曾有著作，他相信一些马的品种是从几个原始物种传留下来的，其中之一，即暗褐色马，是有条纹的；于是上述的各种外观，皆是由在久远时期与暗褐色马杂交而产生的。但我对此说法完全不满意：比利时硕大的驾车马，威尔士的小型马，矮脚马，瘦长的卡提瓦马种等等，它们皆截然不同，分住在世界上遥远相隔的地方，不能用此说以解释之。

我们现在可讨论到马属几个物种杂交的结果。罗林说常见的由驴马杂交所产生的骡子，腿上最易有横道；戈斯先生说在美国一些地方，十个骡子就有九个腿上有条纹。我曾见过一个腿上多有条纹的骡子，初看时人必以为它是由斑马产生的；W. C. 马丁先生在他论马的著名专著中载有与此相似的骡子图。在四张彩图上我曾看见一些驴和斑马的杂交种，它们的腿较之身体别处更多有显明的横道，其中有一个的肩有双条纹。莫尔顿勋爵有一著名的杂种，它是由一栗色母马与一雄斑驴杂交产生的，此杂种以及其后这母马与阿拉伯黑马交配所产生的纯种后裔，较之纯种斑驴的腿上横道更加显著。最后，这又是一个特殊的事例，格雷博士曾画下一个驴和蒙古野驴的杂交种（且格雷告诉我他另知道一个与此相似的事例），驴的腿上鲜有条纹，蒙古野驴的腿上绝无条纹也无肩纹，但所产生的杂种四条腿都有横道，肩上有三条短纹，与威尔士暗褐色小型马相似，甚至脸上有些像斑马的条纹。这最后的事实使我深信，任何一个有颜色的条纹都不是出自通常所称的偶然。我因看见由驴和蒙古野驴所产杂种脸上有条纹，曾特别问过普尔上校，在著名有条纹的卡提瓦马种中有无发现脸上有条纹，如我们已经知道的，他的答复是有。

我们现在对这些事实将有何说法呢？我们看见马属的几个非常不同的物种，因简单的变异就变得腿上有条纹如斑马，或肩上有条纹如驴。在马方面，凡有暗褐色发现的时候（此色调近乎马属各物种的普通颜色），就可有产生条纹的强烈倾向。条纹的出现并不连带有形状的改变或别种新特征的出现。马属的最不同物种的杂交后代，有最易出现条纹的强烈倾向。我们现在可以考察各种鸽子品种的事例：它们是由一种带有一些条纹和别样斑纹的蓝色鸽子（包括两三个亚科或地理性变种）传留下来的；任何品种由于简单的变异得有蓝色时，这些条纹和别的斑纹就一定复现，但没有其他形状和特征的改变。当各种颜色的最古老和最纯正的鸽子杂交时，在它们后代的混种中，我们就可看见蓝色、条纹及斑纹有强烈的复现倾向。我曾说过对这古老特征复行发现的原因，一个最可能的假说就是在一代复一代的幼体中，都有产生久经遗失特征的倾向，而这一倾向由于未知的原因有时候能得优胜。在马属的几个物种中，我们刚才已看出幼畜比老畜条纹更显明或更普遍。如将鸽子中的一些品种经过数百年的繁殖仍为纯正者即称为物种，那么它们与马属的各物种是何等的相类似！我敢于自信地回看千万代，我可看见那时有一种条纹像斑马的动物，但其结构或许与斑马非常不同，它就是我们的家养马（无论是由一种还是多种野生祖先传留下来的）、驴、蒙古野驴、斑驴和斑马的共同亲本。

相信马属的每个物种是单独创造的人，我想他将要坚决地说，每一物种在被创造时即带有一致的变异倾向，因此无论在自然界和在驯养中，都以此特别的方式像同一属内的其他各物种那样产生条纹。并且他们会说在被创造时，每个物种就赋有强烈的倾向，当其与在世界上各遥远处栖居的各物种杂交时，就产生有相似条纹的杂种，并且不像其亲本，而像其本属的其他物种。如承认此说，我以为就是抛弃一个真实的原因，而接受一个假的或至少是未知的原因。它把上帝的工作说成是模仿和欺骗。如承认此说，我几乎就要和古老无知的宇宙起源论者一起相信已成化石的贝类从未生存过，不过是用石头创造的，用以模仿现今生存在海边的贝类。

提要

　　我们对于变异的规律是极其无知的。在一百个事例中也不能有一例，使我们自以为可以解释，为何一物种的这一部分或那一部分与其亲本多少有些差异。但是每当我们有方法着手比较时，就发现同种的变种中所产生的较小差异，以及同属的物种中所产生的较大差异，都是同样的规律在发生作用。外界的生活条件，如气候、食物等等，似乎只能引起一些轻微的变化。习性对体质的差异，使用对加强器官，不使用对削弱和缩减器官，似乎皆有较强的影响。关联的部分有以相同方式变异的倾向，并且关联的部分倾向于结合生长。坚硬的部分和外面的部分如有变化，有时会影响到柔软和内里的部分。如有一部分特别发达时，或者就有由相邻部分吸取养料的倾向。结构的任何部分，如节省下来而对本体并无损害时，就将被节省。在早期结构中如有变化，一般就要影响到以后发育的部分。此外仍有许多生长的关联，它们的性质我们是完全不懂的。重复的部分在数目上和结构上皆易变异，或许因这些部分没有分担任何专一的功用，自然选择对它们的变异就未切实地阻止。很可能由于同样的原因，自然界的低级生物较之整个组织更加专门分工的高级生物，多易变异。未发育的器官由于无用，自然选择就不加注意，因之或多有变异。种的特征比属的特征易于变化，所谓种的特征，就是同属的一些物种，在从共同亲本分离以来所产生的不同的特征，所谓属的特征，就是早经继承下来的、在这同一时期内未经改变的特征。在我们的讨论中，曾说到有些特别部分或器官现在仍在变异，因为它们是近来变异的，因此就易于再有差异。同时在第二章内，我们也曾说过此相同的原理是适用于所有个体的，因为在一个地区，如在任何一属中发现许多物种，那就是说以前在此

140

区有许多变异和分化，或说在此地区新的物种类型是在活跃地制造中，平均说来，在此地区我们现在也可以发现最多的变种或初起物种。第二性征是有高度变异性的，这些性征在同群类的物种中，是多有差异的。在一组织的相同部分的变异性，常是被利用来使同物种的两性间产生第二性征的差异，以及使同属的各物种产生种的差异。任何部分或器官，较之亲缘物种相同的部分或器官，发育到非常大或非常形状时，则自从此属诞生时，它必然就曾经过非常大量的变化。由此我们就可以明了它为何比别的部分仍常有高度的变异，因为变异是一长久继续的和缓慢的过程，自然选择在此情况下，尚没有时间能胜过它继续变异的倾向以及它回返到较少变化状态的倾向。但是若一有非常发达器官的物种已产生许多有改变的后裔，此事在我看来必是一个极缓慢的过程，且需要一个极长久的时期。在此情况下，自然选择或可无困难地给这器官一个固定的特征，无论此特征发达到何状况。各物种从一共同亲本继承了几乎相同的体质并暴露在相似的环境下，这些物种当然就要表现出相似的变异倾向，并且有时可以回复古时祖先的一些特征。虽然新且重要的改变不能由返祖和相似的变异产生出来，但这些改变能给自然界增加美丽与和谐的多样性。

在亲本的后裔中，无论因何发生一轻微的差异（每一差异必有一个缘由），透过自然选择就要把这些对个体有利的差异稳定地积累起来，因而就发生重要的结构变化。这样，地面上无数的生物就能互相竞争，最能适应的即可生存。

第六章
学说的困难

读者在读到本书这部分前就会遇到成群的困难。有些困难是甚严重的，即到今天我每一念及都感觉吃惊。但据我所能判断的，大多数的困难不过是表面的，而那些真正的困难，我想对我的学说并不是致命的。

这些困难与反驳可以分为下列数项：第一，假如物种是别的物种经过看不见的细微变化逐级传留下来的，我们为何没在各处看见无数的过渡类型呢？为何整个自然界不都是混乱的，而是如我们所见的，物种仍是界限分明的呢？

第二，例如一个动物具有蝙蝠的构造和习性，怎能由别的习性完全不同的动物改变出来？我们怎能相信自然选择在一方面能产生毫无重要的器官，如长颈鹿的尾只可用作蝇拍，而在另一方面却产出如眼睛这样精妙得无与伦比、其奥秘至今尚不能十分明了的奇妙器官呢？

第三，生物的本能是怎样经过自然选择而获得并改变的？看到蜜蜂建造蜂房的如此奇妙的本能，我们对此能说什么？而这种本能更出现在精湛数学家的发现之前。

第四，物种杂交就不育或产生不育的后裔，而变种杂交，能育性就无亏损，我们能作何解释？

首两项就在本章内讨论，**本能**和**杂交**将在不同的篇章内讨论。

过渡变种的全无或稀少

既然自然选择只能通过保存有利的变化方起作用，那么在一个充满了生物的地区，每一新类型就要倾向于把较少进步的亲本或较劣势的其他竞争类型的地位夺取过来，并最后把它们消灭。由此我们可以看出，消灭和自然选择是携手并行的。所以假如我们把各个物种看作是从一些别的未知类型传留下来的，那么在这个新类型建立和完善的过程中，一般地，就要把它的亲本和所有中间过渡的变种消灭。

但是依照这个学说，从前必有无数过渡类型存在过，为何我们没有发现无数的过渡类型埋藏在地壳中呢？这个问题在**地质记录的不完整**章内更便于讨论，这里我只要说，我以为这个问题的答复，主要就是地质记录之不完的程度，实非一般所能想象。记录的不完整主要是由于生物不居于极深的海中，而生物的遗骸如要埋藏与保存到后世，就需要掩埋它们的沉淀物必须有充分的厚度和广大的区域而能抵抗后来大量的剥蚀；此种大规模的化石层，只有当沉积物是积累在逐渐下沉的浅海海床之上，才能形成。这种偶然的会遇不能多有，所以每两次发生间必有长久的间断。在海底安定或上升的期间，或在沉淀物少有积累的期间，我们的地质史就成为空白。地壳是一宏大的博物馆，但是自然的收集只是在无限长久的间隔中做成的。

人们可以强调说，当几个近缘物种在同一地区生长时，我们现在当然应该发现许多过渡的类型。让我们试举一简单事例以说明之：当我们在大陆上由北向南旅行时，通常可在连续的地带依次遇见近缘的或代表性的物种，它们明显是在自然的组织中占据着几乎相同的位置。这些代表物种经常相遇并相交错，一物种逐渐减少，而另一物种逐渐增多，直到一种代替了另一种。假如把这些物种从它们互相混杂的地方拿来比较，我们就可以发现，它们在结构上的各细微处通常绝不相同，就好像它们是从各自生长中心区采来的样本一样。依照我的学说，所有这些近缘物种都是从共同亲本传留下来的，并且在它们变化的过程中，每一物种就适应了本区域的生活条件，并排挤和消灭了它原来的亲本和它从过去到现在状态之间的所有过渡变种。因此现在我们就不应当仍希望在每一地区内发现许多过渡变种，尽管以往它们在这地区里一定是生存过的，并且可能已在这里变作化石埋藏了。但在中间地区有着中间性的生活条件，为何我们不能发现密切联系的中间变种呢？这个问题曾使我惶惑了很久。但我想现在我大致能解释清楚。

第一，在推论时我们必须极端小心，不要以为现在相连接的地段在长久的以往也是相连接的。地质学将引导我们相信，甚至在第三纪的后期，几乎每一大陆还被分裂成许多岛屿；在这些岛屿上，不同的物种可能分别形成，而没有在中间地带存在着中间变种的可能性。由于地形和气候的改变，现在相连的海洋区域，在较近时期中必定经常是比现在更不连续和不一致。但我不会利用这样的方法去逃避困难，因为我相信，在一些严格相连续的地段，也曾生长着许多完全不同的物种；虽然我也并不怀疑，现在连续的一些地段以往的断裂状况对产生新物种曾发生了重大的作用，尤其是那些能自由杂交且漫游的动物。

当观察现在分布在广大区域的物种时，我们一般发现它们在一大段地区内相当多，然后在边缘处似乎突兀地逐渐稀少，终至完全消失。

因此两个代表性物种的中间区域，较之每个物种所占领的区域，其范围一般是狭窄些。同样的事实登山时就可发现，有时正如阿方斯·德·康多尔所说，一个普通高山物种如何忽然地不见了，是很值得注意的。同样的事实，福布斯在用捕捞船探测深海时也发现了。那些认为气候和生活的物质条件是影响生物分布的首要因素的人们，这些事实应当引起他们的惊异，因为气候、山高和海深都只是不知不觉地逐渐变迁着。但是我们应当注意到，几乎每一物种，一旦没有别的物种与它竞争，就是在它领域的中心也必将大量增加数目；几乎所有的物种，不是掠食别的物种，就是被别的物种所掠食；总之，每一生物必定直接地或间接地与别的生物有最重要的关系。一旦注意到上述的事实，我们必然明了，任何地区生物分布的范围，绝不专靠不知不觉变化的物质条件，而是在很大程度上取决于该范围内其他物种的存在，或是依赖它们，或是被其毁灭，或是与它们相互竞争。既然这些物种是已经确定的物种（不管它们是怎样成为这样的），没有因不易察觉的渐变而混合，那么，任何一个物种的范围就依赖于其他物种的范围，将倾向于被清晰地确定。再者，每一物种在它分布范围的边缘上，其数目就较少，当它的天敌或猎物的数量有增减时，或在季节有变易时，它就极容易被完全消灭，于是它的地理分布范围就更会被清楚地确定。

假如我所相信的是正确的，即有亲缘的或代表性的物种在占据一个相连接的地区时，每一物种一般都是分布在一个大地段内，它们中间只留下一个较狭窄的中间地带，在此地带内物种分布的数目忽然愈来愈少，那么，既然变种与物种没有本质上的不同，这一规律或就可能适用于二者。再者假如我们设想让一个经历着变异的物种适应于一个极广大区域，那么就会产生两个变种适应于两个大的区域，第三个变种适应于狭窄的中间地带。因为中间变种栖息的地区较狭小，其生存数目亦必较少。实际上依我所能判断的，这个规律对在自然界的变种是适用的。在藤壶属内一些明显变种间的中间变种中，我偶然发现了一些显著的例子。从沃森先生、阿萨·格雷博士和渥拉斯顿先生给我的资料中可以看出，当在两个类型间发现一些中间变种时，变种的生物数目，一般较其所连接的类型数目要少得多。假如我们相信这些事实和推论，因而总结说，把两个变种连接在一起的变种，其数目比被连接的类型为少，那么我想我们就可以了解为何中间变种不能长久存在，即为何通常它们比原来被连接的类型提前灭亡和消失。

如已说过，任何数目较小的类型被消灭的机会，比数目大的类型大。在这个特定的例子中，中间类型就是特别容易受两边近缘的类型侵袭的。但我相信更重要的一点，就是在继续变化的过程中，依照我的学说，这两个变种就要转化成为两个独立物种，这两物种因数目多，占据面积大，对数目小和占据狭窄中间地区的中间变种，就有更大的优势。因为凡数目较大的类型较之稀少的类型，在任何一定时期中，皆能有更有利的变异供自然选择利用。因此更常见的类型在生存竞赛中，就更易取胜并排挤较不常见的类型，因后者的变化和改进都较缓慢。我相信此同一原理也可以说明第二章内所论的情况，就是在每一地区中，常见的物种较之少见的物种平均含有更多显明的变种。我可用一假定的事例来说明我的意思，假如要豢养三个变种的绵羊，第一个适应于广大的山区，第二个适应于较狭窄的丘陵地，第三个适应于山麓广大的平原地。三个地区的居民都以同样的坚持和技巧通过选择来改进他们的羊群，则拥有大量羊群的大山区和平地区的居民，较之拥有较少羊群的中间狭窄地区的居民就有强大优势，更有机会来迅速改良他们的品种。其结果就是，大山或平地改良的品种不久就要代替丘陵区少有进步的品种，于是原来生存在两个大地区的较多数目的品种就要密切接触起来，原在中间丘陵区被取代的品种即行消失。

总之，我相信物种会形成界限大致分明的客体，并不会在任何时期中，表现为一团由许多变异的中间环节交错形成的不可分解的混乱。这有以下几种原因。第一，新变种的形成是极缓慢的，因为变异是一极缓慢的历程，除非有利的变异偶然发生，而且在自然的体制内能有位置由一种或更多种已经改变的栖居生物更好地占据，否则自然选择是无能为力的。这种新位置的出现要依靠气候的缓慢改变或依靠新生物偶然的迁入，以及更重要地，往往要依靠某些原有生物缓慢地变化，由此产生的新类型与旧有类型就要彼此影响与回应。因此，在任一地区、任一时候，我们只能看见少数物种在结构上表现出较为稳定的轻微变化；这是我们的确见到的。

第二，现在连续的地区在较近的过去，常常必定有些部分是孤立的地段，在这些地段内的许多类型，尤其是每次生育必须交配并且多游荡的种类，就可分别变成足够不同的可列为代表性的物种。在这个事例中，处在几个代表性的物种和它们共同亲本之间的中间变种，过去必定曾生存在该地区每个孤立的地段中，但这些中间环节经过自然选择的过程，就被排挤和消灭了，于是它们就没有生存到现在的。

第三，当两三个变种在一完全连续地区的不同部分形成时，就很可能有中间变种在中间区域开始形成，但它们一般只能生存较短时期。因为依照已经说过的原因（照我们已知道的关于近缘物种或代表物种的分布情形，以及已公认的变种的同样情形），这些生存在中间区域的中间变种数目必定较两边它所连接的变种数目为少。只这一个原因就足可使中间变种易于在偶然事故中被消灭。经过自然选择更进一步的改变，它们所连接的变种就几乎必能把它们打败并取而代之，因为被连接的变种既然数目较多，总的来说可以有较多的变异，再经过自然选择更加进步，就可得到更优胜的条件。

最后，观察事物，不专看一时，必须要看到长久的时期。假如我的学说是正确的，以往必是无疑地存在过无数的中间变种，把同类群的所有物种密切联系起来。但是如已多次说过的，自然选择的历程经常倾向于消灭亲本类型和中间环节。因此过去的中间类型存在的证据只可于化石的遗迹中寻找，而这种遗迹，像以后另一章内要说明的，只能保存在极不完全和断断续续的记录中。

具有特殊习性和构造的生物的起源和过渡

反对我的意见者曾问过，以一个陆地肉食动物为例，它如何可能变成有水居习性的动物？这种动物在过渡期间是如何生存的？很容易指明的是，现在的同一类群中，从完全水居到完全陆居习性的肉食动物之间，存在着各种级次的中间环节。既然每个动物都凭竞争而生存，显然地，在自然界中，每个动物的习性就要适合于它所占据的地位。试看北美洲的水鼬，它有带蹼的脚，它的皮毛、短腿和尾的形状都像水獭。夏季它潜游水中追捕鱼类为食，在漫长的冬天，它离开冰冻的水，来到陆地，像臭鼬一样捕食小鼠和其他陆地动物。假如反对者另举一例，如问一个食虫的四脚兽如何能变成一个飞行的蝙蝠，这问题就更为困难，我就无以为对了。但我想这类困难也不能有多大重量。

在此情况下，如在别处一样，我是处于极大劣势的，因为据我所收集的许多明显的实例，我只能自同属的近缘物种中，举出一两个过渡的习性和构造的实例来。在同一物种中，关于多样化的习性，无论是固定的或是偶然的，我也只能举出一两个实例来。我以为对于任何特殊的实例，例如蝙蝠，必须有一长的事例清单方可减轻有关的困难。

试看松鼠科动物，这里我们可发现最细密的级次变化，有的种类的尾只有轻微的扁平，有的种类如理查森爵士所说，身体后部颇宽阔，腰部两边皮膜逐渐长满，直到有的种类被称为飞松鼠①。飞松鼠的四肢甚至到尾的基部都有宽广的皮膜连成一片，可以像降落伞一样支持着它们从一树到一树凌空滑翔，越过惊人的距离。我们不能怀疑，每种松鼠的每样构造在它们各个原产地必有它的作用，使它们能逃避肉食鸟兽的追捕，或者使它们能更迅速地获得食物，或者我们还有理由相信使它们在偶然跌落时减轻损伤的危险。但这事实却并非说，每一类松鼠的构造在任何可想到的环境下，都是尽善尽美的。倘使气候和植物有所改变，倘使别的啮齿动物加入竞争，或者新的肉食动物自外迁入，或者原有的种类有所变化，则一切照此类推的情形皆可以使我们相信，假如这许多种松鼠不在构造上有相应的变化和改进，至少就必有些种类要减少数量或被消灭。因此我就不难领会到，尤其在生活条件改变的情况下，腰侧皮膜愈长愈满的个体就能继续地被保存，这一方向的每次变化都是有用的，都会得到传留，直到经过自然选择历程的积累结果，便产出一个完美的所谓飞松鼠。

现在再试看猫猴（或称为飞狐猴），它从前曾被错列于蝙蝠类。它有极阔的腰侧皮膜，从下颌的转角起一直延伸到尾部，连四肢和长爪都包括在内，腰侧皮膜还长有伸张肌。虽然在猫猴与其他狐猴之间，现在没有适于凌空滑翔的构造把它们一环一环地连接起来，但假如

①即鼯鼠。

说从前这种环节确曾存在过，并说每个环节的生成与滑翔得不太完美的松鼠是经过同样的步骤，而每次变化对具有者都是有用，这样的说法我看不出有何困难。我认为更进一步的想法也没有什么特别的困难：假如说经过自然选择，猫猴由皮膜连接起来的爪指与前臂可以大大地延长，这样如单就飞翔器官而论，就可把这动物改造成为蝙蝠。蝙蝠类从肩顶到尾包括后腿在内都有翼膜，我们或可看出一些痕迹，表明它原来的构造是为凌空滑翔而不是飞行。

假如现有的十多属鸟类已经灭亡或不为人所知，谁敢猜说，世界上曾有过鸟像美洲的笨鸭一样用翅膀只作扑动，或像企鹅一样翅膀在水中则用作鳍、在陆上则作前腿，或像鸵鸟一样翅膀用作风帆，或像鹬鸵一样在功能上毫无用处？但该构造对每种鸟在它所暴露的生活条件下都是有效的，因为每一物种必须由竞争而生存，但这并不一定表示它在所有可能的条件下都是尽善尽美的。人们也不必从这些评论就推论说，这里所叙述的翼的构造的任何级次（可能它们都是不使用所导致的结果），可以表示鸟类完善的飞行能力是由这些自然步骤而获得的。但这些翼的构造至少可以表明过渡的方式可能有何等的分歧。

既然看到在水中呼吸的动物，如甲壳类和软体类中，有少数物种能够改变以适应陆地生活，既然有飞行的鸟和飞行的哺乳动物，并有种种类型的飞行昆虫，以及从前曾有过的飞行爬虫，那就容易推想到现在凌空滑翔很远、借由鳍的摆动可以在空中略微升起及转弯的飞鱼，也很可能再行改进成为有完善翅膀的动物。假如这种变化真能成功，谁又能想到在早年过渡期间，它们曾是大海洋中的居住者，那时它们初起的飞行器官,据我们所知，只是用作逃避其他鱼类的吞食呢？

当我们认识到任何构造，例如飞翔用的鸟翼，因任何特有的习性达到高度完善时，我们就须记着，凡具有早期过渡级次的构造的动物，就少有能继续生存到现在的，因为它们将在经过自然选择变化和完备的历程中被排除。进一步我们可以总结说，凡在构造上适合于极不同生活习性的过渡级次，在它诞生的早期少能在许多种次级形态下大规模地变化。现在回到我们所举假想例的飞鱼，真正能飞的鱼不大可能自很早的形态就利用多种方法在陆地和在水中捕食多种动物，以多种亚形态发展壮大，因为此种状态必须到它们的飞行器官发达到高度的完善时才有可能，那时它们在生活的战斗中已经能有决定性的优势战胜别种动物。因此，在化石中找到有过渡级次的构造的物种，其机会将永远较少，因为它们生存的数目，总是少于有充分发育构造的物种。

我现在要举出二三实例，表明在同一物种中有分歧的或改变了的习性。无论哪一种情况发生，自然选择都容易使构造有些变化，使动物适应已改变了的习性或者适应诸不同习性中之一种。然而一般是习性先改变而结构随后，或者是结构先稍有变化于是引起习性的改变，也可能二者常是同时改变，我们是不容易判断的，但这亦无多大关系。关于改变了的习性，只须提到英国的许多昆虫也就够了，它们现只食用引进的植物或只专食人造物质。关于多样化的习性，无数的实例可以举出：在南美洲我常注意观察捕鱼鸟霸鹟，有时它会先翱翔在一处，然后转向他处，像茶隼一样；又在别的时候，它先静立水边，然后像翠鸟一样忽然向鱼猛扑过去。在英国，有时常见大山雀像旋木雀一样沿树枝向上攀行，它有时又像伯劳科鸟类一样敲击小鸟的头把它打死，我还多次看见并听见它像五子雀一样在树枝上磕碎紫杉种子。在北美洲，赫恩曾看见黑熊张开大口，在水中游泳几小时追捕昆虫，就像鲸一样。

既然我们有时看见一个物种的个体，习性既不同于本物种，又不同于同属的其他物种，依照我的学说，那就可以预期这样的个体将能偶然产生新的物种、秉有异常习性、并具有或多或少变化了的结构，不同于正常的类型。这样的实例自然界也确有发现。一只啄木鸟能沿树攀上，能在树皮缝隙中捕捉昆虫，人们能举出一个适应的实例比这更奇特的么？但在北美洲，尚有啄木鸟多以果实为生，另有别种啄木鸟具较长的翅，能飞行追捕昆虫。在拉普拉塔荒芜的平原上另有一种啄木鸟，在它组织的各重要部分，甚至在它的颜色上、在它粗重的声音和在波浪式的飞行上，明显地使我知道它是普通啄木鸟种的切近血亲；但是这是一种绝不攀于树木的啄木鸟！

海燕是空栖性和海栖性最显著的鸟，但在安静的火地海峡中，鹅燕在它的一般习性上、惊人的潜泳能力上、游泳的姿态上和被迫起飞时的飞态上，定会令人将它错认为是海雀或䴙䴘。但实质上它仍是一只海燕，只是在它组织的许多部分发生了极度的变化。另一方面，最敏锐的观察家如考察河乌的尸体，也绝不会料想到它有潜水的习性，但是这个属于严格生活在陆地上的鸫科成员的奇异鸟类是全靠潜泳为生的：它用爪抓住水底的石子，用翼在水下潜行。

凡相信每一生物是正如今日所见的那样被单独创造的人，在他见一动物的习性和结构不相符合时，必有时感觉惊异。鸭和鹅有蹼的脚是为划水而生成，不是很清楚的么？但高原地带的鹅脚虽有蹼，却很少或绝不临到水边。除了奥杜邦之外，尚没有人见过军舰鸟飞落在海面上停歇，而它们的四趾都是有蹼的。在另一方面，䴙䴘和黑海番鸭是水栖性最显著的，但只在脚趾边上有蹼膜。涉禽类的长脚趾是为在沼泽地和漂浮的植物中行走的，这再清楚不过了；但水鸡的水栖性几乎是与黑海番鸭相同，而长脚秧鸡的陆栖习性几近鹌鹑或鹧鸪。这些事实，以及还可以列举出来的其他许多例子，都可以证明习性已改变而无相关联的结构改变。高原鹅的蹼脚虽在结构上仍是发育着的，但可以说在功用上已是不发育的。军舰鸟脚趾间深凹进去的蹼膜，更表示结构已开始在改变。

凡相信物种是由无数次分别创造而成的人，将要说在这些事例中，用一个类型的生物代替另一个类型是为造物主所喜悦的。但这种说法我以为不过是借用庄严的词句重述事实。凡相信竞争生存和自然选择原理的人，就要承认每个生物都是经常地在争取增加数目，并要承认任何生物在习性上或结构上如有任何轻微变异，因而比在同地区的一些别的居者获得优势，它就要把栖于同地者在自然组织中的位置夺取过来，无论这位置与它原有的是如何不同。因此，对相信这些原理的人来说，鹅和军舰鸟具有蹼却生活在旱地上或很少停歇在水面，生有长脚趾的秧鸡生活在草地上而不在沼泽地上，无树的地方有啄木鸟生长，世上有潜泳的鸫，又有具有海雀习性的海燕，所有这些都不足以为怪。

极完备与极复杂的器官

眼具有各种无与伦比的机关，可以为不同的距离调整焦点，可以允许进入不同的光度，并可以修正球差与色差。如果说这是由于自然选择构成，我坦白承认这似乎是荒谬绝伦。然而理智告诉我，若是由一简单极不完备的眼到一极完备极复杂的眼，中间存有无数对每一具有者都是合用的级次，并且这些级次能证明是确实存在的；再假如眼能产生任何轻微变异，且如事实可证的，一切变异皆可遗传；又若在眼器官内有任何变异或改进，对生物改变的生活环境是有用的；那么相信由自然选择构成完备和复杂眼睛，虽然在我们的想象中仍是不易实现，但所遇的困难就难以认为是真实的困难了。一个神经如何对光有感觉，犹如生命本身是如何起源的问题，我们并不涉及。但我仍可以说，有些事实使我设想到，任何有感觉的神经皆可能对光有感觉，正如神经对较剧烈的空气振动成声有感觉一样。

为寻求任何物种的某器官逐渐完成所经过的各级次，我们应当只观察其直系祖先。但这样是很少有可能的，所以在每一问题上，我们只能追寻同类群的物种（即同源亲本的旁支后裔），看有些什么级次可能寻出，以便从中得着机会发现一些级次是从同源衍生系列的早期传留下来的，且处于尚未改变或少有改变的情况中。从现存的脊椎动物的眼的构造中，我们只能发现少量的级次；从化石的物种中我们一无所得。在这一大纲内，我们势须降到已知最低的化石岩层，去发现由之发展到完备眼睛的较早期的各阶段。

在关节动物纲[①]中，我们可以从一系列低级的阶段开始，起初只是一个外表包有色素层的神经，并无其他构造。从此逐渐向上就有许多构造级次，分成两个从根本上不同的支系，直到各自抵达较高度完备的阶段。例如在某些甲壳动物中，就存在一种构造，有双层角膜，内层分成小眼，在每一个小眼内有一晶体形状的凸起。在一些别的甲壳动物中，透明的视锥表面包有色素，排除侧来的光线束后才能工作，视锥上端是凸圆状的，一定是为了会聚光线，视锥下端似是不完全的玻璃质。这些事实此处虽叙述极简略极不完备，但可以表明现存甲壳动物的眼有许多不同的级次。如注意到现存甲壳动物的种类比之已灭

①现称为节肢动物门。——编者注

亡的更少了很多，我认为就不难相信（至少比之其他许多构造的事例并不更难相信），自然选择能把一个只在外面抹上色素、包上一层透光薄膜的简单视神经器官，改制成关节动物这一大纲中任何成员所具有的完备的视觉工具。

凡读本书到现地步的人，如在读完后发现别无方法可解释大量的事实，而只能由同源衍生学说解释清楚，那么他就不当踯躅不前。他就当进一步地承认，虽完备如鹰眼的构造也可能由自然选择构成，虽他在这问题上并不知道任何过渡的级次。人的理智应当战胜人的想象，不过我强烈地感觉到这是很困难的，所以因把自然选择原理延伸到如此骇人的地步，而使人们对之有任何程度的踯躅，我是不感到吃惊的。

人们很难避免把眼与望远镜作比较。我们知道望远镜的完善是由于人类最高的智慧和长久的努力，自然我们可以推论到，眼的形成也是经过多少有些相似的过程。但这种推论是否不嫌狂妄呢？我们有何权力来假设，造物主也用与凡人相同的智力来工作呢？假如我们定要拿眼来与光学仪器相比较，我们就要在想象中拿一厚层透明组织，下面有一感光的神经，然后我们再设想这一层组织的各部分都是在持续地慢慢改变密度，于是就分成许多不同厚度和密度的薄层，彼此的距离各有不同，并且每层的表面也在慢慢地改变形状。更进一步，我们必须设想另外有一个力量，总是聚精会神地注视着各层中每一轻微的偶然的变更，并且仔细地选择每一变更，这个变更可以在任何变化的环境下，由任何方法或在任何程度上倾向于产生一个更清楚的影像。我们必须设想，这个仪器每发展到一个新阶段就要成百万地产生出来，并且每个进步都被保存，直到一个更好的形态产生出来，然后旧的就被毁灭。在活的生物体中，变异要引起轻微的改动，生殖便使这改动无限地增加，而自然选择就要用万无一失的技巧把每一改进挑选出来。让这程序进行亿万年，每年对许多种类的数百万个体都如此进行，难道我们不相信这样一个活的光学仪器不比一个玻璃的光学器械做得更好，正如造物主的工作超越凡人的工作么？

假如能证明任何已存在的复杂器官，不能由无数的、连续的和轻微的变化构成，我的学说就将完全失败。但这样的实例我还不能找到。无疑地，在现有的许多器官中我们尚不知道它们过渡的级次，尤其如我们注意到一些很孤立的物种，依照我的学说，在它们周围曾有大量的灭亡。另外，假如我们注意到一个器官是一大纲所有成员所都有的，在此情况下，这器官必是在一极早的时代业已首先构成，自此以后，本纲内所有的成员才发展起来。为要找出这器官早先经过的诸过渡级次，我们就必须向悠久的时间中它早经灭亡的祖先类型中去寻找。

要得出结论说某一器官不是经过过渡的级次所构成的，我们必须极度谨慎。在低级动物中，同一器官可以同时执行多种完全不同的功用，这类事实不胜枚举。蜻蜓幼虫和泥鳅的消化管道能用作呼吸、消化和排泄三种工作；水螅整个身体可以内外翻转，于是它原来的外面就能消化，原来的胃就能呼吸。在这些实例中，假如有利，自然选择可使原来担任两种工作的一个部分或一个器官改变为专做一种工作，于是把其性质经过不知不觉的步骤完全改变。在同一个体内，两个不同的器官可同时做同一种工作，例如鱼类可用鳃呼吸溶解于水中的空气，同时也呼吸鳔内的游离空气；鳔有一鳔管供给空气，空气由布满导管的隔膜分离。在这些实例中，两个器官之一可以轻易地变化并完善成专由一个器官担任所有的工作，在变化的过程中可由另一器官协助之，其后另一器官亦可变化去担任别种不同的工作，或完全被消除。

用鱼鳔做实例甚为合适，因为它可指明一个极重要的事实，即一个器官原来构成是专为一种用途，即漂浮，而可以改作别的完全不同的用途，即呼吸。在某些鱼类，鱼鳔亦可作听觉器官的辅助器，或说听觉器官的一部分渐渐变成鱼鳔的辅助部分，究竟何说为主，我尚不知。所有生理学家都承认，鱼鳔在位置上和结构上是与高级脊椎动物的肺同源的，或称为"理想地相似"：因此我就没有理由不相信，自然选择确实可以把鳔改变成肺，使它成为一个专作呼吸之用的器官。

我确实难以怀疑，所有具有真肺的脊椎动物，是由我们所不知的具有一个漂浮器官或鱼鳔的古老原始类型，经过普通的繁殖传留下来的。由欧文教授有趣的叙述我们可以了解，我们所咽下的每一颗食物、每一滴饮料，都必须越过气管的开口，从而随时有落入肺内的危险，尽管有一美妙的结构能每次把声门关闭。在高级脊椎动物中，鳃就完全不见了，但胚胎中颈旁的裂缝和弧状动脉血管仍可表示它从前的位置。我们仍可想象，现在完全遗失了的鳃，过去可能是由自然选择逐渐用于一种完全不同的功用。依此同一方式，按照有些博物学家的意见，环节动物的鳃和脊部的鳞是与昆虫的翅和鞘翅同源的，那么在极早时代用作呼吸的器官，实际上变成了飞行的器官，也就是很可能了。

在考虑器官的过渡时，我们必须注意一个器官的功用有变成别的功用的可能，所以我当再举一例。有柄蔓足动物有两个微小的皮褶，我称之为系卵带，它用一种胶质分泌物把卵保留在囊中直到孵出时为止。这些蔓足动物并没有鳃，它整个身体和囊的外皮包括小系卵带都用作呼吸。反之，藤壶科即无柄蔓足动物没有系卵带，卵都散列在囊的底面，封闭于介壳内，但它们有大型多褶的鳃。我想谁也不会反对，这一科的系卵带与另一科的鳃是严格关联的。它们之间也的确是逐渐转变的。因此我相信，那微小的皮褶原来用作系卵带，但它也微微地帮助呼吸；后因自然选择只是使它们的形体加大、消除分泌胶汁的腺，便逐渐把它变成为鳃。假定所有的有柄蔓足动物都已灭亡（其实它们已较无柄的蔓足动物遭到了更大的灭亡），谁能想到无柄蔓足动物的鳃原是用作防止卵由囊中被水冲出的器官呢？

虽然我们必须极端审慎结论说任何器官不能经过连续的过渡的级次产生出来，但无疑地，严重困难的实例确有发生，有些实例将在我以后的著作中讨论之。

实际重大困难之一，就是中性昆虫，它们的构造常比之雄体或能生育的雌体都大不相同。这个问题将在下章讨论。有些鱼类的发电器官又是一个特别的困难，这种奇异的器官究竟经过哪些步骤产生出来的，实是不可思议。但正如欧文和别的专家说过，这些器官的基本构造极像普通肌肉。又如晚近曾发现，鳐鱼有器官与发电器官极相似，但如马泰乌奇所说，它并不发电。我们必须承认，我们是太没有知识来辩论说绝没有任何可能的过渡情形。

发电器官给我们另一个更加严重的困难，因为统共只有十几种鱼类有这种器官，其中尚有几种鱼的亲缘相距甚远。一般说来，当同一纲中有几个成员具有同样器官时，尤其当他们的生活习性是极不相同时，我们就可以说，这器官的存在是从共同祖先继承下来的，那些没有这器官的成员，则是由于不用或由于自然选择而消失了；于是，如发电器官是由一古代祖先继承下来的，我们就必须认为所有的有电鱼类必互相有特别的亲缘关系。另一方面，地质学也完全未能引导我们相信，从前大多数鱼类曾有发电器官而大多数经改变的后代把它遗失了。几种有发光器官的昆虫是属于不同的科和目，这也是一个相似的困难。别的相类似的实例仍可举出，例如在植物中，有一种极奇异的构造，一大团花粉粒载在一个有黏液腺的柄的一端，这种情形在红门兰属和马利筋属都是相同的，而这两属在显花植物中相距极远。必须指出，在所有这些两个极不相同的物种备有同样奇异器官的事例中，器官的大致形象和功用虽都一样，但大多仍有一些根本的差异能指出。我是倾向于相信，犹如两人有时各自有同样的创造发明，自然选择也是一样，在为每个生物本身的利益保留相似的变异时，有时使两个生物的两部分中发生几乎同样的变化，而这种共有的构造少有是从它们共同的祖先继承下来的。

虽然在大多数的实例中最不容易猜想出器官是经过哪些过渡才达到现在的状态，但如注意到现存和已知类型的量数比之灭绝和未知类型的量数少很多，令我甚感惊异的倒是，我们仍很难说出一个已知器官没有过渡级次而能形成。这个说法的真实性，可由自然史中一个古老的但有些夸大的准则"自然界无飞跃"确切地表明出来。几乎每一个有经验的博物学家在他的著作中都承认这一点，或恰如米尔恩·爱德华兹所说，大自然奢于变异，吝于创新。依照创造的说法，为何仍须这样呢？既然假定每个生物是个别创造出来为要适合它在自然中应有的地位的，那么为何许多独立生物的所有部分和器官，又总是这样被许多级次连接起来呢？为何大自然不从一个结构跳跃到又一个结构呢？依照自然选择的学说，我们就能清楚了解她为何不是如此：因为自然选择只能运用轻微的持续的变异，自然就绝不用大踏步的跳跃，而只用最短最慢的步履前进。

表面上不甚重要的器官

自然选择是用生与死来执行的，保存任何发生有利变异的个体，并毁灭在构造上有任何不合宜偏离的个体。因此我有时在了解简单部分的起源上，就感觉到多量的困难；这些简单部分在个体上的变异，在重要性上似乎并不足以引起持续的保存。对此我感觉到的困难犹如面对眼睛这样最完备最复杂的器官，虽然这两种困难的性质是完全相反的。

为要解释此题，首先，关于任何一个生物的整体组织我们知道得太少，因而就不能说哪些轻微的变化是重要的或不重要的。在前一章内，我曾举出一些最轻微的特性，例如果实上的茸毛和果肉的颜色，它们或决定昆虫的侵害，或因为与体质上的差异有关联，都的确能使自然选择发生作用。长颈鹿的尾很像一个蝇拍，说它是专为适应现有的用途，乍看起来似乎不易相信：为驱走苍蝇这样微小的目的而必须经过多次持续的轻微变化，使一次比一次更进步。但是就在这件实例上，我们也必须慎重，不可太肯定了，因为我们知道在南美洲，牛和其他动物的分布和生存是完全依靠它能抵御昆虫侵袭的能力，所以个体如能用任何方法保卫自己，不受这些微小天敌的侵害，就能进入新的草地因而得到重大的便利。大型四脚兽虽然不会直接被苍蝇毁灭（除在一些罕有情况外），但因不断地被骚扰，体力就要减低，于是就易遭病害，或在未来的饥荒中就难寻得食物，或不容易逃避猛兽的追击。

现在无关重要的器官也许对一个早期的祖先在某些情况下曾有过重大作用，在早先时期经过缓慢的完善后，就几乎一直照原样传留下来，虽然现在已很少有用；但如在它们结构中发生任何确实有害的偏离，自然选择就必制止之。尾在多数水族动物中是一个何等重要的行动器官，于是在许多陆地动物中（它们的肺，即已经改变了的鳔，透露出它们水生的起源）尾的普遍存在和它多方面的作用，也许就可以得到解释。在一水生动物身上已经长成的一个发育完好的尾，随后可能改作各种用途，例如作蝇拍，作握捉器官，或如在狗帮助转动，虽帮助的作用甚微，因为野兔几乎无尾而能更快地转动。

第二，我们有时会把实际上不重要的特征当作重要，它们其实是起源于次级因素而与自然选择无关。我们应当切记，气候、食物等对生物体或可略有些直接影响；由于返祖的规律，有些特征可以复现；对各种结构的变化，生长关联的规律有最重要的影响；最后，对有情感的动物，性的选择常能多改变它的外部特征，使雄性在互相斗争中能得到优势，或更能吸引雌性。此外，当结构主要因上述因素或其他未知因素而变化时，起初或对物种本身并无利益，随后可能被物种的后裔由于新的生活条件和新获得的习性而加以利用。

现对上述各节可举出几件实例以明之。假如只有绿色啄木鸟存在，而我们并不知道另有许多黑的和有斑点的啄木鸟，我敢说大家就要认为绿色是一美满的适应，隐蔽这常栖树中的鸟以避免天敌，因此绿色就将被认作是一重要特征，是经自然选择而获得的；但按现在的实际，我认为这种颜色的产生是由于另外的原因，很可能是由于性的选择。马来群岛有一种蔓生竹，因在竹枝顶端丛聚有巧妙生成的钩而能攀升最高的树，无疑地，这种装备对这植物有极大作用；但我们也知道有许多不攀援的树也有几乎相同的钩，因此这钩或是起源于人尚不知的生长规律，随后被此竹利用，经过逐步改变而成为攀援植物。秃鹫头上的光皮，一般认为是因直接适应辗转于腐烂物质中；或许事实就是如此，又或许是由于腐烂物质的直接影响，但当我们看到只食清洁食物的雄性火鸡头上也是光皮时，我们对得出类似推论就当极其审慎。幼年哺乳动物头骨上的骨缝，有人提出是辅助分娩的美满适应；无疑地，骨缝对分娩是有帮助的，甚至是不可或缺的，但既然只需从破蛋壳中挣出的幼鸟和爬行动物的头骨上也有骨缝，我们就可以推论说，这种结构是起源于生长规律，而由高等动物在分娩时加以利用。

对于产生轻微和不重要变异的原因，我们是极其无知。当我们考虑到生长在各地区（尤其是在较不开化的、少用人工选择的地方）的家畜品种间的差异时，我们就更可立刻感觉这种无知的情况。仔细的观察家相信，潮湿气候影响毛的生长，而毛又与角有关联。山区品种经常不同于低地品种：山区动物的后腿可能因多使用而受到影响，甚至影响到骨盆的形状；由于关联变异的规律，前腿甚或颈部也可以受到影响；骨盆的形状也可由于压力影响到子宫内胎儿头部的形状。我们有理由相信，在高山地区因呼吸更费力可以增大胸围；由此，生长关联规律亦可发生作用。各地区未开化人类所养的牲畜常须为自己的生存挣扎，于是在某种限度上，更易受到自然选择的影响。如此，具有略微不同体质的个体，在不同的气候下就最能成功。我们也有理由相信，结构和颜色是相关联的：优良的观察家亦说，牛受苍蝇侵害的多少是与颜色相关联的，在食用某些植物后中毒的倾向也是与颜色相关联的；所以动物的颜色也受到自然选择作用的管制。但是我们对已知和未知的几种变异规律认识太少，不能预测它们相对的重要性。我在这里所以论到它们仅仅是为要表明，假如我们不能解释家畜中特征的差异，而又大体承认这些差异的产生是由于寻常的繁殖，那么我们对于不知道物种间相似的轻微差异的真正原因，就不应当过分看重。出于同样目的，我或可对人种的显然差异举出例证。我可以补充说，主要是考虑某一特殊的性的选择，对于这些差异的起源或可得到一线光明，但因这里没有说出大量的细节，我的推理就似乎是不大庄重。

以上所论各节使我对另一观点要略说几句。晚近一些博物学家反对我认同的功利学说，即"结构的每一细节的产生都是为了所有者的利益"。他们相信有极多结构的创造是为了美，为了使人悦目或是只为变花样。假如这种说法是确实的，那对我的学说就是致命的。但我充分承认，有许多结构对所有者并没有直接的用处。物质条件可能对结构有些小的影响，而与是否带来好处并无关系；生长的关联无疑是有更大的作用，一部分有用的变化，常可使些别的部分发生无直接用途的多种变化。所以，前此有用的特征，或前此由于生长关联或未知的因素发生的特征，有可能由于返祖规律复得发现，虽然它们现在已没有直接用途。性选择的效用，只在增加美观用以吸引雌性的意义上，可牵强称为有用。然而最重要的因素是，每一生物体的主要部分纯粹是得自遗传，因此，尽管每个生物在自然界都很适合它的地位，但有许多结构与每个物种此刻的生活习性并没有直接的关系。所以我们就难以相信，高原鹅或军舰鸟有蹼的脚现对这些鸟仍有何特别用途；我们也不必相信，在猿猴的臂内、马的前腿内、蝙蝠的翼内和海豹的鳍脚内，那些相应的骨块对这些动物是有特别用途的。我们可以肯定地把这些结构归之于遗传。但有蹼的脚对高原鹅和军舰鸟的始祖无疑是曾有用的，正如它们对现在大多数水鸟一样有用。与此同时我们可以相信，海豹的始祖本无鳍脚，而是有带五趾的脚可以行走或执握；并且我们更可进一步地相信，猿猴、马和蝙蝠前肢内几片骨块是从一个共同始祖继承下来的，这些骨块从前对这一始祖或几个始祖，较之现在这些习性已有如此广大的分歧的动物，是更有特别用途的。因此我们可以推论说，这几片骨块可能是在以往和现在的自然选择中，依照遗传、返祖、生长关联等规律而获得的。因此，在每个现存生物内部每个结构的细节，都可以认为是通过复杂的生长规律（物质条件的直接作用也有小量补助），而曾经对它的祖先或现在对这些后裔有直接或间接的特别用途。

自然选择不能专为某一物种的利益而在另一物种内产生任何改变，虽然在普遍自然界内，此一物种经常是利用彼一物种的结构而获取利益。不过，自然选择确实能够产生并且经常产生使其他物种受到直接伤害的结构，例如蝰蛇的毒牙和姬蜂用来在别的昆虫活体内产卵的产卵管。假如能够证明任何一个物种任一部分结构的产生，是专为别一物种的利益，我的学说就可以被消灭，因为通过自然选择是不会产生这种事例的。虽然在自然史的著作中这样说法常有发现，但在我看来没有一个是有分量的。人们承认响尾蛇的毒牙是为保卫自己和伤害猎物的，但有些作者认为这蛇同时还备有于己有害的角质响环，可以用来惊走它的猎物。如此我宁愿相信，猫在将跃击的时候卷起尾尖，也是为要警告将要遭祸的鼠。但此处没有篇幅来讨论这个和其他类似的问题。

自然选择绝不在一生物体内产生于本身有害的任何结构，因为自然选择只遵照和为了每一生物本身的利益而行动。正如佩利所说，没有器官的形成是专向生物本身产生痛苦或损害的。如果公正地权衡各部分的利害关系，总起来说每一部分都是有利的。经过相当时期，在变化的生活条件下，如有任何部分表现为有害，那一部分就必要变化。如其不然，这生物就会像无数已归灭亡的生物那样必将灭亡。

自然选择只倾向于使每个生物跟与它同在一地并与它一同竞争生

存的生物一样完备，或者稍微更完备一点。这种完备的程度，我们在自然界随处可以看到。例如新西兰的原产生物彼此相比都甚完备，但它们对由欧洲引进的成群动植物，现在是迅速地屈服了。自然选择不能产生绝对的完满，在自然界内，依照我们所能判断的来说，我们也不能常遇见这种高标准。依照高级的权威家所论，眼睛这最完备的器官，对光线的像差的校正仍不完满。假如我们的理智引导我们对自然界许多无与伦比的机巧作热烈地称赞，同一理智也要告诉我们有些机巧并不完备，虽然我们在审定好坏两方面都可能有错。我们能认为黄蜂或蜜蜂的刺针是完备的吗？在它用以蜇伤许多攻击它们的动物后，因针有倒钩不能收回，就把蜂的内脏拉出以致不可避免地使蜂死亡。

假如我们认为蜜蜂的刺针起初是其远祖用来打孔的锯齿形工具（犹如在同一大目中许多成员的一样），以后虽有变化，但为现在的用途仍未达到完备的程度，而刺针内所具备的毒质原来是适应于诱生虫瘿，随后毒性更加强了，我们或许就可以明白为何刺针的应用常能致昆虫自身的死亡：因为若是蜇刺的力量总起来对于群落是有益的，虽然能使少数成员丧命，它仍可满足自然选择的所有需要。假如我们赞赏许多雄性昆虫确实奇异的嗅觉能用以寻得雌体，那么对专为交配的目的而产生的成千雄蜂（它们对蜂类群落毫无其他作用，最终被勤劳的不生育的姐妹们杀死），我们也能赞赏吗？蜂后残忍本性的恨，使之在她的女儿、年幼的蜂后们产生时就立刻把她们杀死，要不然在这斗争中将是自己死亡，我们对这事实仍当艰难地称许，因为无疑这对整个群落是有好处的；母爱或母恨（幸而后者极不常有），对无情的自然选择原理都是一样的。假如我们赞赏兰花和多种其他植物为了借昆虫受精所特备的几种机巧结构，那么冷杉为了受精产生浓密如云的花粉，为的是要使少数几粒经微风偶然飘送到胚珠上，我们也能认为是同样完备吗？

本章提要

在本章内我们讨论了对我的学说可能会提出的一些困难和异议。其中有许多是很严重的。但我认为经过讨论后，其中几个事实已有些明了，而这些事实如依照各物种单独创造的说法，就是绝对说不清楚的。我们已看见在任一段时期内物种并不是可以无限变异的，也不见有大量中间级次把它们连接起来，但这一部分是由于自然选择的过程总是极其缓慢，并且在任何一个时期内只能对极少数的类型发生作用，另一部分是因为自然选择过程本身就包含着持续排除和消灭以前和中间的级次的过程。现在生存在连续地区的一些近缘物种，必定大多是各自形成于以前地区不相连接的时候，且形成时的生活条件也非从此到彼不知不觉改变的。当两个变种在两个相连接地区内形成时，一个适合于中间地带的中间变种亦常要形成，但由于上述的原因，中间变种的数量常较它所连接的两变种数量为少，因此两个较多的变种在继续变化的过程中，由于数量较大，便比少数的中间变种更具优势，于是一般地就要代替和消灭它。

在本章内，我们业已明了在我们提出结论时应当如何审慎，不可认为极不相同的生活习性就不能逐渐互相转化，例如断定蝙蝠不能从一个起初只能在空中滑翔的动物，经过自然选择而逐渐形成。

我们业已明了，一个物种在新的生活条件下可以改变它的习性，或者产生多种习性，其中有些可能与它最接近的同属生物也极不相同。因此我们如能记着每个生物总要在它所能生存的任何地方争取生存，我们就能明了为何有在高原地区具有蹼脚的鹅，有在地面生活的啄木鸟，有能潜游的鹩鸟，有具备海鸟习性的海燕。

一个像眼这样完备的器官能由自然选择构成，虽然是任何人都难以接受的一个信念，但对任何器官，假如我们知道一长系列渐渐复杂的各层级次，且知道每一级次对具有者都是有益的，那么在改变的生活条件下，经过自然选择，任何可想到的完备程度就都可以达到，并没有什么逻辑上的不可能。在有些事例上，当我们找不出中间或过渡的级次时，我们应当审慎，不可就提出结论说这些级次是不存在的，因为许多器官的关联体和它们的中间形态已表明，器官在功用上发生奇异的变化至少是可能的，例如浮鳔已经明显地变成一个呼吸空气的肺。一个器官同时执行几个极不相同的任务，然后又改为专做一个任务；两个极不相同的器官同时执行同一工作，然后其中一个在另一个的协助下完成了改变，这些情况必时常大大地加速了过渡工作。

几乎在每一事例中，我们的知识皆太少，因此不能够说任何部分或器官对于某一物种的利益是如此不重要，以致在它结构上的变化不能由自然选择慢慢地积累起来。但我们可以肯定地相信，有许多变化是完全由于生长规律，并且起初对这物种并没有任何益处，而随后由这物种更多变化的后裔加以利用。我们也可以相信，以往曾至关重要的一部分也常被保留下来（例如水生动物的尾被其陆居的后裔保留下来），虽然它现在已无大用，不可能再由自然选择而获得了，因为自然选择是在竞争生存中专门保存有益的变异力量。

自然选择不会使一个物种产生任何专为别一物种的利益或损害而存在的构造。它可以使一物种产生一些部分、器官和分泌物，而对别一物种或是极其有用甚至绝不可少，或是极有大害，但同时在所有的情况下对所有者的本身也必是有用的。自然选择在每个充满了生物的地区，主要的行动必须借着生物的互相竞争，因此它只能按照当地的标准在生存战斗中来产生完备的或强健的生物。因此，通常一个较小地区的生物要屈服于一个较大地区的生物，正如我们所见的那样，因为在较大的地区，生存的个体较多，类型样式较多，竞争更激烈，因而完备的标准也较高。自然选择不一定须产生绝对的完备，按照我们有限的能力来判断，绝对的完备也不是到处都可发现的。

按照自然选择的学说，我们能够明白地了解自然史中一个古老准则"自然界无飞跃"的充分意义。假如我们只看到现在世界上存在的生物，这个准则并不严格正确；但如我们把所有以往时期的生物包括在内，依照我的学说它就是严格正确的了。

人们都承认，所有的生物是依照两大规律形成的，这两大规律就是**类型一致**和**生存条件**。类型一致的意义，就是如我们看到的，同纲生物在结构上是基本一致的，与它们的生活习性毫无关系。依照我的学说，类型一致是由根源一致来解释的。生存条件这词组是著名的居维叶所常坚持的，而它是完全包括在自然选择的原理内了，因为自然选择的做法或是使每个生物的变异部分当下适应有机和无机的生活条件，或者在以往的长久时期中早已使它们适应了。适应在有些情况下可由用与不用得着协助，也可以由外界生活条件的直接作用获得轻微的影响，并在所有的情况下都是服从几种生长规律的。因此，**生存条件**的规律在实际上是一更高的规律，因为透过对以往诸适应的遗传，它已包括了**类型一致**的规律。

第七章
本能现象

　　"本能"题目所论各事本可分述于以前各章内，但我认为分出讨论较更方便，尤其关于蜜蜂造蜂巢的本能最为奇特，读者或将认为此一困难可推翻我的全部学说。我须预先声明一句，我对智力最初的起源没有涉及，犹如我对生命的起源没有涉及是一样的。我们只注意同纲动物本能的多样性和其他智力特征的多样性。

　　我也不拟对本能下任何定义。很容易举出几个不同的智力活动而都被此术语囊括在内的；但只要说是本能迫使布谷鸟迁徙并使它产卵在别的鸟巢内，人人皆能明了是何意思。一个动作，在我们自己须先有经验方可做出，而在一动物，尤其是幼稚动物，无须任何经验即可做出，并且由许多个体同样做出，而它们又不知做出的目的，通常即称之为出自本能。但我也能说明，上述这些本能的特征没有一个是普遍的。正如皮埃尔·胡伯所说，一点判断或理智也常起作用，即使在自然界最低等的动物中也是如此。

　　弗雷德里克·居维叶和几位老的形而上学家曾拿本能与习性相比较。我以为此一比较可给本能行动时的心理状态一个精确的观念，但对其起源并无说明。有多少习性的动作是无意识地就被做出来，甚至有不少是与我们有意识的意愿相冲突的！但它们可以由理智或意愿来改变。习性容易与别的习性、一定的时期和身体的状况联系起来。习性一经获得，常可终身存留不变。本能和习性另有几个相似之点亦可指出。正如唱一首熟悉的歌那样，在本能里，也是依着一定的节奏，一个动作随着一个动作。一个人如在唱歌的中途被打断，或者在背诵任何死记硬背的东西时被打断，一般就要从头开始，以便复得其习惯的思路；胡伯发现，一个毛虫也是这样。在毛虫做很复杂的茧床时，如果他把做到第六阶段的毛虫移到只做完第三阶段的茧床上，此毛虫即自第四阶段做起，直至做完四、五、六各层；但如把一个只做到第三阶段的毛虫移到已做完第六阶段的茧床上，此毛虫并不感觉到大部分工作已经做完，可以得些便利，反而局促不安，为完成此茧床，它又从它离开了的第三阶段做起，以求完成业已完成的工作。

若我们假设任何习性的行为是可以遗传的，而且我想可以证明它有时确实发生过，那么在原先的习性和本能之间相似的性质就更极其接近而不可分辨了。假如莫扎特不是在三岁的时候稍有练习就会弹钢琴，而是毫无练习就弹出曲调来，那就真可以说他弹奏曲调是一种本能了。但如以为大多数的本能是由在某一世代中所获习性而遗传下来的，并遗传到以后各代，那就是犯了最严重的错误。可以清楚证明，我们熟悉的那些如蜜蜂和许多蚂蚁的最奇妙本能，是不可能如此获得的。

众皆承认在现时的生活条件下，为每一物种的福利，本能与身体的结构是同样地重要。在有改变的生活条件下，本能轻微的有利变化对一物种至少是可能的。假如能够证实本能确可有微小的变化，那我就看不出有任何困难能阻挡自然选择保存和继续积累本能的变异，直至任何可能的有利程度。我相信，所有最复杂最奇异的本能就是这样起源的。既然对于身体结构的变化，其发生和积累，是由于使用或习性，其减少或消失是由于不使用，那么我就毫无疑惑地相信本能也是这样。但我更相信，习性对本能偶然变异的影响，较之自然选择对本能偶然变异的影响，就成为很次要的了。我还相信，此种变异的产生，和身体结构上轻微差异的产生，都是由于同样的未知原因。

自然选择只有把许多轻微的有益的变异慢慢地和逐渐地积累起来，才能产生复杂的本能。因此在自然界，不能为每一个已经获得的复杂本能找出实际的各个过渡级次，正如不能为身体的结构找出是一样的，因为这些级次只能在每一物种的直系祖先中寻找。但我们应当能在它同源系列的旁支中找出一些这些级次存在的证据；或者我们至少应能指出一些级次是可能存在的；这是我们一定能做到的。除在欧洲和北美洲外，我们对许多动物的本能少有考察，且已经灭亡物种的本能是无法知道的，但我很惊奇地发现，有许多极普通的级次引领我们找到最复杂的本能。同一物种，在不同的生活阶段中，在一年不同的季节中，或者当处在不同的环境下等等，有时可以促进本能的改变。在这种情况下，此一本能或彼一本能就可能被自然选择保留下来。同一物种而有不同本能的事例，在自然界也可以找出。

每一物种的本能皆是为它自己的好处，这是与我的学说相符合的。按照我们的知识，我们尚未发现任何本能是专为别的物种的好处，这一事实与身体结构是一样的。我所知最有力的一个反例，就是一种动物似乎做出一种行动是专为别种动物的好处；有些蚜虫自愿地分泌出一些甜液供给蚂蚁。下述事实可以显示出它们是自愿的。在一株酸模植物上约有十二个蚜虫，我把所有的蚂蚁从蚜虫处移开，并有几小时的工夫阻止蚂蚁接近蚜虫。在这期间之后，我觉得这些蚜虫必要分泌液汁了。我用放大镜观察它们一些时候，但没有一个分泌的。于是我用一根毛发触动它们，尽可能地犹如蚂蚁用它们的触须触动它们一样，但仍然没有一个分泌的。其后我让一个蚂蚁来访顾它们，那蚂蚁马上热切地在它们周围跑动，似乎觉得发现了一个蜜源，然后用触须先触动这个蚜虫的腹部，又触动那一个。每一蚜虫在它感觉到触须时，就立即把腹部举起，分泌一点透明的甜液，被蚂蚁热切地食尽。即使是最幼小的蚜虫也同样地做，这证明此种动作是本能，而非由于经验。但是，由于蚜虫的分泌物极有黏性，所以借外力清除也许是为了蚜虫的便利，因此就可以说蚜虫的分泌行为不是专为蚂蚁的好处。虽然我不相信世界上有任何动物做出一种行动是专为别的物种的好处，但每个物种是要利用别的物种的本能得到好处，如同利用别的物种较弱的身体结构而得到好处那样。再者在有些事例，某些本能并不是十分完备的；但详细讨论此题以及其他相似的问题并非必须，故姑置不论。

既然本能在自然状态下发生的某些程度的变异，以及这些变异的遗传，是自然选择的行动所必不可少的，那就应当尽可能举出许多实例；但因篇幅限制，未便多举。我只能说本能是确可变异的，例如迁徙的本能，在范围和方向，都可变异，也可能变为完全消失。鸟雀的巢也是如此，它的变异一部分是看选择筑巢的环境，又要看其所居地方的性质和冷热，但许多时候它变异的原因，是我们完全不知道的：奥杜邦曾举出几个显著的事例，在美国南方和北方同一种类的鸟而有不同的巢。畏惧某种天敌无疑地是一种本能的特质，正如我们常由在巢里的小鸟可以看出，虽然此种畏惧可由自己的经验，或者看见别的动物对同一天敌所表示的畏惧而加强。但怕人的特质是慢慢获得的，如我在别处所指出，居住在荒岛上的各种动物，对此就要渐渐地获得。即使在英格兰我们也可看到一个例子：大鸟比小鸟野性更大。这是因为大鸟更多受人的迫害。我们可以稳妥地说，英国大鸟的强烈野性就是因此而生，因为在无人的荒岛上，大鸟并不比小鸟有更多畏惧，喜鹊在英格兰多警惕，在挪威就多驯良，犹如羽冠乌鸦在埃及一样。

在自然状态下产生的同一物种的不同个体，在一般的性情上分歧是极大的，这一点可由许多事例证明之。在一些物种中，可以举出有些偶然和奇特的习性。这些习性如对物种有利，就可经自然选择发展成新本能。我深知采取这样抽象的说法而不叙明仔细的事实，读者只能有些模糊的印象；我只有重申我的保证，若无确据我是不说的。

简略地考虑几个驯养下的事例，就更可相信在自然状况下本能很有可能变异且遗传下来，由此我们就可明了，习性和所谓偶然变异的选择对改变家畜的心智各有何作用。与某些心理状态或某些时期相关联的各种层次的性情与嗜好，以及同样的一些怪癖，是得自遗传的，对此可举出许多事例。我们可先试看几个品种的狗的熟悉事例：幼小的指示犬第一次被带出来时有些时候也能指示目标，甚至能支援别的狗，我自己就看到过一个突出事例；衔回猎物的本能必是由拾猎犬或多或少遗传下来的；牧羊犬有在羊群周围巡跑的倾向而不直接向羊群里跑。这些行动能由无经验的幼畜做出来，且每个个体所做几乎同一样式，每一品种皆极踊跃地去做，做时亦不知其缘故。幼小的指示犬不知道它的指示行动是帮助它的主人，犹如白蝴蝶并不知道它为何要在甘蓝叶上产卵，这些行动我不知道它与真正的本能有何重要的分别。若是我们看见一种狼，在幼小无训练的时期忽然嗅到它所要追食的猎物，就立刻立定不动犹如雕像，然后用一特别的步伐慢慢地向前爬行；若是我们又看见另一种狼，在一群鹿的周围巡跑而不直接冲入鹿群，慢慢地把群鹿赶到一个远地；我们对这些行动，自然要称是本能的。被称为驯养的本能较之自然的本能，必是多可变化或说是少有固定的，但是它们少有经过严格的选择，并在较不稳定的生活条件下，被传递的期间亦比较短。

这些因驯养而产生的本能、习性和性情，是怎样强劲地继承下来、是怎样奇异地混合起来的，在不同品种的狗杂交后，就可显露出来。众所周知，将斗牛犬与灵缇犬杂交，经过许多世代都影响灵缇犬后裔的胆量和顽强；牧羊犬与灵缇犬的杂交，可使其全体后裔有猎兔的倾向。这些由驯养产生的本能，经过杂交的实验，与自然界的本能相似，也是同样奇异地混合起来，并且经过一长久的时期仍可表现两亲本的本能痕迹。勒罗伊曾叙述一狗，它的曾祖父是狼，此狗只在一个方面表现它野生亲本的痕迹，就是当它主人唤它时，它不是成一直线地向着他跑去。

驯养的本能，有时被指为完全是由长久持续的和强制性的习性而遗传下来的；但我想此非事实。没有人曾想去教导或能够教导一个筋斗鸽翻筋斗，而我曾看见幼小的筋斗鸽，从未见过别的鸽子做过，它自己就会翻筋斗。我们可以相信有些鸽子可以对这一奇异习性表现出轻微的倾向，并相信经过多少代长久持续地选择最好的个体，方产生了我们现在有的筋斗鸽。我曾听布伦特先生说，靠近格拉斯哥有一种家养筋斗鸽，飞不到十八英寸[①]就要翻筋斗。我们也可怀疑，若未经发现有些狗自然地表现有指示的倾向，人们就不能想到要训练一个指示

---

① 1 英寸约等于 2.5 厘米。

犬。大家知道狗类有时确实有此种行动，因为我曾见到一只纯种梗犬就是如此。许多人认为，指示的行动也许只是一个动物在跃捕其猎物时一种过度的停顿。第一次指示的倾向一经发现，经过连续世代的有计划的选择，以及强制训练的遗传效果，就可造成一个指示犬；并且无意识的选择仍是常在进行的，每人皆想得着最能指示猎物和最能搜寻的狗，虽然并无心要改进它的品种。另一方面，某些情况下习性自身就足够了：野兔的幼兔是最难驯服的，而已经过驯化的家兔的幼兔是最驯良的。我并不认为家兔是因为驯良而被人选择的，并且我认为整个由极野性到极驯良的遗传变化，纯属由于习性和长久持续的圈养。

自然的本能经驯养而可消失。一个显著的例子可在一些家禽品种中看出，它们少有或绝不"抱窝"，即绝不愿意伏在它们的蛋上。只因常行见惯，就足以使我们看不到我们家畜的心智因驯养而普遍大有改变。狗爱人类已变成本能，这事实是无可怀疑的。所有的狼、狐、豺狼和猫属的动物，虽经驯养，但仍最喜向家禽、羊和猪进攻；此种倾向在例如从火地岛和澳洲这些地方带回英国养大的小狗身上也有，并且不能改正，而那些地方未开化人类并不养这些动物。反之，我们的经过教化的狗，虽在小时，亦很少需教导它们不要向家禽、羊和猪进攻！诚然，有时它们也向鸡羊进攻，但就会被惩打；若不能改正，就被消灭。所以习性，以及一定程度的选择，很可能经过遗传共同地教化了我们的狗。在另一方面，小鸡也完全是由于习性，消失了它原来有的畏惧狗猫的本能；同样的小野鸡，虽由家鸡代养，亦仍明显有畏惧的本能。除了不怕狗猫，小鸡并不是把所有的畏惧完全消除，因为当母鸡发出咯咯的危险警号声时，它们（尤其是小火鸡）就要从母鸡身下跑出，藏入附近的草或灌木内。它们如此做，显然是由于本能的驱使，好让它们的母亲远远飞开，这是我们在生活于地面的野生鸟类中所看见的。但在驯养下，我们的小鸡所保存的此种本能已成无用，因为母鸡由于不使用而已失去飞行的能力。

由此我们可以结论说，驯养的本能能够获得，而自然的本能亦能够消失，其原因部分由于习性，部分由于人的选择在连续的世代中把特殊的心理习性和行为积累起来。这些习性和行为在初发现的时候，人们会因为无知而称之为偶然事件。有些时候，强制的习性就能够产生遗传的心理变化；另外一些时候，强制的习性却无能为力，驯养下的本能的形成完全是有计划和无意识选择的结果。但在大多数情况下，这可能是习性和选择共同造成的。

讨论几个实例，我们或可最好地明了在自然状况下本能如何因选择而变化。由我将来要写的实例中，我可选出三件，即布谷鸟在别的鸟巢内产卵的本能，一些蚁种制造奴蚁的本能，以及蜜蜂造巢能力的本能。后两种本能，是被博物学家普遍地和最恰当地列为所有已知本能中最奇妙的。

现在大家皆承认，布谷鸟在别的鸟巢内产卵的本能，其最直接和最终的原因，就是它并不每天产卵，而须隔两三天一次。假使它须自己造巢、自己孵卵，其最先所产的卵必须要等些时候才能被孵，或者在同一巢内就有不同时期的卵和小鸟。若是这样，产卵和孵卵可能时间太长，带来不便，尤其是雌鸟要早早迁徙的话，而最初孵出的小鸟，或许势须由雄鸟独自喂养。但美国的布谷鸟就生活在此困境中，因为它是自己造巢，并且相继不断地产卵和孵出小鸟。也有人说，美国的布谷鸟也有时产卵到别的鸟巢内，但我听权威专家布鲁尔博士说这是错误的。然而，我另可举出几种不同的鸟在别的巢内产卵的事例。

现在，我们假设欧洲布谷鸟的远祖有美国布谷鸟的习性，但它偶然产卵在别的鸟巢内。假如老鸟因偶然的习性获得些利益，或假如小鸟因受到别鸟错误母性本能的照顾而比生母照顾得更加强健（因它生母要受到同时照顾不同时期的卵和小鸟的拖累），于是老鸟和寄养的小鸟，就要得着利益。由此类推，我相信这样抚养出来的小鸟因遗传的关系，将易于随从它亲母的偶然和异常习性，也就易于产卵在别的鸟巢内，而顺利地养成它们的后代。由于这种性质的持续过程，我相信布谷鸟的奇异本能，是能够而且已经产生出来了。我可补充一句，依照格雷博士和一些别的观察家所说，欧洲布谷鸟并未完全失掉母爱和对自己后裔的照料。

鸟雀偶然在别的（无论是同种或不同种的）鸟巢产卵的习性，这在鸡形目禽鸟是极寻常的事，这也许可说明与其有亲缘关系的鸵鸟类群的一种罕见本能的起源。几个雌鸵鸟先共同在一个窝内产几个卵，后又在别一窝内产下几个，而由雄鸵鸟去孵化，至少美洲鸵鸟就是这样。这本能或者是因为鸵鸟产卵甚多，而布谷鸟每隔两三天才产卵一次。但美洲鸵鸟的这种本能，尚未发育完全：在大平原上有惊人数目的蛋散布在地面，我在一天的打猎行程中拾到遗失和废弃的蛋不下二十个。

许多蜂类是寄生的，它们常在别的蜂窝内产卵。此种事实较之布谷鸟更为奇特，因为这些蜂不单它们的本能，就连它们的构造，也按它们寄生的习性改变了。它们已失掉采集花粉的器官；假如它们必须为其下代储蓄粮食，则这些器官是必不可少的。同样，有些泥蜂科（类似黄蜂的昆虫）的物种是寄生于其他蜂种的。法布尔先生最近给出充足的理由相信，虽然黑小唇泥蜂通常是自做其穴，并储藏其所捕获且已被麻痹的猎物于穴内，以备充其幼虫之粮，但如它发现别的泥蜂已做出储有粮食的穴，它就会据之为己有，自己变为临时的寄生者。这事例与所设想的布谷鸟的事例相同，我看不出自然选择为何不能把一临时的习性变成固定的，假如那习性对此物种有利，又假如那强被夺穴和储粮的昆虫不致因此而被消灭。

造奴的本能

这奇异的本能起初是皮埃尔·胡伯在红蚁属中发现的，胡伯的观察能力更胜过他著名的父亲。这种蚁的生活全靠奴隶，假如没有奴隶的帮助，必在一年内灭亡。其雄蚁和生育的雌蚁全不工作；工蚁即不生育的雌蚁在房获奴隶上最勇敢有劲，但不做别活。它们不能自己造窝，又不能饲养自己的幼虫。在发现老窝不便使用而必须迁移时，是由奴隶决定迁移，并由奴隶把主人衔着走。奴主毫无能力——胡伯曾把三十个主蚁关在一处，但没有一个奴蚁，为促使它们工作，放置了它们的幼虫和蛹，并充分备有它们最嗜好的食物，但它们是一事不做，甚至不能喂养自己，多数即被饿死。胡伯然后引进一个奴蚁（普通欧洲黑蚁），它一去就立刻工作，饲养和救活尚未死的红蚁，做了些蚁室并照料了幼虫，把各事整理有序。世界上宁有比这些确凿查明的事实更奇异的么？假如我们不知另有他种造奴蚁，我们就将无法设想这样奇异的本能是如何发展完成的。

另一种造奴蚁血红林蚁（简称血蚁），也是首先由胡伯发现的。这种蚁生活在英格兰南部，它的习性是由大英博物馆的 F. 史密斯先生考察的，对这蚁和一些别的题目他供给我许多知识，我甚心感。虽然我极相信胡伯和史密斯先生所供给的资料，但我仍抱着怀疑的心理试图对此题目加以考察——任何人对此特殊和可恶的造奴本能的事实如有怀疑，当可原谅。因此我要把我自己考察的情况略为详述。我挖开了十四个血蚁窝，在所有的窝内，都找到少数奴蚁。奴蚁（普通欧洲黑蚁）的雄蚁和能生育的雌蚁只在它们自己本来的群落中发现，在血蚁主的窝内，从未看见。蚁奴是黑色，身体只有血蚁主的一半大，所以它们外形的对比是极显著的。当蚁窝被轻度扰动时，蚁奴偶尔会跑出来，和它们主人同样大受震动并保卫其窝；当窝大受扰动，幼虫和蛹被暴露时，奴隶和奴隶主共同积极工作，把它们搬到安全的地方。由此看来，奴隶显然觉得犹如在家中一样。我接连三年在六七月间，在萨里郡和苏塞克斯郡一连几小时地察看几个蚁窝，从未看见蚁奴进出。因为在这几个月中蚁奴极少，我以为若数目加多时，它们或有不同的行动；但史密斯先生告诉我，在萨里郡和汉普郡两处，他在五、六、八三个月中常在不同的时候观察蚁窝，虽在八月蚁奴极多的时候，也从没有看见蚁奴进出蚁窝。因此他想，它们是完全生活于窝内的蚁奴。反之，蚁主常搬运造巢的材料和各种食物进入窝中。本年七月，我遇到一个有非常多蚁奴的蚂蚁群落，并看见少数蚁奴同它们的主人一同出窝，同路向二十五码外的一大株苏格兰冷杉走去，它们共同上树，可能是寻找蚜虫或胭脂虫。胡伯极有观察的机会，依照他说，在瑞士蚁奴惯常同蚁主共同做窝，蚁奴早晚开门关门，并如胡伯特别指出的，它们的主要任务，就是寻找蚜虫。在英国和瑞士两处的主奴一般习性的不同，可能仅仅是因为在瑞士能掳得的奴隶数目比在英国较多。

有一天我很幸运地看见血红林蚁从一蚁窝搬家到另一蚁窝，最有趣的事情是，看着蚁主很小心地衔着它们的奴隶前进，而不像红蚁那样被蚁奴衔着走。另有一天，我见约有二十个造奴蚁巡查同一地点，显然不是为找食物。它们靠近一个独立的蚁奴物种黑蚁群落时，受到坚决的反抗，有时多达三个小蚁紧咬着造奴血蚁的腿。血蚁无情地把它们的小敌人杀死，搬着它们的尸体到距离二十九码的窝内当食物，但它们因被阻止而不能获得蛹去蓄养蚁奴。我然后从别一窝挖出一小团黑蚁的蛹，放在靠近战地的空处，这些蛹就立刻被暴主急切地占有并搬走；或许它们以为在此战斗中它们毕竟是得胜了。

在这同时，我在同一地方放了一小团黄蚁蛹，在这团破碎的蚁窝上尚爬着几个小黄蚁。依照史密斯先生的考察，黄蚁种虽然有时被造成奴隶，但很少见。黄蚁虽小但极勇敢，我曾看见它们凶猛地攻击别的蚂蚁。有一次，我很惊奇地在一块石下发现一独立的黄蚁群落，就在一造奴血蚁窝之下。在我偶然地扰动两窝之后，小黄蚁即向其大邻居进攻，表现出惊人的勇敢。当时我因好奇想要查明造奴血蚁能否分辨黑蚁的蛹（黑蚁常被它们变成奴蚁）和小而凶猛的黄蚁的蛹（它们是少能俘虏黄蚁的），发现它们立刻就能分辨出来。我们看到过在它们遇着黑蚁蛹的时候，便热切地立刻把蛹搬走；但在遇着黄蚁的蛹时，甚至遇着黄蚁窝的泥土时，它们就很惊慌，迅速跑开。但约过了一刻钟，在所有的小黄蚁走开之后，血蚁方又鼓起勇气，把蛹搬走了。

有一晚间我巡查了另一群落的血蚁，发现这些血蚁正在回窝，搬运着黑蚁尸体（证明不是搬家）和许多蛹。我跟踪了搬运着掳获品的一长队血蚁，约四十码长，直到一极密的石楠丛，看见最末一只血蚁搬运一蛹从丛中走出。但在此石楠丛中，我未能找出被摧毁的窝。此窝必在附近，因有二三个黑蚁，极惊慌地四处乱跑，另有一黑蚁衔着自己的蛹，歇在一石楠枝的尖上，静立不动，对它残破的家，至表绝望。

这些最惊奇造奴本能的事实，不必由我再行证实了。可看出血蚁与红蚁有显然不同的本能习性。红蚁不造自己的窝，不决定自己应否迁徙，不为自己或其后代采集食物，甚至不能喂养自己：它完全依赖众多的奴隶。反之，血蚁只有甚少奴隶，在初夏时奴隶尤少；血蚁自己决定何时何地造新窝，迁徙时蚁主负载蚁奴。在瑞士和英格兰，奴隶似负照料幼蚁的专责，主人独自负远征造奴之任。在瑞士，主奴共同工作，共同造窝，共同采集有关材料，共同但主要是由奴隶照料蚜虫和负责可称之为对其挤奶的工作，并共同为群落采集食物。在英格兰，蚁主通常单独外出采集建筑材料，并为自己、奴隶和幼蚁采集食物。故在英国的蚁主较之在瑞士的蚁主享受蚁奴的服役要少得多。

血蚁的本能是由何步骤发源的，我无意猜拟。但我曾看见，如有别种蚁的蛹，散在另一种不造奴的蚁窝附近，就会被衔入窝内；此蛹可能原拟储作食物，而经发育生长出来，这种无意生出的外蚁，就将依照它原有的本能，做它所能做的工作。假如它们的存在证明对抓住它们的物种有用，假如俘虏工蚁比生育工蚁更为有利，则原来采集蚁蛹充食的习性，或可被自然选择加强之、巩固之，而转作蓄奴的另一目的。这种本能一经养成，即使其发展的程度比在英国的血蚁还少（我们已经知道英国的血蚁较之在瑞士的同蚁种所享受奴隶的服役为少），我看不出自然选择有何困难无法使这种本能增强和变化（假设每一变化对该物种有用），直至发展到一程度，使一种蚂蚁被塑造成像红蚁那样过着卑劣的依靠奴隶的生活。

蜜蜂造巢的本能

关于此题，我只要把我所得到的结论说个梗概，不必详细叙述。凡曾考察蜂巢精妙的结构、见它如此美满地适合它的目的，而不热烈称赞者，必是痴人。我们曾闻数学家说蜜蜂已实质上解决了数学上一深奥的问题，它们用合宜的形体造它们的蜂房，在建筑中使用贵重的蜡到最少的量数，而能容纳最大量的蜜。人们曾说假如由精巧的工人，用合宜的工具和量具，用蜡制造真实式样的蜂室，亦必感觉极其困难；但它却由一群蜜蜂在黑暗的蜂箱中造出来了！无论你说它是何本能，初看时似乎是不可思议的：它们怎能做那些必须的角度和平面，甚至怎能知道它们是做得正确的。但要解释它是如何造成，我想困难并不像初看时那么大，因为所有这种美妙的工作，皆可以指出是来自几个简单的本能。

沃特豪斯先生引导我研究此题，他指出每个蜂室的形体，是与它相连接的蜂室有密切的关系；下述的意见可以说是他的说法的变体。让我们先考察重要的级次原理，看大自然能否向我们展现其工作方法。在一短系列的一端是大黄蜂，用自己的旧茧储蜜，有时在茧上加筑短蜡筒并同样地用蜡造成独立的和极不规则的圆蜂室；在系列的另一端是蜜蜂的由底面对接的双层蜂室，每一蜂室，众所周知，是一个六边棱柱体，室底的六边皆斜行以与一个由三片菱形所造成的锥体相连接。这些菱形是有一定角度的，并且在蜂巢的此一层中构成一蜂室锥形的底的三个菱形，在另一层中就分别成为三个相邻蜂室的一片锥底。在这极其完美的蜜蜂室和简单的大黄蜂室这两端中间，有墨西哥蜂的蜂室，其形式曾由胡伯详细叙述并用绘图说明。墨西哥蜂本身在结构上也是在蜜蜂和大黄蜂的中间，而更近乎大黄蜂的形状。它用蜂蜡造成一个近乎规则圆筒状的蜂室，在其中孵化幼蜂，另加上一些大蜡室存储蜂蜜。这些储蜜的室近乎球形，大小亦略相等，集合成一不规律的大团。须注意的重要点就是，这些室的彼此距离总是很近，假如完是球形，它们就要彼此交叉或贯穿。但这是绝不许可的，蜂就要在彼此即将交叉的球体中间，建造完全平坦的蜡墙。因此每一蜂室包括球形的一部分，和两三个或更多完全平坦的平面，后者的数量取决于蜂室是与两三个还是更多的蜂室相接合。当一个蜂室同时与三个别的蜂室相接合的时候（因球形的距离是近乎相等的，这种情形时常必然地发生），三个平面就联合起来成一锥体，而此锥体，如胡伯所说，显然是蜜蜂室三面锥底的粗糙摹本。如在蜜蜂室一样，每一室的三平面又包括在三个相连接蜂室的结构中。明显的，在这样的建筑中墨西哥蜂可更节省蜡：相连接蜂室中间的平面墙不必双层，其厚度是与球形部分相同，但每一平面都可供两室使用。

　　在仔细研究此事例时，我就想到，假如墨西哥蜂造它们的球体时，彼此是隔一定的距离，球体是一样的大小，并是对称地排成两层，其建筑的结果就可能变成完全蜜蜂式的完美蜂巢。因此我就写信给剑桥大学的米勒教授，承蒙这位几何学者阅读我由他的指示写出的如下陈述，告诉我说这是完全正确的：

　　如果一些等大的球，其中心在两个平行平面上，在一个平面每一球的中心与围绕它的六个球的中心的距离为半径 $\times \sqrt{2}$，即半径 $\times 1.41421$（或更小）[①]，在另一个平行的平面上相邻的各球中心也有同样的距离，那么如果在两层之间构造这些球的交叉平面，其结果就是两层六边棱柱由三个菱形构成的锥底对接起来，这些菱形和六边棱柱侧边间的每个角度，与蜜蜂巢的最佳尺寸将完全相等。

　　因此我们可以肯定地结论说，假如我们能够把墨西哥蜂已有的本能稍微加以变化（这在它们并不算极其惊奇），墨西哥蜂就能与蜜蜂

―――――――――――――――――

①原文中 $\sqrt{2}$（1.41421）（或更小）疑有误。或应为 $\sqrt{3}$（1.73205）。

一样造出极其完善的蜂巢。为此我们必须设想，墨西哥蜂把其蜂巢造成完全的球形，并大小相等，而这也并不怎样惊奇，因为墨西哥蜂在一定的限度内已经是如此制造，并且我们已看见许多昆虫在树木上已能造出极完备的圆柱形的洞，显然是用绕着一个固定点转动的方法；我们必须设想，墨西哥蜂是在完全的平面上排列它的蜂室，如它已经排列它的圆柱形蜂室那样；我们更须设想，当几个蜂在做球形室时，能准确地审定与它工作同伴之间的距离——此层是极其困难的，但它已经能审定距离，并已经在很大程度上能使球体交叉，然后把所有的交叉点用完全的平面连接起来；我们又须进一步地设想（但这点并无困难)，在同一平面内相连接的球体，因交叉而做成六边形的棱柱之后，它能延伸六边形体至所需的任何长度以存储蜜，犹如粗壮的大黄蜂在旧茧的圆口上加筑蜡的圆筒一样。由此我相信，起初的一些就本身而言并不非常奇特的本能（完全不比引导鸟雀筑巢的本能更为奇特)，经过这样的改变，就使蜜蜂通过自然选择获得了无与伦比的建筑才能。

此建筑蜂巢的说法也能经过实验的考证。依照特盖特迈耶先生的样子，我把两蜂巢分开，中间置入一长且厚的方形蜡条。群蜂立刻就在蜡条上挖掘小圆坑，小坑挖深时，亦在周围不断加宽，直至小坑变成浅盆，在肉眼观之，似是真正的球面或球面的一部分，并且有大约与蜂室相同的直径。使我最感兴趣的，就是看到每当几个蜂在邻近处一同挖掘浅盆时，它们彼此的距离，恰能使每当浅盆达到上述的宽度（即一般蜂室的宽度）、且深度约达到已部分完成的球体球径的六分之一时，这些浅盆的边便彼此相交叉或互相贯穿。一旦挖掘到如此程度时，群蜂即行停止挖掘，开始在浅盆相交叉的线上用蜡造起平面墙，于是在每个挖掘出的光滑浅盆的扇形边上，而不是在普通蜂室的三面锥体上，就筑成六边形的棱柱体。

我然后在蜂箱内放一条窄而薄如刀刃的朱红色蜡片，以代替厚的方形蜡片。蜜蜂们就立刻开始彼此相接近地在两面挖掘小浅盆，其情况与前次挖掘一样。但蜡脊是如此地薄，如它们挖掘的深度与前次实验的相同，浅盆就要从两方面挖通。但蜜蜂们并不如此做，它们到适当的时候即行停止，浅盆只稍微深挖后就做成了平底；这些由咬剩下的朱蜡片做成的平底，按着肉眼看来恰是在蜡片两边浅盆之间假想的交叉面上。在两面相对的浅盆中存留着菱形平面，有的是一大部分，有的是一小部分，因这工作在非自然的情况之下，并未做得整齐。当蜜蜂在蜡片两面旋转挖浅盆时，它们在朱蜡片两面工作的速度，大致是极其相同的，以便通过在中间面或交叉面停止工作，成功做成盆底平面。

考虑到薄蜡片是极其柔软的，蜜蜂在蜡片两面工作时，当它们啮到相当薄的程度，自不难发觉应当停止工作。在普通的蜂巢中，我觉得蜜蜂在两面工作的速度并不是完全相同的：我曾看见在一个方才开始筑的蜂室的底上，有一些只半完成的菱形，一面是微微凹下，我以为是表示蜜蜂工作得过快；而在其对面则是凸起，是表示工作较慢。有一次在看见这情形显著时，我又把巢放入蜂箱，让蜂们工作一段时间，随后再考察，我看见菱形平面业已做成，并且十分光平；但因菱形平面极薄，绝对不能通过再把凸起处啮平来达到平整。我猜在此情况下，蜂们是站在相对的蜂室中推压和弯曲柔软而温热的蜡片（此事我试做过，易于做成），使之达到合宜的中间面处，这样就把它理平了。

由朱蜡脊片的实验，我们可清楚地看出，假如蜜蜂能为自己做一薄蜡墙，它们就能够做出合宜形状的蜂室，其方法就是它们彼此相隔一定的距离，用同样的速度向墙内挖掘，做出一样大的球面空穴，并绝不让球面相交叉穿通。如考察一个正建造中的蜂巢的边沿，就可以清楚地看出，蜜蜂确是先在蜂巢的外围做一粗糙环绕的墙或边围，然后从两面向墙内啮进，在它们挖深每一蜂室时，总是旋转地工作着。它们在做蜂室时，从来不在同一时间做整个蜂室的三面形的锥底，而只在进展最大的边沿做一菱形平面，或按情况的需要，先做两个平面。不到六边形的墙已开始建筑时，它们绝不把菱形平面的上边沿完全做成。我所说的筑巢情形，有些与著名的老胡伯所说的不相符合，但我相信我的说法是正确的；如篇幅许可，我可以说明，我的说法是与我的学说相符合的。

胡伯说第一个蜂室是从另一个平行的小蜡墙挖出的。据我所看到的，此说并非严格正确。建筑总是从一小蜡兜开始的；但在此处不必细说。我们可以看出在建筑蜂室方面，挖掘工作是何等重要的一部分；但如说蜜蜂不能在适当的地方造出一个粗糙的蜡墙，也就是说不能沿着两个相连的球形交叉面造起一墙，那就是极大的错误。我有几个样本证明它们能这样做。即使在一个建造中的粗糙蜡墙的周边上，在对应于未来蜂室菱形底面的位置，有时也可以看出曲折拐弯的情形。但每个蜂室粗糙的蜡墙，在任何情况下都是由蜜蜂自两边啮成的。蜜蜂建筑的方法是奇妙的，它们总是先做一个粗糙的蜡墙，此墙较之蜂室最后留下的极薄的墙，要厚到十至二十倍。为明了它们工作的方式，我们可以设想一些瓦匠先堆成一个厚脊的水泥墙，然后从靠近地面开始，自墙的两面向中间用同等速度挖进，直到在中间留下一很薄的光滑的墙为止。所挖出的水泥和新增的水泥，瓦匠们把它堆在脊的顶上。这样进行下去，我们就有一个薄墙逐渐向上增高，而上边常有一个极大的顶盖。所有的蜂室，无论方始建筑或是业已完成的，都盖有这样一个坚固的蜡盖，蜜蜂可以在蜂巢上聚集和爬行，而无伤于精细的六边形的墙：此墙的厚度只约有四百分之一英寸，而底锥平面的厚度约为其两倍。用此非凡的建筑法，蜂巢是经常可加强的，而用蜡极省。

在初看时，成群的蜜蜂同时工作，增加了要了解蜂室如何做出的难度。一个蜜蜂在一蜂室上工作一短时又到别的蜂室上工作，正如胡伯所说，甚至在开始做第一个蜂室时就有一二十个蜂在工作。我能用实践证明这一事实。用极薄的融化朱蜡把一个蜂室六边形的墙沿，或者把一个扩张中的蜂巢的最边缘遮盖起来，然后我总是发现，这颜色会被蜜蜂精妙地散布开来，犹如画家用画笔所能做的最精细的工作，蜡的细小颗粒会从被涂盖处移至蜂巢各方向扩张中的边缘上。建筑的工作似乎是在众蜂中被安排得当，工作时所有的蜂本能地站在相等的距离处，所有的蜂试着转出相同的圆球，然后做出球体相交叉的平面（或留着不做）。在困难的时候就可看出一些奇怪的方法，例如在两个蜂巢相遇有角度时，蜜蜂常把蜂室拆掉后用不同的方法再行重建，有时重建的形状和最初废弃的一样。

当蜜蜂在一地方能待在适宜的地点工作时，例如一木片直接位于向下发展的蜂巢的中部，于是就必须在木片的一个面上建筑蜂巢，在此情形下，蜜蜂就可在它最合宜的地方先做一新六边形的墙基，突出于其余已完成的蜂室之外。为能适当地工作，蜜蜂必须能待在彼此相距适宜的地方，并须能与已经完成的蜂室的墙有适宜距离，然后，凭借掘造想象中的球面，它们就能在两个相连的球体之中造起一个中间的墙。依照我所看见的，直等到某一蜂室和与其相连接的那些蜂室大部分已经造起，它们才会将蜂室底部的角度啮出直至完成。蜜蜂在一定的环境中，能在刚开始建筑的两个蜂室中间，在适宜的地方建筑一道粗糙的墙，此一技能是重要的，因为它联系到一个事实，似乎是可以推翻我以上的说法。此事实就是在黄蜂巢的极边沿上的蜂室，有些时候完全是六边形的，但我因限于篇幅对此问题无法细说。在我看来，假如一个昆虫（在此例如蜂王）能够同时造起两三个蜂室、在蜂室的内外交替工作，总是要站在已经造起蜂室的互相合宜的地方掘出球形或圆柱形，并在它们之中造起中间墙，那么它要独自造些六边形的蜂室也无多大困难。甚至可以想象，一个昆虫也可以先决定一点，由此点开始造一小室，然后来到小室的外边，先到一点，后到其余五点，各点至中心点及彼此间皆有一定的距离，制出交叉面，于是即造出一孤立的六边形。但此种做法我从不知道有人见过，也不知道建造单独的六边形小室有何用处，因为建筑它所需的材料，比建筑一圆柱形的要更多。

既然自然选择的作用只能是积累起结构或本能的轻微变化，而每个被积累的变化在其生活的环境下必是于个体有益的，人们可以有理由地问，一个长久逐渐改变的、均是趋向于现在完善的方案的建筑本能，它对于蜜蜂的始祖究竟有何益处？我想此答案并不困难。人皆知道蜂类常有缺蜜的困难，特盖特迈耶先生告诉我，他曾经实验证明，一窝蜜蜂要分泌出一磅蜡必须要用去十二至十五磅的干糖，所以要使一窝蜜蜂分泌出足够做巢的蜡，必须要收集和消耗极大数量的液体蜜汁；再者，当分泌蜡时，许多蜜蜂必须多日无工可做；为维持一大群的蜜蜂过冬，必须要储藏大量的蜜；护卫蜂巢的安全，又是多依赖于能维持大量的蜂。因此，节约用蜡一般即可节约用蜜，是任何蜂群成功的一个最重要的因素。当然，任何蜂种的成功，也是在于它的敌体或寄生体的多寡，或在于一些不同的原因，由此就与蜂群所采蜜的数量无关。但让我们设想，正如在现实中常发生的那样，采蜜数量决定了一地区大黄蜂的数量；再让我们假想此蜂团须生活过冬，因此就需要蜜的储藏。在此情况之下，假如大黄蜂的本能微有变化，使它把蜡室更靠近些，彼此有些交叉，因为一墙能为两连近的蜂室共同使用，就能稍微节省一点蜡。所以假如我们的大黄蜂能把它的蜂室做得愈来愈有规律，彼此更靠近，并集聚成一整团，犹如墨西哥蜂的蜂室，那么对于大黄蜂就更为有利，因为如这样做，每一蜂室周围墙面的大部分，就可以同时作相连接蜂室的墙面，于是多量的蜡就可节省下来。再者，由于同样的原因，假如墨西哥蜂能把它的一些蜂室建筑得更靠近些，并在各方面较之现在更有规律些，就对墨西哥蜂更为有利，因为如此我们就可以看出球面可完全消失，全部用平面来代替；而墨西哥蜂所造的巢就将同蜜蜂巢一样地完美。在建筑趋向完美的层级上，自然选择只能到此为止，因为蜜蜂的巢就我们所知，在节省蜡的方面，是绝对完美无缺的。

如此我相信，在所有已知的本能中最为奇妙的，即蜜蜂的本能，也可以用自然选择来解释之：自然选择利用了许多持续轻微变化的较简单的本能；自然选择用缓慢逐步的方法引导蜜蜂趋向完善，使它们在双层上互相间隔一定的距离，掘出同样大的球面，并沿着交叉平面开凿成蜡墙。当然，蜜蜂们并不知道掘出的球面彼此要有一定的距离，也不知道六边棱柱体的各角度以及菱底平面的角度。自然选择方法的动力是要节省蜡，各个蜂群在分泌做蜡时，耗损蜂蜜最少的，就最能成功，并且能把这新得到的节省的本能，通过遗传传递到新的蜂团；于是轮到这些蜂团为生存而竞争时，就有最好的机会得到成功。

无疑有许多不容易解释的本能，是能够被举出来反对自然选择学说的。例如在有些事例我们不能看出本能可以由何起源；在有些事例我们不能发现本能的中间级次；有些事例中一些本能显然无关重要，于是难以设想自然选择为何对它们有所行动；有些事例中有许多动物在自然界的等级上彼此相离甚远而几乎有同样的本能，在这些情形下，我们就不能说这些相似的本能是由一个共同亲本继承下来的，因而我们就必须相信，它们能得有这些本能，是由于自然选择的单独行动。对这些事例我在这里先不讨论，但我要专门提到一件特别的困难，这困难我起初看起来似乎是不可克服的，对我整个学说实有致命的打击。我所指的就是在昆虫社会中，有中性个体即不生育的雌体。这些中性个体在本能上和结构上，与雄体和能生育的雌体常常是大不相同；但它们既然是中性不能生育，就不能繁殖其本类。

　　这问题值得详细讨论，但在这里我只先讨论一种情形，那就是工蚁或不生育的中性蚁。这些工蚁如何变成不生育的，是一困难问题，但这困难并不比任何别的显著的结构变化更大，因为我们能证明有些昆虫和别的节肢动物，在自然状况下有时会成为不育的。假如这些昆虫是群居的，假如其中每年生下来一些只能工作而不能生育的昆虫是对群落有利，我就看不出有何重大的困难，使自然选择不对它有所行动。于是这个初步的困难我姑且不谈，更大的困难是工蚁在结构上（如胸部的形状、没有翅、有时没有眼）以及在本能上，较之雄体和能生育的雌体大不相同。只就本能一方面说，做工的昆虫和完全的雌体相比较就有极大的不同，蜜蜂就是最好的例证。假如工蚁或别的中性昆虫是普通状况下的一个动物，那么我就无疑地认为它所有的特征是慢慢地由自然选择得来，即一个个体生来在结构上就有一些轻微的有利的变化，这变化又由它的后代所继承，其后再经过变异并又被选择，如此前进生生不已。但在工蚁的情况下，我们的昆虫同它的亲本大不相同，又是绝对不生育的，于是它所获得的结构或本能的变化，从来就不能继续传送到它的后代。人们可以很有理由地问，这种事实怎么能和自然选择的学说调和起来呢？

第一，我们须记着，在我们的驯养动物和在自然界的动物中，有种种结构的不同是与动物生长的某些年龄和性别有关联，这些实例是不可胜数的。我们发现有些不同不但只关联于某一性别，而且只关联于生殖系统活动的短时期，例如许多鸟雀有求偶羽，雄鲑鱼有弯曲的颌。在我们不同品种的公牛中，人为的阉割甚至也可致使牛角有轻微的不同：以相同品种的公牛或母牛为标准，某些品种的被阉的公牛与其他品种不同，有较长的角。因此我就看不出在昆虫群落中，有何困难不能使一些成员的任何特征与它不生育的情况关联起来：困难在于，了解自然选择如何能把这些有关联的结构变化慢慢地积累起来。

此困难尽管看起来是不可克服的，但如我们记着选择是可适用于种系犹如适用于个体的，并且都能得到所需要的结果，那么我相信此困难就可减少乃至消失。譬如一好吃的蔬菜已被烹调，其个体已被毁灭，但园艺家播种此同品种的种子并满希望能得到近乎相同的品种；肉牛饲养者想要能养出肥瘦肉均匀相间的肉牛，某一这样的肉牛虽已被屠宰，而饲养者仍有信心继续饲养同种系的肉牛。我甚相信选择的能力，所以我并不怀疑，通过仔细观察哪种公牛和母牛交配可产生角最长的阉牛，并按此选配，即可缓慢形成一种长久产生长角阉牛的品种，虽然没有一个被阉的牛能够繁殖自己的种类。因此我相信群居的昆虫也是这样：与群落中某些成员不生育的情况相关联的一处结构或本能的轻微变化，如对于本群落是有利的，这群落内能生育的雌雄体就更繁盛起来，并把产生不能生育成员的倾向传递给能生育的后裔，以致这些不能生育的成员都有同样的变化。我相信这种方法是在重复地进行着，直到从同种的能育和不育的雌体中，产生出极大的差异，如我们可在许多群居昆虫中看到的一样。

但我们仍未达到困难的顶峰。有几种蚁的中性体不单与能育的雌体和雄体不同，就是在中性体的彼此之间，其不同的程度有时也达到令人不可相信的地步，于是它们自己又复分成两三个等级；并且这些等级彼此又不逐渐衔接，而是完全划分清楚的。它们彼此的不同犹如同属的任何两个物种，甚至犹如同科的任何两属。例如在行军蚁中，就有工蚁和兵蚁两种中性蚁，它们的颚和本能就非常不同；在盾蚁中，工蚁内又有一等级，在它们的头上戴有一种奇异的盾，此盾的用处甚不明了；在墨西哥的蜜蚁中，工蚁内有一等级绝不离窝外出，它们是被工蚁中另一等级饲养的，有异常发达的腹部，从中分泌出一种蜜，可以代替蚜虫分泌物：蚜虫或可称为蚂蚁家养的奶牛，我们的欧洲蚁常把它们守护和圈养起来。

若我不承认这些如此奇异和真确的事实可以立即毁灭我的学说，人们真可以认为我对自然选择的原理是过于相信了。在较简单的情形，即皆属一个等级或一类的中性昆虫中，我相信自然选择完全可能使它们发育得不同于能生育的雌体和雄体。对此事实我可肯定地结论说，由于一般变异的类推，每个持续的、轻微的、有利的变化，起初可能不在同窝所有的中性个体中发现，而只在少数中发现；由于凡亲本能产生最多具有有利变化的中性体的，就被长久持续地选择出来，最后的结果就是所有的中性体都获得了所需要的特征。依照这样说法，我们应当在同一窝内同一物种中，有时能找到具有不同结构级次的中性昆虫；此事例确实是找到了。假如注意到我们在欧洲以外所考察过的中性昆虫为数甚少，那么甚至就可以说这是常有的事例。F. 史密斯先生曾指出，英国几种蚁的中性体在它们的大小上并且有时在颜色上彼此是如何惊人地不同，并指出极端的形体有时可由同窝中不同的个体完全连接起来。我自己曾把此种完全的级次做过比较。我时常发现较大型或较小型的工蚁为数最多，或者大型同小型的两者皆多而中型的为数无几。黄蚁有大型和小型的工蚁，亦有一些中型的；如史密斯先生的观察，黄蚁的大型工蚁有简单的单眼，其形虽小但易于认出，而小型工蚁的单眼则未发育。经过精细分析几个工蚁标本，我能肯定地说，小型工蚁的眼睛即使就它身体大小的比例讲，也是很不发育的；我也深信，虽然我不敢肯定，中型工蚁的单眼确是在中型的地位。所以在这里，在同窝中有两类不育的工蚁，不单大小不同，就在它们的视觉器官上也有不同，并且另有少数中间大小的工蚁把这两型连接起来。我更可附加数语：假如小型工蚁对群落是最有利的，那么生产越来越多的小型工蚁的雌雄体就要继续被选择，直到所有的工蚁都变成一样；那时我们就有一个蚁种，它的中性蚁都与红蚁属的中性蚁极为相似，因为红蚁属工蚁连单眼的残迹也没有，虽然此属的雌雄蚁都有发达的单眼。

　　我可另说一事例：我深信能自同一物种的不同等级的中性体中，在结构的重要部位发现相连的级次，因此我欣然采用了史密斯提供的他自非洲西部同一驱逐蚁窝中所收集的许多标本。为使读者能更清楚地了解工蚁中大小差异的程度，我可用一完全恰当的比喻以代替实测的数字：假如我们看见一队造房的工人，这些工人中许多体高是五英尺四英寸，许多是体高十六英尺；但我们必须假设大个工人的头是四倍（不是三倍）于小个工人的头，而下颌是几乎五倍大。再者，几种大小不同的工蚁，在颚的形状以及在牙的形状和数目上，也是非常不同。于我们最有关的重要事实，就是这些工蚁虽能按形体的大小分成不同的等级，但它们彼此之间的逐渐变化是不知不觉的，它们大不相同的颚的结构也是这样变化。我对所说的后面一点是确信不疑的，因为卢伯克先生把我曾仔细研究过的几种大小不同的工蚁的颚用描像器画了出来。

由于这些事实摆在我的面前，我相信自然选择可以作用于能生育的亲本，造成一常常生产中性体的物种，此中性体或全是大型且只有一种颚，或全是小型而有结构大小相同的另一种颚；最后，这是困难的顶峰，也能产生某一种大小和结构的工蚁，而同时又产生一种其大小和结构皆与之不同的工蚁：起初先造成一逐渐变化的系列，如在驱逐蚁中所见的，然后再造成两端的极型；因极型对群落最为有用，就经过自然选择，选出生产它们的亲本，产生愈来愈多的两极型，直到中间型的结构概不产生。

于是，如我所信，在同一窝内明显地分成两等工蚁的惊奇事实就由此发生，两种工蚁彼此既大不相同，又不同于它们的亲本。我们可看出它们的产生对一群居的昆虫群落是如何有益，犹如文明人分工的益处。既然蚁类工作是用遗传的本能遗传下来的器官或工具，而不是用获得的知识和制造的工具，它们中间完善的分工只能是由于工作者的不育。因为假如它们是能育的，就要互相杂交，于是它们的本能和结构就将混合起来。如我所信，大自然是用自然选择的方法在蚁类完成这可赞美的分工。但我仍须承认，若不是因为这些中性昆虫使我认识到这事实，虽然我深信自然选择的原理，我也绝不能预期自然选择的有效能力能达到如此的高度。因此我对此题作了较详细的讨论，但仍嫌不完全充分，这一方面是为了证明自然选择的能力，也是因为在我的学说所遭遇的困难中，它是特别严重的。这事极有意味，因它证明不单在植物界，而且在动物界，凡有结构的变化，无论多少，都可由许多轻微的且应称为偶然的变异积累起来而产生效果。这些变异无论是怎样有用，却与操练或习性是没有关系的，因为在一个群落的完全不生育的成员中，无论有多少操练、习性或志愿，对于该群落能生育成员的结构或本能总不能有何影响，只有能生育的方能遗留后裔。我很奇怪，没有人引用此中性昆虫的显明事实来反对拉马克著名的学说。

提要

在本章内我尽力简单地指明，我们驯养的动物的智力特征是有变异的，这些变异是能遗传的。我也更简单地指明，在自然状况下本能是微有变异的。本能无可争议地对每个动物皆是至关重要的。因此在改变的生活条件下，对本能的轻微变化，自然选择朝任何有用的方向积累到任何程度，我看不出有何困难。在有些情况下，用与不用的习性可能有影响。我不以为本章所陈的事实能大大地加强我的学说，但依照我的认识，本章内所举的困难，也没有是能毁灭我的学说的。另一方面，事实表明本能并不总是绝对完善，而是易于出错；没有本能是专为别的动物的利益而产生的，但是每个动物皆要利用别的动物的本能；自然史中的准则"自然界无飞跃"犹如适用于有形的结构一样，也适用于本能，并且由前文所述的观点皆可解释，否则就说不通。所有这些事实皆倾向于支持自然选择学说。

自然选择学说也因其他几个关于本能的事实而加强。例如常见的近缘但不同的物种，虽分住于世界遥远不同的地方，生长在大不相同的生活条件下，而仍常常保有几乎相同的本能：南美洲的鸫鸟用烂泥搰窝，其奇特方法与英国的鸫鸟相同；北美洲的雄鹪鹩造它的"雄鸟窝"用以栖息，与英国的雄小猫鹪鹩相同，它们这种习性与所有别的已知鸟类完全不同。我们用遗传的原理，就可了解它们为何能如此做。最后，或者这不是严格合逻辑的演绎法，但在我的假想上认为是合宜的：一些本能，例如幼小布谷鸟逐出它同窝的义弟兄、蚁类造奴、姬蜂的幼虫寄生在活的毛虫身躯内，它们并不是特异的禀赋或是特别创造出来的，而是一个普遍规律的小小后果，这规律引导所有生物前进，那就是繁殖，变异，让最强者生存，最弱者死亡。

第八章
杂交现象

博物学家一般皆认为，物种互相杂交的行为特别被赋予了不育的性质，以阻止所有生物类型的混乱。此看法初看之甚是近理，因同一地的物种如能彼此自由杂交，物种就必不能分开了。我以为杂种一般非常不育的事实，其重要性是被一些近期的作者低估了。此事例对自然选择学说特为重要，因为既然杂种不育性对杂种本身没有任何利益，它就不可能由各种或多或少有利的不育性持续保存而获得。我希望我能证明，不育性不是特别获得的或被赋予的品质，而是由于所获得的其他差异引起的。

讨论此问题时，有两类在根本上大不相同的事实常被混淆在一起，即两物种间杂交的不育性，和两物种所产杂种后代的不育性。

纯正物种的生殖器官当然是完好无缺的，但若它们互相杂交，则后裔甚少或没有后裔。相反地，杂种的生殖器官在机能上则是无能的，我们在动物和植物的雄性生殖元素内皆可以清楚看见这一点，虽然在显微镜下看来器官本体在结构上亦是完整无缺。纯种两性造成胚胎的生殖元素是完整的；而杂种两性的生殖元素，若不是完全未发育就是发育不完全。到我们为了两者共有的不育性考察原因时，就知道这种区别是重要的。但此种区别常被忽略过去，因为这两种不育的情形常被认为是一种特别的禀赋，超出了人们的理解能力范围。

同一物种的变种(即已知或被认为是从共同亲本传留下来的类型)互相杂交时的能育性与其混种后裔的能育性，对我的学说而言，与物种杂交的不育性是同等重要的，因由之似可得到变种与物种之间的清楚而明确的分界。

现先讨论物种杂交不育性和杂种后裔不育性的问题。柯尔路特和加特纳两位可钦佩的细心考察家，对此问题差不多尽了他们的毕生精力；凡读过他们的科研报告和著作的人都不可能不深切感到，在某种程度上不育性是高度普遍的。柯尔路特认为这两种不育性是普遍的定律，但是在十种事例中，他发现两个被多数作者都认为是不同物种的类型在杂交时是完全能育的，于是他毫不犹豫地决定它们为两个变种。加特纳亦同样认为此定律是普遍的，他对柯氏十种事例中的完全能育性亦提出反驳。但在这些事例以及许多别的事例上，加特纳不得不细心地计数种子的粒数，用以证明有任何程度的不育。他总是把两个物种杂交所产生的和它们的杂交后裔所产生的最多数目的种子，与两个纯亲本在自然状况下所产生的平均数目的种子互相比较。但在我看来，此中引进了一些严重的致错因子：杂交的植物必须先去掉雄蕊；更重要的是，必须隔离以阻止昆虫自别的植物上带来花粉；加特纳所实验的几乎所有植物都是盆栽并安置在他的房间里。以上这些布置本身，无疑是有害于植物的能育性，因为加氏在他的表中列出二十种他已除去雄蕊的植物，并用它们自己的花粉施行人工授粉（所有豆科植物因有操作上的困难皆未列入），而二十种植物中的一半，其能育性皆有些损伤。再者，加氏曾几年多次用报春花和黄花九轮草杂交（此两品种我们有理由相信是两个变种），只有一两次获得能育的种子。他也发现红海绿花和蓝海绿花杂交是完全不育的，而大多数植物家皆认为它们是两个变种。又在几个别的相似的事例上，他也作出同样的结论。在我看来我们大可怀疑，有许多别的物种在互相杂交后是否真如加氏所信确实是不育的。

可以肯定的是，一方面，不同物种杂交后的不育性在程度上差别很大，并且是不易察觉地逐渐消失的；另一方面，纯种的能育性是如此容易受各种不同环境的影响，于是在实际上，人们就不容易说不育是从哪里起，完全能育是到哪里终。我以为，柯尔路特和加特纳这两位有史以来最有经验的观察家，也时而论到相同的物种而得到径直相反的结论，就足可证明上述意见的正确性了。关于一些存疑的类型应否列为物种或变种的问题，我们如把著名的植物学家所提出的证据，与不同的杂交工作者所提出来的证据，或同一作者在不同的年份中所做的实验互相比较，就能得着许多教益，但因限于篇幅姑不细述。由这些事实中可以显示出，能育和不育皆不能给我们一个明确的界限，使我们能把物种和变种分别开来；相反，从这一来源所得来的证据是逐渐消失的，较之从其他体质上和结构上的差异所得来的证据皆是一样地可疑。

关于杂种在相继世代中的不育性，虽然加特纳能够培育一些杂种，细心地防止它们不与任一纯种亲本杂交，一直实验到六七代，还有一个实验直到十代，但他肯定地说，它们的能育性从未增加，且一般大为减退。我相信这是一般的事例，并相信能育性在头几代中是常常地忽然减弱。然而我相信在所有这些实验中，能育性减退都是由于一个单独的原因，即近亲杂交。我曾收集了大量的事实，以证明近亲杂交减少能育性；在另一方面，与一特别不同的个体或变种偶然杂交，可以增加能育性，这在育种家当中几乎是普遍的信念，我对此也不怀疑。实验家少有大量培植杂种的，既然亲本物种或者别的亲缘杂种通常是生长在同一花园中，那么在开花时期就必须仔细地防止昆虫的巡访，于是杂种植株在每一世代一般都是各由它们自己的花粉受精。由于杂种的根源，它们的能育性已被减少，我深信此种做法定于它们的能育性是更损害的。加特纳一个常说的话加强了我的信念，即假如这能育性低的杂种植株，用人工授粉法施布同种的杂种花粉，它们的能育性，尽管受到人工授粉操作的不良影响，但有时是确实增加了，并且是持续增加。依照我自己的经验，在人工授粉中，花粉是由别花花药上收集的还是由自花花药上收集的，机会是大致相等的；所以两花的杂交，虽然可能是在同一植株上的两花，也能如此实现。再者当进行复杂的实验时，像加特纳这样精细的观察家必要对其杂交的植株除去雄蕊，于是可以保证在每一代中杂交都是由另一朵花上得来花粉，这花或者是来自同一植株，或者是来自别的相同杂种的植株。于是这种在继续多少代的人工授粉杂种植株中能育性增加的奇异事实，我相信可以说是由于避免近亲杂交得来的。

第三个最有阅历的杂交研究家是 W. 赫伯特牧师阁下，我们现在来讨论他的研究结果。他强调说有些杂交种是完全能育的，与它纯亲本物种的能育性相同，其坚定正如柯尔路特和加特纳强调说不同物种间一定程度的不育是大自然的普遍定律。他所实验的一些物种，与加特纳的完全相同。他们得到不同的结果，我以为一部分是由于赫伯特高超的园艺技术，一部分是由于他有温室。关于他许多重要的言论，我在此只举一个例子。他说："长叶文殊兰每一蒴果内的胚珠若被授以卷叶文殊兰的粉，皆能产生一植株，此现象在自然受精中是我从未见过的。"在此两个物种间的杂交是完全能育的，甚至于比通常更完全。

文殊兰的事例引到我另说一个最奇异的事实，即半边莲属某物种的个体植物和一些别属物种的个体植物，较之自花授粉更容易由别的物种授粉；朱顶红属则几乎所有物种的个体植物皆是这样。这些植物如由别的物种植物授粉就能产生种子，但如自花授粉，就完全不育，虽然它们自己的粉是完全无缺的，因为这些粉也能使别的物种产生种子。由此可见，对于某些植物个体或者某些物种的所有植物，杂交比自花授粉更有效！例如有一棵朱顶红的球茎开了四朵花，三朵由赫伯特用自花授粉，第四朵的花粉来自一株由三个其他不同物种混合的杂交种。其结果是，"头三朵花的子房不久就停止生长，随后几天就完全枯萎了；而由杂种授粉的第四朵，所长的蒴果发育茂盛，迅速长成，所结种子生长自如"。赫伯特先生在1839年写信给我，说他对此实验早已做过五年，并随后又继续几年，所得结果总是相同。这种结果也由别的观察家用朱顶红的亚属做了实验，证明结果相同；在半边莲属、西番莲属和毛蕊花属，结果也是相同。在这些实验中，虽然这些植物是完全强健的，虽然同一花中的胚珠和花粉对别的物种是完全有效的，但由于它们在自行授粉时机能就不健全，由此我们就必须结论说，这些植物是处于非自然的状态的。虽然如此，这些事实可以说明，在把物种杂交与相同物种自行授粉相比较时，能育性高低有时取决于某些何等细微和神秘的原因。

园艺家所做的实际实验虽然没有科学的精密性，也值得注意。大家已知道天竺葵属、倒挂金钟属、蒲包花属、矮牵牛属、杜鹃花属等等物种，曾有过何等复杂的杂交；但它们的许多杂交后代都自由地结籽。例如赫伯特断言，两种在一般的习性上最不相同的蒲包花，所产生的杂交种"繁殖自如，好像是来自智利山上的一个自然物种"。我曾致力于查明一些杜鹃花属复杂杂交种的能育程度，我可确切地说，其中有许多是完全能育的。例如 C.诺布尔先生告诉我说，他培植了些砧木，为要在其上嫁接一常绿杜鹃和美国卡托巴杜鹃的杂交种，而此杂交种"自由结籽至意想所不及"。假如杂交种经过恰当培植，其能育性仍如加特纳所相信的那样每代递减，就必为苗圃家所周知。园艺家把相同的杂交品种一同种植在大的苗圃，只有这样才是恰当的培植，因为同一杂种的变种之间，由于昆虫的媒介，可以自由杂交，于是近亲杂交的有害影响就被免除了。任何人假如考察杜鹃花属杂种中比较不育的花，就将发现它们不产花粉，但在它们的花柱上满布着由别花带来的花粉，于是就可使自己相信昆虫媒介的效力。

关于动物，人们所做的仔细实验远较植物为少。假如我们的系统分类是可靠的，即动物各属的区分如植物一样清楚，那么我们就可以推断，在自然的等级中，动物彼此相隔更远者，它们的杂交比之植物更容易。但我认为其所产的杂交种更会不育。我怀疑是否有任何杂交动物可以认为是经历了确切可靠的鉴定，足以证明是完全能育的。但我们也必须注意一点，那就是因为少有在圈养之下的动物能生育自如，因而即少有过恰当的实验。例如有人曾用金丝雀与九种雀杂交，但这九种雀没有一种在圈养之下能生育自如，因此我们就没有理由希望它们与金丝雀的物种间杂交能诞下后代，乃至这些杂交后代完全能育。再者，论到在能育的杂交动物中比较各后代的能育性，我从不知道哪一件事例里，同一杂交种的两亲族是由不同的亲本产生的，以此避免近缘杂交的有害影响。恰恰相反，兄弟姐妹在各代中常行互相杂交，而不顾各育种家的叮咛劝告。在此情况之下，无怪乎杂交种固有的不育性是在继续增加。我们如在任何纯种动物内使兄弟姐妹持续交配，无论它们因何原因而有哪怕是最轻微的不育倾向，经过不多的几代此品种必将灭亡。

完全能育的杂交动物，我虽不能举出一个确切鉴定可靠的实例，但我有理由相信，维景纳里鹿和瑞维赛鹿的杂交种、普通山鸡和环颈山鸡的杂交种、普通山鸡和日本山鸡的杂交种都是完全能育的。在英格兰几个地区的森林内，此三种山鸡已经互相混合，它们的互相杂交是无疑的。欧洲鹅与中国鹅（鸿雁）至不相同，甚至一般分类是把它们列为两属。欧洲普通鹅与中国鹅的杂交种，在英国常与两纯种亲本交配繁殖，且有一特例在杂交种内进行繁殖。此实验是由艾顿先生所做的，他从相同两亲本培育出两杂交种（但不是在一窝内孵出的），他又从此两杂交种在一窝内培育出不下八个杂种（它们是纯种亲本鹅之孙）。在印度这些杂种鹅必定更能生育，因为布莱斯先生和赫顿上尉这两位极有能力的鉴赏家肯定地对我说，在印度不同的地区，杂种鹅是成群地饲养着。既然养鹅是为获利，既然两个纯亲本物种都不存在，则杂交种必定是高度能育的。

帕拉斯曾创出一种学说，为近代博物学家所广泛接受，即我们驯养的动物大多数是来自两种以上的原始物种，它们其后因互相杂交而混合。依此观点，原始物种起初必是产生了些完全能育的杂种，或者必是这些杂种在后来许多世代中因受驯养的影响而变成完全能育的。后一种解释，我以为最为可能，虽然没有直接的证据，我倾向承认它的真实性。例如我相信，我们的家犬是来自几个野生祖先，或许除了南美洲几种土产家犬外，其余皆能杂交生育。但类推使我怀疑，这几个原始物种是否一开始就能繁殖自如，并能产生十分能育的一些杂种。再者，我们有理由相信欧洲牛和印度驼峰牛能杂交生育，但由布莱斯先生所给我的事实，我想它们必是两个不同的物种。依照我们对驯养动物来源的说法，我们或者必须放弃动物的不同物种杂交普遍不育的信念，或者必须承认不育不是一个不能消除的特性，乃是可由驯养而免除的。

最后，关于动物或植物间互相杂交的问题，从我们已经确知的所有事实可以结论说，在原物种间杂交和杂种间交配，多少有些不育是一极普遍的结果，但在我们现在的知识下，却不能认为这是绝对普遍的。

原物种间杂交不育和杂种不育的规律

我们现在要稍加详细地讨论支配着原物种间杂交不育和杂种不育的环境和规律。我们主要的目的就是要辨别出，这些规律是否表明物种不育是一种特别的禀赋，用以阻止物种的杂交和极其混乱的糅合。以下的规律和结论多是由加特纳论植物杂交的名著中所整理出来的。这些规律对于动物能适用到什么程度，我也曾用力查明；由于对杂交动物我们所知甚少，我惊奇地发现，这些同样的规律对动植物两界皆普遍适用。

业已说过，原物种间杂交和杂种的能育程度是由零到完全能育。能育性的逐渐变迁能在许多奇异的方式中显示出来，这也是使人惊异的，但在此处我们只能陈述事实的大略。如将一科植物的花粉，放在另一科植物的柱头上，花粉所能发生的作用，无异于无机的灰尘。从这绝对的零能育性起，如将同一属不同物种的花粉放在某一物种的柱头上，在它产生种子的数目上，就发生一个完全渐变序列，直到几乎完全或者十分完全地能育，并且如我们所见，在一些非常的情形下，甚至超过植物自己花粉所能产生的能育性。在杂种的情况下也是如此，它们当中有些绝对不产生一粒有用的种子，并且可能是永远不产生的，甚至用它的两纯种亲本与之相配也是一样：但是在这些情况中，有时可以检测到有些能育的初步痕迹，即一个纯种亲本的花粉能使杂种的花提前凋谢，较之不用花粉来得更快。花的提前凋谢是初步受精的迹象，这是众所周知的。从这个绝对不育的刻度起，我们由自粉受精的杂种，产出数目逐渐加多的种子，直至达到完全能育的一端。

极不容易杂交又少能产生后裔的两个物种，它们所产生的杂种通常是非常不育的。原物种间杂交的困难和其后所产生杂种的不育性，这常被混淆的两件事有一定的相关性，但这相关性并不是绝对的。在许多情况下，两个纯物种能非常容易地杂交，并产生许多杂种的后裔，但这些杂种后裔是非常不育的。在另一方面，有些物种是极少能杂交或者是极难杂交，但是它们最终所产生的杂种后裔，却非常能育。甚至在同一属的范围内，例如在石竹属内，这两种相反的事实皆有发现。

原物种间杂交和杂种的能育性，较之纯物种是更容易受不良条件的影响。但能育性的程度也有内在的变异倾向。因为两个同样的物种，在同样的环境下施行杂交，其结果并不常是一样，而是取决于碰巧被选做实验的个体的体质。在杂种中的情形也是如此，因为虽是用同一蒴果内的种子，虽在同一状况下培养，其能育性的程度也大不相同。

所谓"分类学亲缘关系"，是指物种在结构上和体质上彼此之间的相似性。尤其是在生理上有高度重要性的结构部分上，亲缘物种间的差异很小。原物种间杂交的能育性和其后所产生的杂种的能育性，大都是被它们的分类学亲缘关系所支配。对此有些清楚的范例，如在某些被分类家列入不同科的物种之间，始终不能产生杂交种；另一方面，近缘物种通常容易杂交。分类学亲缘关系和杂交难易的互相关联，并不是严格的。近缘物种不能杂交或极难杂交的事实，是不胜枚举的；反之，也有极不相同的物种彼此杂交极其容易。在同一科内，也有些属例如石竹属，其中有许多物种是极容易杂交的；又在别一属，例如蝇子草属，在此属内虽用极坚忍的努力，也不能使之与极其接近的物种产生一个杂种。即使在同属的范围内，我们也能发现与此一样的不同情况。例如在烟草属的许多物种中，人们所做的杂交实验几乎比在任何别属的物种中所做的更多，但是加特纳发现尖叶烟草（并非有何特殊的不同）很顽强地不与其他八种烟草受精或被受精。另有许多相似的事实亦可举出。

没有人能指明，在任何可看出的品质上，是哪一种差异或是多大的差异，足可以阻止两物种的杂交。我们也可以指出，某些植物，虽在习性上和整体的形状上有最大的差异，虽在花的每一部分甚至在它的花粉、果实和子叶上都有明显的差异，而仍能杂交。一年生和多年生的植物，落叶和常绿的树木，散居在不同地区和适合于极不相同气候的植物，也是常常容易杂交。

所谓"两物种的正反交"，是指例如先由一个公马与母驴杂交，然后由公驴与母马杂交，此两物种即可以说是经过了正反交。在正反交的难易上，常有极大的不同。这些不同的事例是至关重要的，因为它们可以证明，在任何两物种中，它们的杂交能力，常常是与它们的分类学亲缘全然无关，或与它们整个生物组织中所能看出的任何不同处也无关系。在另一方面，这些事实明白指出，杂交的能力与体质的不同相联系，而此种不同是我们所不能察觉，并是限于生殖系统内的。两个物种正反交所得结果的不同早被柯尔路特观察到了。兹给出一例：紫茉莉容易用长花紫茉莉的粉受精，其所产生的杂交种也充分能育；但柯尔路特在其后八年中，用紫茉莉花粉对长花紫茉莉施行反交受精，多达二百余次，并无一次成功。另有几种同样惊奇的事例亦可举出。苏拉特用一些墨角藻属海草实验，也观察到同样的事实。再者，加特纳也发现，正反交难易的不同，在较小的程度上是极其普遍的。他也发现，甚至在两个有近缘关系的品种中，如小紫罗兰和光紫罗兰，也不容易正反交，而许多植物学家只把这两品种列为变种。正反交所产生的杂种，虽然是用两物种相同的个体，一个物种的个体先用作父本，然后再用作母本，但其所产杂种能育程度普遍皆小有不同，并且偶尔可达到大有不同。

　　加特纳的著作中还给出了几个其他的特别规律，例如有些物种对于别的物种有特强的杂交能力；同属又有一些别的物种有很强的能力把自己的形象传印给后代；但这两种能力并不一定同时存在。有些杂种并不像通常一样显现为两亲本的中间形态，而时常表现只像一亲本；这些杂种虽然在外表上只像它两纯种亲本之一，但除极少数的例外，它们皆是极端不育的。再者，杂种虽然在结构上通常是在两亲之间，但在它们的后代中，极端或异常的个体亦时有产生出来。这些特殊体极像两亲本之一，并且总是绝对不育的，甚至其余的杂种体虽然与它是自同一蒴果的种子生长出来的，却是高度地能育。这些事实证明在杂种中，完全的能育性与它是否与任一纯种亲本的外表相似是完全不相关的。

从所指出的这几个支配原物种间杂交和杂种能育性的规律中，我们可以看出，在我们认为是真正不同的物种彼此杂交时，它们的能育性可以从零逐渐变化到完全能育，甚至在某些条件下过分能育。我们也可以看出，它们的能育性不仅极度受到外界有利或不利的环境影响，也是内在地能变异的。原物种间杂交的能育性和由此产生的杂种的能育性，其程度并不常是相同的。我们还可以看出，杂种的能育性和它们在外表上与任一亲本的相似无关。最后，我们也看出任何两个物种间杂交的难易，并不一贯受它们的分类学亲缘或彼此相似的程度所支配。最末一条结论已由两个相同物种的正反交清楚地证明了，因为两个物种中，无论哪一个用作父本或母本，在它们杂交的难易上，通常总有些不同，有时甚至有绝大的不同。由正反交分别产生的杂种后裔，在能育性上也常有不同。

这些复杂和特殊的规律，是否表明不育性是物种的禀赋，专为在自然界阻止它们混杂呢？我想不是的。因为我们必须设想，阻止混杂对各物种皆是同等重要，那么在不同的物种杂交时，为何不育的程度如此不相同呢？为何在同一物种内的个体中，它们不育的程度是内在地能变异呢？为何有些物种是容易杂交而产出极不育的杂种后代，但有些别的物种杂交极其困难，反而产出相当能育的后代？为何在两个相同物种正反交时，时常发生极不相同的结果？人们甚至可以问，为何能让杂种产生出来呢？给予产生杂种的特殊能力，然后又用各种程度的不育阻止它们继续繁殖，而这些与它们两亲本物种间杂交的难易又不严格相关联，这看来是一种奇特的安排。

从另一方面说，上述的规律和事实，在我看来是清楚表明，原物种间杂交的不育和杂种的不育，主要只是由于或取决于杂交物种生殖系统中某些未知的差异。这些差异是很特殊的，在性质上又有严格的限制，犹如在两个物种的正反交中，一个物种的雄性生殖元素常能对另一个物种的雌性生殖元素起作用，但反过来就不起作用。我所说的结论，即不育不是一个特别的禀赋，而是由于其他的差异所引起的，其含义如何，最好举一实例略加说明。既然一个植株嫁接或芽接在别的植株上的能力在自然界对它的福祉是完全无关重要的，我以为没有人会以为这个能力是一特殊的被赋予的品质，但会承认是由两个植株生长规律中的差异决定的。我们有些时候也能看出为何一棵树不能与别的一棵树嫁接，例如是因为它们生长的速度不同，因为木质硬度不同，因为树液的性质或流动时期不同等等；但是在极多的事例上，我们不能说出任何理由来。两个植物，形体的大小非常不同，一个是木本一个是草本，一个是常绿的一个是落叶的，分别适合极其不同的气候等，这些原因并不总会阻止两者的嫁接。在杂交上情形如何，嫁接上也是一样，其结合的能力会被分类学亲缘所限制，因为没有人能把两个完全不同科的树木嫁接起来；在另一方面，近缘物种和同种的变种，通常（但不是无例外的）都容易嫁接。但这种能力，如在杂交中一样，也不是完全受分类学亲缘的支配。虽然在同一科中，有许多不同属的物种能彼此嫁接，但在另一些情况下，同一属的物种又不能互相嫁接。梨嫁接在榅桲上（榅桲是另一属）比较嫁接在苹果上（苹果与梨同属[①]）更为容易。甚至梨的不同变种嫁接在榅桲上也有难易的分别；桃和杏某些不同的变种嫁接在李的某些变种上，也有难易之别。

　　如加特纳发现，两个相同物种的不同个体杂交时，有时有内在的

[①]当时如此。苹果与梨现在分属梅亚科的苹果属和梨属，榅桲属于梅亚科的榅桲属。——编者注

差异性。萨加雷特相信，两个相同物种的不同个体在嫁接上也有同样的情形。如在正反交中，交配结合的难易时常是极不平等的，嫁接有时也是如此，例如普通的醋栗就不能嫁接在穗醋栗上，而穗醋栗虽有些困难仍可嫁接在普通醋栗上。

我们已经知道，生殖器官不完全的杂种的不育性，与生殖器官完全的纯种间结合的困难，是大不相同的两件事；但此两情况在一定限度内是类似的。在嫁接上有时也有些相似之处，例如苏因发现，在刺槐属中有三物种在自己的根上结实自如，并且能无大困难地嫁接在另一物种上，但经此嫁接后就不结实。在另一方面，花楸属的某些物种嫁接在别的物种上，比在它们自己的根上更是加倍地结实。后者的事例使我们联想到朱顶红属、半边莲属等等特殊事例，它们如受到别的物种的花粉，较之受自己的花粉就结实更多。

由此我们可以知道，虽然嫁接是使接穗与砧木愈合，杂交是使雌雄生殖元素在生育的行动中相结合，两者之间有明显和根本的不同，但是嫁接和不同物种的杂交，在结果上是有粗略的类似性。正如我们能接受，支配嫁接愈合难易的奇异且复杂的规律，是由于它们生长系统中尚为我们所不知的差异引起的，那么我也就相信，支配原物种间杂交难易的更复杂的规律，主要是由于它们生殖系统中未知的差异引起的。在这两种情况中，可以预料到这些差异在一定的限度上是符合分类学亲缘的，而所谓分类学亲缘，是试图表达生物中各种的相似性和不相似性。这些事实在我看来并不能表明，不同物种嫁接的难易或杂交的难易是由于一种特别的禀赋。虽然在杂交中结合的难易对物种类型的持久和稳定有极大的关系，但在嫁接上愈合的难易，对物种的福祉是无关重要的。

原物种间杂交不育和杂种不育的原因

我们现在可以更较仔细地考察原物种间杂交不育和杂种不育的可能原因。这两种情形是根本不同的，因为如已说过，在两纯种的结合中，雌雄性的生殖元素是完全无缺的，但在杂种中雌雄性的生殖元素就不完全。甚至在原物种间杂交中，结合的难易显然也是受几个不同的原因支配。有些时候，雄生殖元素因为有物理性的困难，不能达到胚珠，例如一个植株的花柱太长以致花粉管不能达到胚珠。人们也观察到，当一物种的花粉放在另一远缘物种的柱头上，虽然花粉管能伸出，但不能突破柱头表皮。又如雄生殖元素可以达到雌生殖元素，但不能使它发育成一个胚胎，正如苏拉特用墨角藻属所做实验的情形。对于这些事实我们不能加以解释，犹如对某些树种不能嫁接到别的树上是一样的。最后，胚胎可以发育但随后不久就死亡了。对于最后这个情形，我们尚无充分的研究，但休伊特先生对鸡类曾做了许多杂交的实验，依照他所供给我的观察结果，胚胎早期死亡，是原物种间杂交不育最经常的原因。在起初时，我是很不愿相信这个说法，因为杂种一经生下后，通常是健康长寿的，如我们在寻常的骡子中所看见的那样。但是杂种在未生以前和既生以后，是处在不同的环境中：假如它们在生下后是住在两亲本所住的地方，则它们一般是处在适宜的生活条件下；但是一个杂种只承受它母本本性和体质的一半，因此在出生前，当它在母本的子宫内或在卵或种子中接受母本的营养时，它就要多多少少受到不合宜条件的影响，因此就可能在早期死亡。尤其是所有极幼小的生物，对外界有害或不自然的生活条件，似乎是极其敏感的。

关于杂种的不育性，因为两性的生殖元素没有完全发育，其情形与原物种是极不相同的。我曾不止一次提到我所收集的许多事实，证明当动物和植物在离开它们的自然环境后，它们的生殖系统极其容易受到严重的影响。实际上，这就是对驯养动物的极大阻碍。由环境所引起的不育和杂种的不育，两者有许多相似之点。这两种不育都与一般的健康状况无关，并且不育常是与体格过大或者发育得更茂盛相联系的；这两种不育的发生都有不同的程度；雄性生殖元素都是最容易受到影响的，但有时雌性生殖元素所受的影响比雄性更多；在两种情况下，不育性在一定程度上都倾向于与分类学亲缘有关，因为同一非自然的条件可以使整类群的动物植物不育，并且使整类群的物种倾向于产生不育的杂种；在另一方面，一类群中的一个物种有时能抵抗环境的重大改变并使能育性不受损伤，并且一类群中的某些物种能产生异常能育的杂种；任何特殊动物在圈养下能否生育，或任何外来的植物在培植下能否结实自如，人们若不实验是不知道的，而同一属的任何两物种能否产生多少有些不育的杂种，若不经实验也是不知道的；最后当生物在接连几代中处在非自然的环境下时，它们是极容易变异的，这种变异我相信是由于它们生殖系统特别地受了影响，不过较之导致不育的影响程度较低；纯种杂交是这样，杂种也是这样，因为杂种在连续的世代中，正如每个实验家所看见的那样，也是极容易变异的。

这样我们可以知道，当生物处在新的非自然的环境下，和当杂种是由于两物种非自然的杂交而产生的时候，它们的生殖系统以极相似的方式受到不育性的影响，而与一般身体的健康状况无关。在前者的情形下，生活条件是被扰动的，虽然扰动时常只有我们难以觉察的极轻微的程度。在后者即杂交的情形下，虽然外界条件相同，但由于两个不同的结构和体质相结合成为一个，整个的生物组织就受了扰动。当两个组织混合成为一个时，要想使它在发育中、在周期性活动中、在不同的部分和器官彼此相关联中、在不同的部分和器官与生活条件的关联中都没有受到扰动，几乎是不可能的。当杂种能在其种内进行繁殖时，它们就一代一代地把相同的混合的组织传递给它们的后裔，所以它们的不育性虽然多少有些变异，但难能减少，对此我们是无须惊异的。

虽然如此，我们必须承认关于杂种的不育性有几种事实是我们不能了解的，除非用些不清楚的假说。例如正反交所产生的杂种有不同等的能育性；又如杂种若是偶然地与两纯亲本之一尤为相似，这些杂种的不育性就更增加。我也不以为以上所说指向问题的根本：一个生物体为何处于非自然的条件下就不育，我们是拿不出什么解释的。在这两种事例中，我所要试图指明的就是，在两种有些相关联的事例上，不育是常见的结果：一种事例是由于生活条件有些扰动，另一种事例是由于两个生物组织混合成为一个时，整个组织发生了扰动。

下述意见初看时似乎是幻想，但我以为在相关联的而极不同种类的一些事实中也有此种类似性。有一个古老和几乎普遍的信念，我想是建立在许多证据上的，即生活条件的轻微改变对所有的生物皆是有益的。我们知道，农家和园艺家是照此信念进行活动的。他们常把种子、块茎等从一气候或土壤换到另一地方，随后又换回来。当动物在病愈恢复期时，我们清楚地知道任何生活习性的改变几乎总是大有裨益的。又在动植物中，有许多事实也可以证明，在同一物种的极不相同的个体（即不同品种或亚品种）间的一次杂交，能使其后裔更加健壮和能育。从第四章所举的事实中，我相信就是在雌雄同体的生物中，一定数量的杂交也是不可少的，而在近亲内连续几代地杂交，尤其是当它们保持在不变的生活条件下，必会在后代中引起软弱和不育。

因此似乎在一方面，生活条件的轻微改变对所有生物皆是有益的；在另一方面，轻度的杂交，即在同一物种中有变异的或有轻微不同的雌雄体杂交，会给后裔增加健壮和能育性。但是我们也看到，较大的改变或特殊性质的改变，常使生物有某种程度的不育；并且较重度的杂交，即相差很大或是不同种的雌雄体的杂交，产生出的杂种通常是有某种程度的不育性的。我不能使我自己相信这个类似性是一种偶然或是假象。这两系列的事实似乎都是被一些共同的但为人所不知的锁链连接起来的，该锁链在本质上关系到生命的原理。

变种杂交的能育性及其混种后裔的能育性

有人可以极力主张并将它作为一种有力的论据，说在物种和变种之间必定有一些本质的分别：变种无论彼此在外形上有多大的分别，它们依然极容易杂交，并且产生完全能育的后裔，故本书此前所说的一切中必定有些错误。我完全承认变种几乎总是如此。但如我们考察在自然界所产生的变种，我们马上就遇到不能解决的困难。因为若是两个迄今普遍认为是变种的生物进行杂交，而有任何程度的不育情形，多数博物学家就立刻把它们提到物种的地位。例如蓝海绿花和红海绿花、报春花和黄花九轮草，许多著名的植物学家皆认它们为变种，但加特纳报告说它们杂交后并不是很能育，所以他就把它们列为无疑的物种。假如我们如此循环辩论，那么我们就必须承认所有在自然界的变种都是能育的。

假若我们讨论到在驯养下或假设是在驯养下产生的变种时，我们还是会遇到些疑问。例如当人们说德国绒毛犬与狐狸杂交比任何别种狗更为容易，或说某些南美洲本地的家犬不容易与欧洲狗杂交的时候，每个人所能想到的解释（很可能是正确的解释），就是这些狗原来是从几个不同的原始物种传留下来的。虽然如此，许多驯养的变种，例如鸽子或甘蓝，虽在形象上彼此大有不同而都完全能育，却是一值得注意的事实，尤其是当我们想到有多少物种在形象上是如何密切地相似，但互相杂交时就完全不育。不过有几种意见，使我们对驯养变种的能育性不像初看时那么惊奇了。首先，我们能明白地指出，在两个物种中仅仅外表的不同，不能决定它们在杂交后有多大程度的不育性，此一规律亦可运用到驯养的变种上。第二，有些著名的博物学家相信，长久的驯养倾向于解除后续历代杂种的不育性，它们的这种不育性起初时只是轻微的。假如这意见是正确的，我们就不应当期望在几乎同一生活条件下，不育性能够发生而又能够消除。最后，我以为是最重要的意见，就是在驯养下有许多动植物的新品种是人们为自己的用途和满足，在人们有计划而无意识选择的力量下产生出来的：人们对生殖系统的轻微不同或与生殖系统相关联的别的体质上的不同，既不想选择，也不能选择。人们对不同的变种，供给同样的食物，给他们几乎同样的待遇，也并不希望要改变它们一般的生活习性。大自然对生物的整个组织，在极长的时间中，行动是一致的和缓慢的，无论用何方法，都是为要使每一个生物得到本身的利益。因此，大自然可以直接地或多半是间接地通过生长关联，在任何一个物种的不同后裔中，改变它的生殖系统。了解了在人为的和自然选择的过程中有此不同，我们对一些结果上的不同就无须惊异了。

我一直到现在所说的，皆似乎认为同一物种的变种互相杂交时皆是能育的。但在以下我所略举的几个事例中，我认为我们无法拒绝变种中也存在一些不育的例证。这些证据至少是与我们相信许多物种不育的证据有同样的价值。这些证据是由反对者们所提出来的，他们在所有其他情况下，都认为能育性和不育性是明确区分物种的可靠标准。加特纳几年间在他的园内种植了一种黄粒的矮玉米和一种红粒的变种高玉米，且这两种是靠近生长着的。这些植株虽然是雌雄异花，它们从不自然地杂交。加特纳然后用这一种的花粉杂交了那一种的十三个花，但只有一穗玉米结籽，而且只产生了五粒种子。此种人工授粉对植株并没有什么损害，因为该植物本身即为雌雄异花的。我相信没有人能认为这两变种玉米是不同的物种，尤其重要的是由它们杂交培育的后代植株本身是完全能育的，以致加特纳也不敢认为这两个变种是不同的物种。

基鲁·德·布萨兰格斯用三个变种葫芦杂交，它们和玉米一样，是雌雄异花的。布氏说它们彼此的不同愈大，互相杂交就愈不容易。这些实验的可靠性如何我不知道，但用作实验的品种是由萨加雷特列为变种的，萨加雷特的分类主要是以不育性的实验为根据的。

下述事例是更奇特，乍看之似不能相信，但它是得自数目惊人的实验，这些实验在许多年中由加特纳在毛蕊花属的九个物种上做出，加特纳是一位极好的观察家，也是一位坚决的反对者。他用毛蕊花属同一物种的黄色和白色两个变种作互相杂交，所获得的种子的数目比之各花色用自花授粉为数更少。加特纳又说，当他用一物种的黄白两变种与另一物种的黄白两变种杂交时，同色花杂交所产种子的数量比之异色花杂交的为数更多。但这些毛蕊花的变种除颜色外并无其他的不同，并且一个变种有时可由另一个变种的种子育得。

由我用一些蜀葵变种实验所观察到的，我倾向于认为它们表现出相似的事实。

柯尔路特的观测之精确，已被随后各观察家所证实。他曾证明一个奇异的事实，那就是普通烟草的一个变种在与一些大不相同的物种杂交时，其生育性比其他变种如此杂交时更加增多。他拿五个品种用最严格的正反交法做实验，此五品种通常都被认为是变种，然后他发现所产生的混种后裔都完全能育。但他又用这五种变种烟草与黏毛烟草杂交，五种中有一种无论用作父本或母本，所产生的杂种其不育的程度比之其余四种都较为低。由此可知，这一变种的生殖系统，必在一些方面和一定程度上有些改变。

由于上述这些事实；由于在自然条件下弄清变种的不育性极其困难（因为假如一个公认的变种表现有任何程度的不育性，一般就要被列为物种）；由于人为的选择只在外表的形态，用以产生最特别不同的驯养变种，以及由于人不想或不能对生殖系统培育隐秘的和功能上的不同；由于这些考虑和事实，我不以为变种的一般能育性，可以证明是普遍皆有的，或者就可以把它们作为变种和物种的分界基础。变种的一般能育性不能使我认为足可以推翻我的一种观点，即原物种间杂交和杂种的不育性是很普通的，但不是不能变异的；即这种不育性并不是特别的禀赋，乃是由它们所缓慢获得的变化，尤其是杂交品种生殖系统中的变化所引起的。

除能育性外，杂种和混种的比较

除能育性问题外，物种杂交的后裔和变种杂交的后裔，另有几点可以比较一下。加特纳极想在物种和变种中划一清楚的界限，但他在所谓物种的杂种后裔和所谓变种的混种后裔中，只能举出几个在我看来极不重要的差异。在另一方面，杂种和混种在许多重要方面都极相同。

对此问题我只能略加讨论。杂种和混种最重要的分别就是混种的第一代比之杂种的更容易变异，但加特纳承认物种在久经培植后所产生的第一代杂种是常能变异的，关于此种奇异的事实我自己也曾见过。加特纳也承认，极近缘的物种所产生的杂种较之极不相同的物种所产生的杂种，是更容易变异的，这种事实显示变异程度的差异是逐渐消失的。混种和较能生育的杂种，经过几代繁殖后，在它们的后裔中就大有变异，这是众所周知的；但杂种和混种能长久保存它们品质一致的少数情况，也是可以给出的。虽然如此，在长久持续的世代中，混种的变异或比杂种为大。

混种比杂种有较大的变异性并不使我惊异。因为混种的双亲是变种并且大多数是驯养的变种（对在自然界的变种少有实验），这意味着在大多数的事例中变异是近代产生的，由此我们可以预料，这种变异是常可继续进行的，并可追加在仅由杂交行为所产生的变异性之上。原物种间杂交所产生的杂种即第一代杂种只有轻微程度的变异性，考虑到其后继续世代的极度变异性，这一奇异的事实是值得注意的，因为它关系到并加强了我对普通变异所原本持有的意见，即生殖系统对生活条件的任何改变是极其敏感的，因此常变得无生育能力，或者至少不能以其正常的机能产生与它亲本完全相同的后代。第一代杂种是由生殖系统并未受过任何影响的物种（不包括久经培植的物种）所产生的，因此是不变异的；但杂种本身的生殖系统已受过重大的影响，它们的后代是极能变异的。

回到我们关于混种和杂种比较的问题上：加特纳说混种比杂种更容易返回到它们亲本的形状。假如这是真实的，也不过是一个程度上的不同罢了。加特纳更坚持地说，即使两物种彼此是极为近缘的，如与第三物种杂交时，其所产的杂种，彼此就大不相同；但如一个物种的两个极不相同的变种，与另一物种杂交，其所产生的杂种彼此就没有很大的差异。但按我所知道的，这一结论是建立在一个单独的实验上的，并且似乎是与柯尔路特所做几个实验的结果正是相反。

在植物的杂种和混种之间，加特纳所能指出的就只是这些比较不重要的差异。在另一方面，混种和杂种与它们各自亲本相似的地方，尤其是从近缘物种中所产生的杂种，依照加特纳的意见是因循同样规律的。两个物种杂交时，有时其中一个有遗传优势的会把自己的形象加印在杂种上，我相信关于植物的变种也是如此。关于动物，一个变种确实对另一个变种常有遗传优势。由正反交所产生的杂种植物通常彼此是密切相似的，正反交的混种也是这样。杂种和混种在连续的世代中，常常专与任一亲本重复地杂交，就可复原为任一纯种亲本的形状。

这些意见对于动物也显然是适用的；不过论到动物，问题就极其复杂了。部分是由于有第二性征的关系，但尤其是由于雌雄性的某一方面有遗传优势把自己的形象传递下去，此种遗传优势在物种与物种杂交中和变种与变种杂交中都是一样地有效。例如有些作者认为，驴对马就有特别的优势，于是马生的骡和驴生的驴骡，两个都多像驴而少像马；但是公驴比母驴的遗传优势更大，因而公驴和母马所产生的骡比之母驴和公马所产生的驴骡就更多像驴。我想这些作者的意见是对的。

"只有混种动物生下来才会极像两亲本之一"，有些作者对此假设的事实多所倚重。但这种事实在杂种中有时也能发现，虽然我承认在杂种中比在混种中常常为数要少得多。考察我所收集的杂种动物极像一亲本的事例，就知在性质上这些相似似乎是多限于畸形的性状，并且该性状是突然发生的，例如白化症、黑化症、缺尾或缺角、多手指或多脚趾等，并且都与经过选择缓慢得来的形态没有关系。因此，忽然完全返到亲本之一的原有性状，在混种中比在杂种中是多能发现的。混种是由变种传留下来的，变种常是忽然产生的并且在性状上是常有半畸形的；杂种则是由物种传留下来的，物种是缓慢和自然产生的。总之，我完全同意普罗斯珀·卢卡斯博士的意见，他把关于动物的大量事实排列起来后得到结论说，无论两亲本彼此的不同是多是少，凡同一变种的个体，或不同变种的个体，或不同物种的个体相结合时，子本像亲本的规律都是相同的。

能育和不育的问题姑且不论，在所有其他方面，物种杂交后裔和变种杂交后裔，总是有普遍和密切的相似性。假如我们认为物种是特别创造的，变种是次级规律支配下所产生的，那么这种相似性就成了一惊奇的事实了；但是这种相似性，和物种和变种中间并无本质区别的看法就是完全相符合的。

本章提要

凡类型足够不同至可列为单独的物种时，它们的原物种间杂交的行为和它们的杂种后裔一般（但不是普遍地）不育。不育性是有各种程度的，而差异常是很轻微，以致两位有史以来最精细的实验家按其所做实验得出了截然相反的类型划分。在同一物种的任一个体中，不育性是内在可变异的，对环境的有利或不利是极敏感的。不育性的程度并不严格遵循分类学亲缘关系，而是为几个奇异和复杂的规律所支配。在相同的两物种中正反交的不育性通常是不同的，有时是大不相同。原物种间杂交不育的程度和其所产生的杂种不育的程度并不总是相等。

在树木嫁接上，一物种或是变种能否嫁接在其他树上的能力，其情况也是一样，是由于它们生长系统中一般所不知的差异所引起的。嫁接如此，杂交亦然，一物种与另一物种配合的难易，是由于在它们的生殖系统中人所不知的差异所引起的。我们没有理由认为物种是特被赋予了各种程度的不育性，用以阻止它们在自然界杂交混合，就如我们也无理由认为，树木在嫁接上是专门被赋予了相应程度的嫁接困难，用以阻止它们在森林里靠接。

纯物种的生殖系统是完整的，它们原物种间杂交的不育性似乎是由于几种情况；在有些情况下主要是由于胚胎的早亡。杂种的生殖系统是不完整的，它们的生殖系统和整个生物组织是被两个不同物种的混合所扰动；杂种的不育性，似乎有时与自然生活条件被扰动时纯物种所频繁受到的不育性影响密切一致。这个观念是为另一种相似性所支持的：轻微不同类型的杂交，对它们后裔的健壮和能育性是有益的；生活条件的轻微改变，对所有生物的健壮和能育性也是显然有益的。两物种配合的困难有不同的程度，和杂种后裔的不育通常是相符合的，虽然原因各有不同，但这事实并不奇怪，因为两者都是取决于杂交的物种之间差异的大小。我们对以下各情况也应不必惊奇，即原物种间杂交成功的难易、所产生杂种的能育性和树木彼此的嫁接能力（虽然后者显然是依赖于大不相同的环境），所有这些在一定范围内是与实验类型之间的分类学亲缘关系相关联的；因为分类学亲缘关系正是要试图表现所有的物种之间的各种相似性。

　　已知是变种或说它们的相似性足可被认为是变种的类型间的杂交行为，以及它们的混种后裔，一般但并非一概能育。假如我们记得讨论变种在自然界下的情况时，我们容易进入循环辩论的圈套；假如我们再记得大量变种在驯养下仅仅是按外表的不同所进行的选择产生的，而不是按生殖系统中的不同；那么这种近乎普遍和完全的能育性，就并不令人惊奇。除能育性外，在所有其他方面，杂种和混种之间皆有密切的普遍的相似性。最后，本章内所述各事实，我以为是支持而非反对这个意见，即在物种和变种之间并没有根本区别。

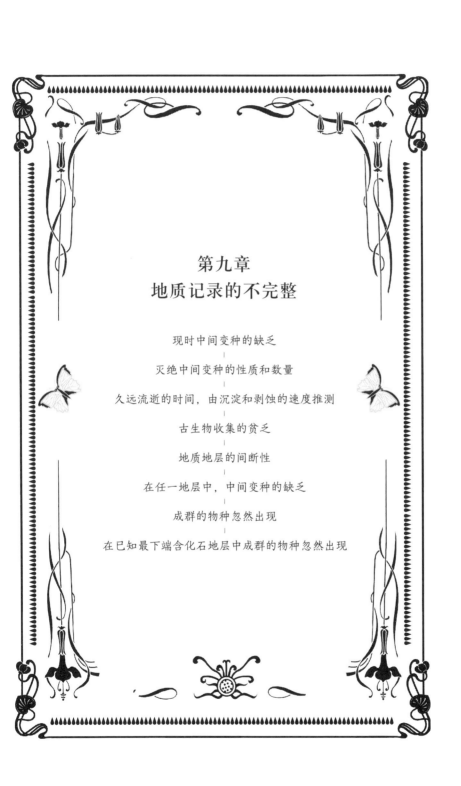

第九章
地质记录的不完整

现时中间变种的缺乏

灭绝中间变种的性质和数量

久远流逝的时间，由沉淀和剥蚀的速度推测

古生物收集的贫乏

地质地层的间断性

在任一地层中，中间变种的缺乏

成群的物种忽然出现

在已知最下端含化石地层中成群的物种忽然出现

在第六章内，我列举了对本书所持意见提出反对的主要合理观点。其中大多数业经讨论过了。有一反驳，即物种之间的区分显明，且没有无数中间环节把它们联系起来，是本书观点所遭遇的一极显明的困难。我已叙述理由，说明在如今明显是极相宜的环境下，即物理条件逐渐变化的广大和连续的地区上，为何这种中间环节通常不能被发现。我曾尽力指出，每一物种的生命依赖于其他现存生物更甚于依赖气候；所以真正管制生命的条件，并不像热力或水分那样可以逐渐消失于不知不觉之中。我也曾尽力指出，中间变种由于其生存的数目较之其所连接的类型数目更为稀少，故在其更加变化和改进的过程中，一般地即战败并被消灭。但是无数中间环节现在并未在自然界各处被发现，其主要原因是自然选择的实际历程，透过此历程新变种持续地把它们亲本类型的地位占领并把它们消灭。然而，既然消灭的过程是在极大规模上进行的，前此存在地面上的中间变种数目，按其比例，也必是极其巨大。那么为何每一组地层和每一地层中没有充满了此类的中间环节呢？地质学实在没有表明此种精细的、逐渐变化的生物序列，这可能是对我的学说的一个最显明最严重的反驳。对这个疑问的解释，我相信是在于地质记录的极度不完全。

第一，我们必须始终考虑着，依照我的学说，有哪些中间类型是从前必定生存过的。当观察任何两个物种时，我感觉很难不去在头脑中构想它们之间直接的中间类型。但这是一个完全错误的观念。我们应当寻求的只能是处在每一物种和尚不知道的一个共同祖先之间的中间类型，并且这个祖先在一些方面通常是不同于它所有变化了的后裔。兹举一简单的实例以明之：扇尾鸽和球胸鸽都源于岩鸽，假如我们保有所有曾经生存过的中间变种，我们应该在每个鸽种和岩鸽之间各发现一极其密切的过渡系列，但不能在扇尾鸽和球胸鸽中间有直接相连接的变种，例如既有放大的尾又有放大的嗉囊，同时表现出两品种特征的形态。再者，这两品种既然已经多有变化，关于它们的起源我们若无历史的或间接的证据，就不能只由比较它们与岩鸽的结构，决定两品种是由岩鸽传留下来的，还是由另一个有亲缘的物种如欧鸽传留下来的。

在自然界的物种也是这样，假如观察极不相同的类型，例如马和貘，我们就没有理由假定在它们中间曾生存过直接的中间环节，而是应假定它们和某一尚不知道的共同亲本间有中间环节。这个共同亲本，在它整个的组织上与马和貘应有不少一般相似的地方，而在一些结构方面又可能与马和貘极不相同，这些不同处或许甚至比马和貘彼此不相同之处更多。因此在所有这样的事例中，虽然我们把亲本的结构和它已改变的后裔的结构详加比较，除非我们同时有一几乎完全的中间环节的序列，我们也不能辨识出两个或更多物种共同亲本的形态。

依照我的学说也可能说，两个现存类型中的一个可能是从另一个产生出来的，例如马是从貘产生的；在此情形下，在它们当中就会有直接的中间环节。但这样的事例就必有一个类型停留了一个极长的时期没有变更，而同时它的后裔却经过极大量的变更。然而，生物个体彼此间的斗争，以及后裔和亲本斗争的原理，将要使此种情形成为一极稀少的事件。因为在所有的情况下，新的和改进的生命类型，都会倾向于代替旧的和未改进的类型。

依照自然选择的学说，所有现存物种是与每一属的亲本物种相联系的，它们的差异不比现在同一物种中的变种彼此的差异更大；并且这些现在一般不存在的亲本物种，在它们存在的时候，也是同样和更古老的物种相联系起来的；如此向上推进，总是向着每一大纲的共同祖先集中。照这说法，在所有现存和灭绝的物种中，过渡和中间环节的数目，就必定是不可思议地巨大。假如此学说是真实的，地面上就必然有如此大量的生物生存过。

时间的流逝

除由化石中不能寻出如此大量的中间环节外，人们还可反驳说，既然由自然选择所完成的改变皆是极其缓慢的，那么如果要完成如此大量的生物变化，时间是不够的。读者假如不是一个地质学家，我便很难向他灌注某些事实，使他能在意念中对时间长久的流逝有略微体会。查尔斯·莱伊尔爵士的伟大著作《地质学原理》，必将被未来的历史家认为是自然科学中的一场大革命；如果读过那本书的读者仍不承认以往各阶段的时间是如何不可思议地悠远，就可立刻把本书放下不读。就算读了《地质学原理》，或各观察家对不同地层的专门论文，并注意到每一作者如何试图对每一组甚至每一地层所经过的时期给出一个不确定的估计，也还是不够。人们必须自己先行在多少年中考察巨大叠置的地层，并长时观察海洋的动作如何把古老的岩石冲磨下来，做成新的沉淀，然后他才能了解一点时间的流逝，读懂它在我们周围所造成的许多伟大的纪念物。

如海岸的石层并不十分坚硬，沿着海岸行走，注意其剥蚀的过程，是有益处的。海潮每日冲到岩壁一般只有两次，为时亦短；只在浪潮夹有砂和卵石时，方能侵蚀岩石，因为净水少能或不能侵蚀岩石是确有明证的。岩壁的基部终被蚀空，重大的石块自上倒下，积存于此，一点一点被浪潮削小，随即能被浪潮转动，再其后即更快地被磨成卵石、砂粒或泥土。然而，我们常在向后退却的岩壁的基部看见变圆的巨石，全被海洋生物所遮盖，证明它们少经磨蚀且很少被转动！再者，我们如更沿着被剥蚀的岩壁行走数英里，就可看出正在受到冲蚀的岩壁只有一短距离，或只是围绕着海角而已。而从别处岩壁的外貌和植物的生长看来，自海水浸到别处岩石的基部以来，已经过了许多年代。

凡对于海洋对海岸的动作有仔细研究的人，我相信必深刻地认识到岩石海岸磨损之缓慢。在这一问题上，休·米勒和约旦山卓越的观察家史密斯先生的研究给人印象最为深刻。脑筋中对此有了一些印象，我们就可进而考察数千英尺厚的砾岩，虽然此种岩层造成的速度可比许多别种冲积岩较快，但因砾层是由剥蚀磨光的卵石造成，每个卵石都带有长久时期的印痕，这些卵石正适于证明此巨大砾岩积累得如何缓慢。在科迪勒拉山脉，我曾估算了砾石岩层的厚度，约达 10,000英尺。观察者应记着莱伊尔深邃的评论，说沉积层的厚度和范围是地壳在其他地方被剥蚀的结果和标尺。世界各处许多的沉积层，意味着何等大量的剥蚀！拉姆齐教授曾供给我英国各处每组沉积层的最大厚度，大多数是由实际测量得来的，少数是由估计，其结果如下：

古生界沉积层（火成岩层除外）....... 57,154 英尺

中生界沉积层 .... 13,190 英尺

第三系沉积层 .... 2,240 英尺

总共 72,584 英尺，约合 13 ¾ 英里①。有些地层在英国只有薄层而在欧洲大陆则厚达数千英尺。再者，依照多数地质学家的意见，在各组连续地层之间，仍有极长久的空白时期。所以在英国高耸堆积的沉积岩，其经历的时期也只能够给人一个不充分的印象；然而就是这个不充分的印象，亦可表示其经历的时期是何等悠久！杰出的观察家们曾估计，美国密西西比河沉积层的沉淀速度，每 10 万年只有 600 英尺。这个估计并不是严格精确的，但是如考虑到海流要从何等遥远处带来那些极细微的沉积物，那就可知它在任何一个地区的积累必是极其缓慢的。

同时，沉积层中许多地方所受剥蚀的数量（这与剥蚀物积累的速度并无关系），可以证明是经历了久远的时期。我记得在观察火山岛因被波浪磨损，周围被剥削得只留存一两千英尺高的直立悬崖时，我就深深认识到剥蚀的确证。因为根据熔岩先前在液体状态时所流成的缓慢坡度，就可一眼看出当初这些坚硬的岩层曾应伸入辽阔海洋有多么远。断层也更明白地说出同样的故事，那些地层沿着大裂缝一边高高升起，或者是沿着一边深深下降，其高度或深度常达几千英尺。因为自从地壳经此断裂后，该区域的表面经海水的行动已被完全磨平，

① 1 英里约等于 1.6 千米。

以至如此巨大的断错在外表上竟毫无痕迹可见。

例如，克拉文断层延伸超过 30 英里，沿此线地层的垂直位移为 600～3000 英尺。拉姆齐教授曾发表报告说，在安格尔西地区，地层曾下降 2300 英尺，并且他告诉我，在梅里奥尼斯郡，他确信地层的升降达 12,000 英尺，但在这些地方，如此巨大的运动在表面上并无痕迹可寻，一个侧面或另一个侧面上的岩石堆已完全被磨平。在考虑到这些事实的时候，我脑筋中所能得到的印象，犹如要徒劳地抓住永恒的概念一样。

我想要再说一个事例，就是关于威尔德地区著名的剥蚀，尽管若拿威尔德剥蚀与古生界岩层剥蚀相比较就好像九牛一毛——拉姆齐教授卓越的报告中曾提到，后者剥蚀厚度达 10,000 英尺。不过，站在威尔德中间的山地上，一面观望北唐斯丘陵地，一面观望南唐斯丘陵地，确能得到极好的启示。因为若记着南北两大陡坡西去不远就彼此相遇并连接起来，人们就可以确切地在头脑中想到，在白垩地层形成后期的一段极有限的时期内，威尔德地区是被一个巨大的穹丘遮盖起来的。据拉姆齐教授告诉我的，南北唐斯丘陵地相离约 22 英里，几组地层厚度平均约在 1100 英尺。但假如依照一些地质学家的意见，在威尔德地下仍有一系列较老的石层，在此老石层的两侧面上，铺盖着或比别处较薄的沉淀，那么上述的估计就难免有错。不过此种怀疑对地区极西段的原有估计或无多大影响。假如我们知道海洋对海岸任何特定高度岩石的一般冲刷速度，我们就可以测算出威尔德地区被剥蚀所需要的时间。自然这是不能做到的，但假若为使我们对此问题有些粗放的印象，我们可以假设海水对五百英尺高的石岩的侵蚀，其速度是每一百年一英寸。这个假设初看之似乎是太小，但假若是一个一码高的岩壁在全海岸上被海水侵蚀，差不多每经二十二年岩壁向后退一码，其速度是相同的，我怀疑任何岩石，即使软如白垩，除非特别暴露在海洋边，也不能销蚀如此之快；然而无疑地，高耸石岩由于碎块的坠落，其剥蚀的速度就必更快些。在另一方面，我不相信任何一个一二十英里长的海岸线，在其锯齿形的全长上剥蚀的程度是完全一样的。我们必须记着，几乎在所有的地层中都含有较硬的石层或核状石块，它们在岩壁基部可作防浪堤长久抗磨刷。我们至少可以深信，通常没有高达五百英尺的岩壁能在一百年磨灭一英尺，因为这个速度就等于一个一码高的石岩在每二十二年中后退十二码。并且我想凡细心在岩石脚下考察过古老的坠落碎石形状的人，必不能承认石岩的磨损能接近如此快的速度。因此在一般的环境下，我可推论一个五百英尺高的石岩在每一百年中能全面被磨蚀一英寸，就是一个有保留的估算了。依照上述的数据，按着这个速度，威尔德地区的剥蚀必须要 306,662,400 年，或说三亿年。或许更保险些，假如认为每一百年石岩可消失二或三英寸，其所需年代就可减到一亿五千万年至一亿年。

当威尔德地区上升时，在其缓坡上淡水的动作难能有这样大，于是上面估计的量数就须减少一些。在另一方面，我们已知道威尔德地区的地平面曾有升降，其地面亦必有数百万年是为陆地，因而不受海水侵蚀的影响。当地面下沉到海水下面时，亦必同样经过长久的时期，不受海岸波浪冲击的影响。所以从中生代的后段时期起，流逝的时间可能是长于三亿年。

我说了这些意见，是因为对于年代的久远我们有一些认识是至关重要的，无论这认识是怎样不完备。在这些年代的每一年中，全世界水陆各地皆充满了成群的生物。在人们脑筋难以领会的亿万年中，当有多少无穷世代的生物一个接一个地相继过去！现在转过来看我们最富裕的地质博物馆，我们所能看见的展览又是何等的贫乏！

古生物收集的贫乏

古生物收集的资料极不完全，这是人人所承认的。不应忘记已故的著名古生物学家爱德华·福布斯曾经说过，我们所知道的和已命名的诸多化石物种，乃是基于单独的、常常已破坏的标本，或者是基于在一个地方所收集的少数标本。全世界只有一小部分曾经过地质的探察，且没有一处是充分仔细的；现在每年在欧洲仍能有重要的新发现，就可证明。完全的软体生物没有能保存下来的。骨块和外壳若落在海底没有沉淀物积累的地方，就要腐烂消失。我认为我们经常有一个错误的观念，就是我们默认几乎全部海底皆有沉积物沉淀，其沉淀的速度足可以埋藏和保存化石的遗迹。但是在海洋的极大部分，海水是亮蓝的颜色，就说明了它的洁净。有许多经记载的事例说明，一组地层在间隔一很长的时期后，被后来的一组地层整体地遮盖起来，而下层的地床在此间隔中并未受到任何磨损，此种情况似乎只可解释为海底时常在长久时期中未曾经过改变。生物的遗体如被埋藏在沙砾里，当海底慢慢上升时，一般就要被渗透的雨水所溶解。我认为生活在海岸上高低水位之间的许多动物，少有能被保存下来的。例如小藤壶亚科（无柄蔓足动物的亚科之一）内有几个量数极大的物种，遮盖着全世界的岩石。这些动物几乎是完全生存在潮间带，只在地中海内尚有一种居于深海的，已在西西里岛发现它的化石。此外任何一种至今都并未在第三系地层中发现，虽然现已知道早在白垩时期中即有藤壶属生存。软体动物石鳖属也有部分类似的事例。

关于生存在中生代和古生代的陆地生物，我们所收集的化石遗骸是极其零碎的，此事实亦无须多说。例如，在这两大时代中并未发现一种陆地贝类（除了莱伊尔爵士和道森博士在北美洲石炭系地层中发现一种，这种贝类现已收集了几个标本）。关于哺乳动物的遗骸，只要一览莱伊尔《基础地质学手册》附录中的历史年表，就可深切明了其中得以保存的是何等稀少和偶然，这表格中的事实比之多少篇幅的说明更加清楚。假若我们再想到，第三纪哺乳动物的骨骸有多么大的比例是在洞穴或湖泊的沉淀物中发现的，而至今发现的洞穴或真正湖底岩层没有一个是已知属于中生界或古生界地层的，这种稀少更就不惊奇了。

但地质记载的不完全，较之以上所说的另有一更重大的原因，即各组地层之间是被长久的间隔分开了。当我们在著作中阅读各地层的表册，或者在自然界考察这些地层时，我们很容易误认它们是彼此密切相连续的。但例如由默奇森爵士论俄罗斯地质的巨著中，我们就知道在该国一些密切叠加的地层中间有很长的间隔，在北美洲和在世界许多别的地方其情形也是一样。就是最熟练的地质学家，假如他的注意力集中在这些大的地域上，他也难以想到在他所考察的区域内的空白荒芜的时期，在其他地方却已堆积起庞大的沉积层，其中充满了新的和特殊类型的生物。假如在每一个单独的区域内，相邻两组地层之间历经的时间长度都难以了解的话，我们或许就要推断，确切的时间在各处都是无从了解的。在相连接的两组地层中，矿物质的成分常有重大的改变，这一般就表明在其周围的地段上必有地理的巨变，因为地层的沉淀物是由周围地方来的。这些重大的改变，与我们所相信的每一组地层之间都间隔了极悠久的时期，是正相符合的。

我想现在我们可以明了，为何在每一个地区，地层几乎总是断断续续而非密切连贯的。在我考察南美洲千百英里的海岸时（此海岸在较近时期曾升高了数百英尺），有一个最使我注意的事实，那就是全海岸没有任何近代的沉淀物，其数量可以足够广大而维持即使是一个短的地质时期。整个西海岸都居住有一个奇特的海洋动物区系，而沿岸的第三系岩床极少有发展，于是地质内没有保存长久的记载，可证明古代曾存在几个连续而奇特的海洋动物区系。稍加考虑就可以使我们明了了，为何沿南美洲西边上升的海岸，没有发现含有近代或第三纪生物化石的广大地层，虽然在许多世纪中沉淀物的供给必是广大的，这些供给是由于海岸石岩的大量剥蚀以及流入海洋的浑浊江河。对这个状况的解释无疑就是，沿海滨和靠近海滨的沉淀物，当它们被缓慢逐渐上升的地层带起来，一旦进入海边浪潮冲蚀的范围，就不断地被磨损掉了。

我想我们可以肯定结论说，沉淀物必须是积累到极厚、极坚硬或是极庞大，才可以在地平最初升起的时候和以后迭次升降的时候，抵抗浪潮不断的冲刷。这样深厚和广大沉淀物可以由两个方法积成：一个是在极深的海水中，在这个情况下，从福布斯的研究加以判断，我们就可以结论说当时在海底只居住着极少的动物，及至沉积层升起时，对当时已经生存的类型只能给一个不完全的记录。另一个方法是假若海底是在持续缓慢地下降，沉淀物就可能在浅海底上面积累到任何厚度和广度。在后者的情况下，如果地层下降的速度和沉淀物供给的数量几乎相平衡，海水就可保持是浅的，并宜于生物的发展，于是一组有足够厚度的含有化石的地层就可以造成，等到地层升起时它就足可以抵抗任何分量的剥蚀。

我相信所有富含化石的古代地层皆是在地层下降时造成的。自从1845 年我对此问题发表意见时，我就注意地质学的进展，并且惊奇地看到一个继一个的作者在讨论这一组或那一组大地层时，皆得到结论说化石的积累是在地层下降时。我可补充一句，即在南美洲西海岸唯一的古第三系地层，其沉淀物的积累也可确定是在地层下降的时期，并因此达到了相当的厚度。它的厚大足以抵抗它承受过的剥蚀，但它将不能够维持一个久远的地质时期。

所有的地质事实明白地告诉我们，每一个地区曾经过多次的地平缓慢升降，这些升降显然曾影响到广大的地区。因此富含化石的地层必须有充分的厚度和广度以抵抗随后的剥蚀，这种地层可能是当地平下降的时候在广大的地区形成的，且是那里沉淀物的供应要足可以经常保持海水的浅度，并是可以在遗骸没有腐烂之前把它们埋藏和保存起来。另一方面，在海底保持不动时期，厚的沉淀层不能在最宜于生物发育的浅海地区积累起来；当地平交替上升时期，厚层的积累更不能形成，或者更精确地说，海底的积累，当上升进入到海岸浪潮影响的范围时，就要被毁灭。

照此说来地质的记载几乎必须是断断续续的。我深信这些意见的真实性，因为它们与莱伊尔爵士所教导的一般原理和福布斯随后单独所得到的相似结论完全相符合。

另有一个意见这里亦可顺便地提出。在地层上升时期，陆地面积和邻近的沙洲部分就要增加，并且形成新的动植物生存区域，所有这些环境，如前所述，对产生新变种和新物种都是极其有利的，但是这样的时期地质记载通常是空白。另一方面，在地层下降时期，生物生存地区的面积和生存的数量就要减少（大陆的海岸初次分裂成为群岛处的生物除外），因为这个缘故，在这时虽然许多生物被毁灭，新变种或新物种却仍是少有产生出来。但是只有在这些下降时期，富含化石的大量沉淀层方能积累起来。人们几乎可以说，大自然对它的过渡环节类型是保卫着不使常被发现的。

依照上述各种考虑，地质记载整个说来无疑是极不完全的；但假如我们专门关注某一组地层，那我们甚至更不容易明白，为什么我们不能在地层开始和终结时期分别生存过的亲缘物种之间找出密切连续过渡的变种来。在一些事例中曾有记录，同一物种有不同的变种生存在同一组地层的头尾两部分中，但因这样的事例是少有的，这里姑可略而不论。虽然每一地层无可争辩地需要极长年代才可造成，但我有几个理由可以说明，为何每一地层不能在它所生存的物种中包括有一系列的中间环节。然而对下面所述各意见，我是无法给出它们应有的权重。

虽然每一组地层可以表示一个极长久的年代，但若比之一个物种变换到另一物种所需要的时期，或许仍是较短。我知道两位古生物学家柏朗和伍德瓦德，他们的意见是值得尊敬的；他们的结论是平均每一组地层构成的时间是两三倍于物种类型成长的平均时间。但我以为，有不可克服的困难阻碍着我们对此问题得到公正的结论。当我们在一组地层的中部第一次看到一个物种，我们就推断前此在别处并没有这个物种，那就未免极其鲁莽。再者，当我们发现在一组地层最上几部分仍在沉积时，一个物种业已失踪，我们就猜想这物种就在那个时期完全消灭了，这也是同样地鲁莽。我们忘记了欧洲面积比之全世界其余地方是何等微小，也没有把全欧洲各处同一组地层的几个阶段完全精确地互相关联起来。

关于各种海洋动物，我们可以稳妥地推定，在有气候和别种改变时，它们就大量迁移。当我们第一次看见一物种在任何地层中出现时，最可能的是那时它是初次迁移到这地区的。例如大家都知道有几个物种在北美洲古生界地层中比在欧洲出现较早；从美洲海洋迁移到欧洲海洋显然需要一些时间。当考察全世界各处最近的沉淀物，在各处都可以看到有少数现在仍生存的物种也常存于沉淀物中，却在这沉积层附近的海洋中都已绝迹。或者相反，一些物种在某一海域中现仍甚多，而在附近的某处沉淀物中则很少看见或是绝迹。冰川时期的情况是一个极好的启示，例如思考冰川时期栖居在欧洲的生物的迁移（这一数量已是确切的），或思考地平的大改变、气候的剧烈变动、所经过年代的悠久，这些都是在这同一个冰川时期内曾发生过的，而冰川时期只不过是全地质时期的一部分。但可以疑虑的就是，在这整个冰川期，是否在全世界任何地方，沉积物，包括化石的遗骸，仍在它原来地区继续地积累着。例如靠近密西西比河口在海洋动物能够繁殖的有限深度范围内，沉积物很可能不是在整个冰川期都在沉淀的，因为我们知道在这一段时期，在美洲别的地方，广大的地理改变正在进行着。在密西西比河口的浅水地方，这样的沉淀层在冰川期的一部分时间中将被升起，因此，生物遗骸由于物种的迁移和地理的改变将很可能在不同的水平高度上最早出现和消失。在遥远的将来，地质学家在考察这些沉淀床时，或者会被引诱到结论说，埋藏化石中的生物的平均生存时期是短于冰川时期；而事实是比冰川时期更长，因为它是从冰川时期以前一直延续到现在。

为要在同一组地层头尾两部分之间得着两个类型间的一个完整过

渡，沉淀层的积累必须要经过一极长久的时期，生物变异的缓慢过程才可以有充足的时间进行，于是沉淀层一般就必须成为极厚的，并且正在变化的物种也必须在这整个期间连续生存在同一地区。但我们知道，一组厚的含化石地层只能在地层下降时才可以积累起来。为使同一物种在同一地方继续生存，海水深度必须几乎是长久相同，这样沉积物的供给量必须几乎是和下降量相平衡。但地层下降的运动常使沉积物的来源地连带下降，于是当下降运动持续进行时，沉积物的供应就要减少。事实上，沉积物的供应和下降的数量能够几乎正相平衡，可能是一个少有的偶然事件，因为不止一位古生物学家考察，在极厚的沉淀层中除靠近地层首尾两端外，通常是没有生物遗骸的。

每组单独地层，与任何地方的整堆地层一样，它的积累总是断断续续的。当我们看见一组地层是由矿物成分各异的矿床组成时（通常就是这样），我们就可以合理地认为沉淀的过程是多有间断的，因为无论是海流有所变更还是沉淀物的来源改变了性质，通常都是因地理的改变造成的，这些改变都需要长久的时间。无论人们对一组地层有何精细的考察，但对沉淀所经过的时间总不能得到任何概念。一个地方的地层厚只数英尺，却代表着别的地方必定是由极长时间积累的厚达数千英尺的地层，这类例子不胜列举，不了解这一事实的人就会怀疑这样浅薄的地层如何能代表一极长久的时期。可以给出许多事例，一组地层的底层曾被升起，又经过剥蚀，再度下降，然后才被同一组地层的上层遮盖起来；这些事实都可显示出，在沉淀积累中，间断的时期是何等长久，且易被人忽略过去。又在些别的事例中，我们有巨大的乔木化石仍像生长时那样直立着，最清楚地证明了沉淀的过程经过了长久的时间和海平面的改变。假如不因这些乔木偶然地被保存下来，人们甚至不会猜想到是这样的。莱伊尔和道森在加拿大新斯科舍省发现1400英尺厚的石炭系地层，其中发现含有树根的沉积层，层层相叠，不下68层之多。因此当我们发现同一物种生存在同一组地层的底部、中部和上部时，很可能的情形就是这一物种在整个沉淀时期，并不一定是在同一地点持续生存；它们可能是在这同一地质时期已经消失和复现过多次了。因此若是这一物种在任何地质时期曾有大量的变化，那么地层的一段就不能包含这些变化之间依照我的学说必定存在的所有精微的中间级次，而只有一些突然改变的类型，即使这改变是极其轻微的。

最要紧的是必须记着，博物学家没有一个指导原则可用以分别物种和变种。他们承认每一物种都有些小的变异性，但当他们在任何两个类型之间碰到一些较大的差异时，就把两个类型皆列为物种，除非能发现一些密切的中间级次把两类型联系起来。根据刚才说过的理由，我们少能希望在某一段地层中完整地发现它们。假设B和C是两个物种，而第三者A是在下面地层中发现的，纵然A确实是B和C之间完美的过渡，但除非同时另有一些中间变种把它与二者或二者之一密切地联系起来，否则A也必然被列为第三个不同的物种。我们也必须记住如前所说，A可能是B和C的实际祖先，如此在所有的结构上，A可能并不恰好是两者的确切中间物。所以尽管我们可以从一组地层的下部和上部发现亲本物种和其几个已经变化的后裔，但除非发现它们中间的许多过渡级次，我们就不能认识它们的亲缘关系，因而就被迫把它们都列为不同的物种。

大家都知道，许多古生物学家是以何等微小的差异建立不同的物种；假如所用的标本是来自同一组地层不同的亚阶上，他们更容易这样做。有些有经验的贝类学家现在把多尔必尼和别的学者们确定的许多有精微差异的物种降为变种，照这种观点我们确实已找到了依照我的学说应当能找到的物种改变的证据。再者，假如我们考察较大的时间间隔，即考察同一组广大地层中不同的但是连续的阶，我们就能发现，埋藏的化石标本虽然几乎普遍被列为不同的物种，但比之在更辽阔分离的地层中所发现的物种，则彼此更加近缘。关于此题我将在下章内再行讨论。

另有一意见值得注意。对于能够迅速繁殖而移动能力不强的动植物，有理由可以猜测，如我们以前所看见的，它们的变种起初普遍是地方性的；而这些地方性的变种不到它们已有相当程度的变化和完善时，都不能够广为分布并代替它们亲本的地位。依照这个意见，在任何地方的一组地层中能发现两个类型之间所有的早期过渡阶层，这种机会是不大的，因为这些持续的改变是地方独有的，或是被局限于某一地区。大多数海洋动物是分布广大的，而我们已经知道关于植物，凡分散到广大区域的，最能常有变种。贝类和别的海洋动物很可能也是如此，凡能分散到极广大区域，广大到远为超过欧洲已知道的地层范围的，它们就最能常常产生新类型：起初是地方性的变种，最后就产生新的物种。这样我们能在某一组地层中追溯过渡阶层的机会又大大地减少了。

不要忘记现在采用完整的标本作研究时，两个类型少能用中间变种联系起来以证明它们是同一个物种；必得在许多地方收集了许多标本，方可予以确认。但要为化石物种收集到这些标本，古生物学家很难办到。为了理解用大量精细的中间化石环节来连接物种为何是不可能的，我们或许可以问我们自己，地质学家在未来时代能否证明，我们各种不同的家畜例如牛、羊、马、狗等的品种，究竟是从一个还是好几个原始祖先传留下来的呢？或者同样地我们也可以问，生存在北美洲海边上的海洋贝类，有些贝类学家认为它们与欧洲的代表性贝类是不同的物种，另有些贝类学家只把它们列为变种，而事实究竟如何呢？这样的问题，将来的地质学家只有在化石中发现许许多多中间级次方能给出答案，而这种事情的成功我以为是极不可能的。

地质的研究虽然给现存的和灭绝的各属增加了许多物种，虽然使少数类群彼此之间的距离稍微缩小些，但对打破物种间的分离几乎毫无作用，未能用许多精细的中间变种把不同的物种连接起来。这种工作未能完成，可能是对我的学说的所有反驳中最严重最显明的，因此值得提出一假设以总结以上的讨论。马来群岛的大小约等于欧洲北自挪威北角、南至地中海、西自不列颠、东至俄罗斯的面积，也就是约等于除美国外所有曾经详细考察过的地层。我完全同意格德文－奥斯汀先生的意见，认为马来群岛现在的状况，即有许多大岛被广阔的浅海分开，或可代表欧洲从前的状况，那时欧洲大多数的地层是正在沉淀积累的时期。马来群岛是全世界上生物最丰富的区域之一；但纵使能把所有曾在那里生活过的物种全行收集起来，用它们来代表全世界自然史，也将会是何等不完全！

但我们有各种理由相信，该群岛的陆地生物在地层积累中所能保存的仍是极度不完全。我以为，完全生活在潮间带的动物，或生存在海底裸露岩石上的动物，是少能被埋存起来的；就是那些被埋藏在沙砾中的，也不能长久保存。凡海底没有积累沉淀物的，或凡有沉淀而积累速度不足以保存生物躯骸使不腐烂的，就没有遗骸可以保存下来。

我相信，马来群岛要想形成含有化石的地层，且其厚度在将来足够支持一个长久的时期，如同在以往中生代形成的地层一样，就只能是在地平下沉的时候。这些地平下沉的时期，各次之间是被极长久的间隔时期分离开来，每当间隔时期该地区或是上升或是停止不动。当地层上升的时期，每组含化石地层一有积累，就被永不停息的海岸浪潮把它消灭了，犹如我们在南美洲海边所看见的一样。当地层下降时，就或有大量生物被毁灭；当地层上升时，生物将有许多变异而地质的记载却最不完全。

有疑问的就是，马来群岛整个或一部分下沉的长久时期，也就是它积累沉淀物的时期，能否超过相同物种类型平均生存的时期。这一条件对保存两个或多数物种间所有过渡级次是必不可少的。假如这些中间级次不能被全部保存，中间过渡的变种即将被认为是许多不同的物种。每一个地层长久下沉的时期，也可能被地层的迭次升降所隔断，并且在这长久的时期中也可能有气候的轻微改变。在这些情况下，群岛上的生物也就必须迁移，这样在任何一组地层中就不可能有密切连贯的记录把所有的变化都保存起来。

群岛上的极多海洋生物，现已分布到其范围数千英里以外的地方。类推的方式令我相信，这些远远分布的物种最常能产生新的变种；并且这些变种起初大都是地方性的或限于一处，但如它们秉有任何决定性的优胜条件或有何进一步的变化和改进，它们就必慢慢地向外分布并代替它们的亲本类型。这些变种如有回到它们原来的家乡时，它们就已经与其原有状态不同，改变虽然可能极微但几乎是一致，因此大概就会被许多古生物学家依照他们的原则，列为新的不同的物种。

假如以上所述有一定的真实性，我们就没有理由希望在我们的地层中可以发现无数精细的过渡类型，这些类型依照我的学说必定要把所有灭绝的和现存的同类群物种联系成一有分支的生命长链。我们应当只希望找到几个少数环节，有些比较是近缘的，有些是远缘的；并且这些环节无论是如何接近，假如是在同一组地层不同的阶中发现的，大多数的古生物学家就要把它们列为不同的物种。但是我不讳言，假若不是因为在每一组地层头尾两端的物种之间难以找出无数的过渡环节，这事实对我的学说施加了重大的压力，我将不会猜想，即使是保存得最好的地质断面在显示生物的变异上也是无比地贫乏。

成群的亲缘物种忽然出现

在某些地层中，整群的物种突然被发现，以致使几位古生物学家，如阿加西、皮克泰以及观点最强烈的塞奇威克教授，都极力提出此现象作为对物种可变的信念的一个致命反驳。假如同属或同科的许多物种果然是一齐涌现的，这个事实对物种是经过自然选择、由缓慢变化的同源衍生分化而来的学说，就是致命的打击。因为从一个始祖传留下来的一群类型，它们的形成必须是有一个极其缓慢的过程，并且这些始祖们生活的时期，必定是远在它们变化了的后裔之前。但我们总是太高估计地质记录的完全程度，并且因为某些属或科在某一阶地层之下没有被发现，就错误地推论它们在那以前是不存在的。我们总是忘却，若把世界的面积与已经详细考察过地层的面积相比较，世界是何等广大。我们也忘记了成群的物种在它们未侵入欧洲和美国古代的群岛以前，曾久已生存并且在别的地方慢慢繁殖起来。我们没有考虑到在许多相连续的地层之间经过了极长久的间隔时期，其长度在一些事例中或比每一组地层积累所需时期更长。这些间隔就给了物种从一个或少数亲本繁殖出来的时间，于是在几组连续地层中这些物种的发现就使人以为它们是忽然创造出来的。

在这里我可以重说一个前已说过的话，即一个生物体要改变以适应一个新的特殊的生活方式，例如能在空中飞，可能需要一段极长久的时间；但这改变一旦成功，少数几个物种对于别的生物就有一个重大的优势，于是只需要比较短的时间就能产生出许多不同的类型，得以迅速广泛地分布到全世界。

我现在要举几个实例解释这些论点，用以指明在认为整群物种忽然产生的问题上，我们是如何犯错误的。我可提到一众所周知的事实，就是在不多年前曾出刊了些地质论文，对哺乳动物纲总是说它们是在第三纪开始时忽然出现的；但现在已发现一个最富含哺乳动物化石的堆积层，由厚度可知它是属于中生代中期的，并且有一个真正的哺乳动物是发现在这一大时期开始时的新红砂岩内的。居维叶一贯极力主张，在第三纪形成的沉积岩层内没有猴类存在；但现在印度和南美洲已经发现灭绝的猴种，甚至在欧洲下至始新统地层中业已发现。若不是因为在美国新红砂岩层中发现少数偶然保存的爪印，谁又敢想除爬行动物外，另有不下三十种鸟类，并且有些是身躯极庞大的，也生存在那时期？在这些岩床中，连一个碎骨片也没有找到。尽管在化石的印痕中所显出的骨节数目与现在生存的鸟脚趾数目相符合，有些作者仍然怀疑这些留印痕的动物是否真是鸟类。直到最近，这些作者可能仍然坚持（有些确实坚持），整个鸟纲是在第三纪早期忽然出现的。但是我们现在知道，依照欧文教授的研究（见莱伊尔的《基础地质学手册》），在上层绿砂岩层沉淀时期①已确有一种鸟生存了。

我可再说一个我亲眼所见的事例，它给我印象甚深。在一篇关于

---

①大致对应早白垩世的阿尔比诺期，比第三纪早约 4000 万年。——编者注

无柄蔓足动物化石的报告内，我曾说过，由于第三纪至今现存和已灭绝的蔓足动物种类之丰富；由于其物种个体之繁多；由于它们在全世界分布之广，自北极区到赤道，居住在不同深度的水内，自海潮的高线到深至五十英寻；由于在最古老的第三系岩层内样本也被保存得十分完整；由于即使是其壳瓣的破片也能容易被认识出来；由于所有这些实况，我推论无柄蔓足动物如果在中生代是生存过的，它们就必被保存下来并被发现；而在这个时期的岩层中连一个蔓足物种也没有发现，我就因此结论说，这个大群类是在第三纪开始时忽然产生的。这对我是一极度的困难，我想，又一个大类群物种是忽然地出现了。但在我的报告几乎要发表时，一位高超的古生物学家波司奎先生寄给我一张完整的标本图，毫无疑义是无柄蔓足动物，这标本是他亲自从比利时的白垩岩层内挖出的。而且，仿佛是要使这一事例尽可能突出似的，这无柄蔓足动物是小藤壶属，这是极普通、极大、无处不有的一属，但在任何第三系沉积层内从未发现一个该属标本。由此我们现在就确切地知道，无柄蔓足动物在中生代内已经生存，并且这些蔓足动物可能是我们第三纪和现在生存的许多物种的始祖。

许多古生物学家最经常强调的、分明忽然出现一个大群物种的事例，是白垩系下段的硬骨鱼类。这个类群包括大多数现存的物种。最近皮克泰教授又把它们的生存更提早一亚期，并且有些古生物学家相信，某些更古的鱼种，虽然它们的亲缘关系现尚未完全知道，实则也是硬骨鱼类。不管怎样，假如承认这整个类群是在白垩地层开始形成时一齐出现了（犹如阿加西所相信的），这事实虽然必是很值得注意，但我仍看不出它对我的学说是一不可克服的困难，除非能证明这类群的物种是在全世界同时忽然出现的。要提及赤道以南几乎没有发现过任何鱼类化石，差不多是多余的；略阅皮克泰的古生物学著作就可知道，在欧洲几组地层只发现少数几个鱼种。现在有少数的几个鱼科，它们分布的范围也是不广。硬骨鱼从前或者也是分布不广的，或者是先在一片海内经过大量发展后再广为分布的。我们也没有理由以为世界上的海洋一向是自南到北如现在这样畅通的。甚至在今天，假如马来群岛变成陆地，那么印度洋的热带部分就要变成大而几乎完全封闭的大洋盆地，生在其中的任何大类群的海洋动物都可以滋生繁盛。它们将生存在有限的区域内，直到有些物种变得能适应生存于较冷的气候，并能绕过非洲或澳洲的南端海角，抵达别的遥远海域。

由于这些和其他相似的成熟的意见，但更主要的是由于除欧洲和美国外我们对别处的地质一无所知，以及特别是最近十余年内的发现引起的古生物学观念在许多要点上的革命，在我看来，倘若我们要对全世界生物的演替有何武断的主张，其鲁莽犹如一个博物学家在澳洲某荒旷地点才登陆五分钟，便议论那里各种生物的数量及分布的范围一样。

在已知最下端含化石地层中，成群的亲缘物种忽然出现

另有一个相关联的困难，它更加严重。我是指许多同类群物种在已知最下层含化石岩层中的忽然出现。大多数的论据使我相信，同类群的所有现存物种都是从一个始祖传留下来的，这用在已知的极早期物种上，也几乎是同样有效。例如我相信，所有志留纪的三叶虫皆是从一种甲壳动物传留下来的，这甲壳动物必是早在志留纪以前已经生存，并且或与任何已知动物大有不同。有些最古老的志留纪动物，如鹦鹉螺和海豆芽等等，与现存物种并无大差异。依照我的学说，这些

古老物种并不能被认定是它们所属这些目的所有物种的始祖，因为它们并不表现有任何程度的中间环节。再者，假若它们是这些目的始祖，它们就必早被这些众多的有改进的后裔所代替、所消灭。

因此，假若我的学说是真实的，那么不容置疑，早在志留系最下端的地层积成以前，必已经过一长久的时期，其长度或如从志留纪时代直到现在，或比它更长，并且在这悠久的人所不知的时期中，全世界都充满了生物。

或问对这广阔的原始时代我们为何找不到地质的记录？我对这问题不能给以圆满的答复。以 R.默奇森爵士为首的几位最著名的地质学家相信，在这志留系地层最下端的生物遗骸中，我们开始看见地球上生命的曙光。别的高明能干的鉴定家如莱伊尔和福布斯，就怀疑这个结论。我们不应当忘记，我们只精确地知道全世界的一小部分。巴兰德先生晚近为志留系地层又添加了一个更下的阶，其中有大量新的和特殊的物种。在巴兰德所称的原始区域之下，在龙明德层中又发现了生命的痕迹。在一些最下端的无生物岩石中曾发现磷酸盐结核和沥青质，或可指示在这些时期已有早期生命存在。但要理解为何没有大堆的含化石沉积层，是一极大的困难；依照我的学说，早在志留纪以前它们必定已在一些地方有些积累。假如这些最古老的石层是完全被剥蚀磨灭而消失，或者是在岩石变质的动作中消灭了，我们应当在相邻的地层中找出些小的残迹，这些残迹通常应是在变质状况下的。但我们现在所具有的关于俄罗斯和北美大片的志留系沉淀层的记载，并不支持地层越老越是受到极度的剥蚀和变质。

这问题现在还不容易说明，或许确可认为是反对本书所持意见的有力论据。为要表明它以后或可得到一些解释，我可提出下面的假说。

从欧洲和美国几组地层中的生物遗骸的性质，可以发现它们不是居住在极深水中的；从造成地层的沉积物有时厚达若干英里，我们可以推论，现在的欧洲和北美洲大陆附近，在沉积的过程中从始至终必有些大海岛或大片陆地以作来源。但在相邻的两组地层之间，我们不知道其间隔期间的情形如何。在这间隔期间，欧洲和美国究竟是陆地，还是没有沉积物沉淀的近陆海底，又或是广阔而深不可测的海底，我们都不知道。

考察现存的大洋，它是陆地的三倍，其中散布着许多岛屿，直到现在尚没有一个海洋岛上发现有古生界或中生界地层的遗迹。由此我们或可推论，古生代或中生代时，在我们现在大洋所达到的地方既没有大陆也没有大陆岛。因为假如它们曾经存在，就极可能有古生代或中生代时形成的地层由它们磨蚀和碎裂的沉积物积累而成，并且在这广大悠久的期间，由地层的迭次升降，至少必有一小部分向上升起。假使是这样，若我们又可由这些事实作任何推论，我们就可以说，在现时大洋达到的地方，从极久远有记录的时期也就必是这样；在另一方面，现时有大陆的地方也必在最早志留纪时期就有大段陆地存在，无疑地，这些陆地是随着地层迭次的大升降而升降。在我论珊瑚礁的书里附带着的彩色图使我作出结论说，大洋现在仍是主要的沉没区，大群岛仍是地层的升降区，大陆是升起区。但我们有何理由能认为，自世界开始以来事物都是这样永恒不变的呢？我们的大陆似乎是在许多次地层升降中由升起的力量占优势而造成的，但这些优势的地区能经过长久的时期没有改变吗？在志留纪以前不可臆测的时期中，现在大洋伸展的地方，也可能是大陆存在的地方，现在大陆所在的地方也可能是广阔清澈的大洋存在的地方。我们也没有理由认为，假若太平洋底变成大陆，我们就可在这大陆内发现比志留纪更古的地层，并认为这些地层是由从前的沉淀而造成的。因为沉积层一旦下降若干英里而更接近地球的中心，其受到上层深水极重的压力，就很可能比靠近地面的沉积层受到更严重的变质作用。在世界上有些广大裸露变质地层的地区，例如在南美洲，这些变质地层必是在高压下受到高温作用，我认为对这情况应有一些特别的解释。我们或者可以相信，早在志留纪以前，在这些大地区内当有许多组地层是完全在变质状况之下的。

在本章内有几个困难业已讨论，即在相连接的地层内许多现存的或灭绝的物种之间，不能找到无数的过渡环节；在欧洲地层中许多成类群的物种忽然地出现；在志留系地层以下含化石的地层，就目前所知，几乎是完全没有。所有这些困难，无疑其性质是极严重的，我们从以下事实就可以清楚地看到：所有最著名的古生物学家如居维叶、欧文、阿加西、巴兰德、法康纳、福布斯等，和所有的大地质学家如莱伊尔、默奇森、塞奇威克等，一致地甚至常常是很强烈地坚持物种是不变异的；但我有理由相信一位杰出权威莱伊尔爵士，他经过深入的考虑对这问题有了极大怀疑。我一向认为我们所有的知识都归功于这些杰出权威和别的专家，如今我却与他们的看法相异，这是何等地鲁莽。凡有人以为地质的自然记录在各方面都是完全的，并对本书所提出别种事实和论据都认为无关紧要，无疑地就要立即拒绝接受我的学说。就我来说，依照莱伊尔的比喻，我认为自然地质的记录是一部保存不完全的世界史，是用变化的方言写成的，我们只有这历史的最后一卷，只关系到两三个国家。在这一卷中，只在此处或彼处有零散的篇章保留下来；每一页中，也只在此处或彼处留下零碎几行。这历史是用缓慢变化的语言写出的，这语言所用的每个字本身在这些断续不定的篇章内，其意思多少有些不同，这些文字就如表面上忽然改变的生物类型，埋藏在相连续却长久分隔的地层中。依照这个说法，上面所讨论的各种困难就可大为减少甚或消失了。

第十章
生物在地质内的演替

新物种缓慢地相继出现

新物种以不同的速度改变

物种一经消灭就不再复现

成群物种的出现与消失，其规律是与单独物种相同

灭亡

全世界生物类型的同时改变

灭绝物种彼此间的亲缘和它们与现存物种之间的亲缘

远古类型的发展状况

在相同地区内相同类型的演替

前章和本章的提要

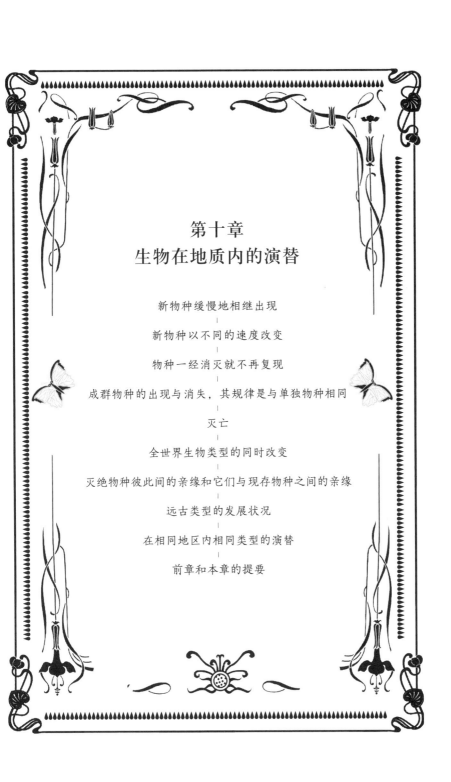

　　让我们看看生物在地质内演替的若干事实和规律，看它们是与物种不变的通常意见相符合，还是与物种通过同源衍生和自然选择而缓慢地逐渐变化的意见相符合。

　　新物种在陆地上和在水中都是极其缓慢地相继出现。莱伊尔曾指出了在第三纪的几个阶中难以反对的证据；并且每年都有新类型来填补它们之间的空白，使灭绝类型与新增类型日益平缓地渐变。在有些最近代的地层内（如以年计仍是极古的），只有一两个物种是灭绝的，并且也只有一两个新类型，或是地方性的，或是据我们所知是在地球各处的，是首次出现。我们假如认为腓利比在西西里岛考察的结果是可靠的，则该岛的海洋动物多有连续的改变，并且是极其平缓地渐变的。中生界地层更多中断，但依柏朗所说，在每一组分隔的地层中，许多现已灭亡物种的出现和消失并非是同步的。

　　不同属或不同纲的物种，改变的速度和程度都是不同的。在第三纪最古老的地层内，在成群的已亡类型中仍可发现几个现存的贝类。对于相似的事实，法康纳曾举出一个突出例子：在喜马拉雅地层下层中,在许多已亡的奇怪哺乳动物和爬行动物中间仍有一种现存的鳄鱼。志留纪的海豆芽与这个属现存的物种并无多大分别,而志留纪的多数软体动物和所有的甲壳动物都有很大的改变。陆地生物改变的速度比之海洋生物似乎较快,最近在瑞士曾发现一突出的实例足可为证。我们有理由可以相信,高级生物比之低级的改变较快,虽然此规律仍有例外。皮克泰曾说,生物的变化程度并非与地层层序严格一致,所以在每两组相邻的地层中,生物形态改变的多寡少有相同的。不过假如我们比较任何两组地层,除非它们联系至为密切,否则我们就会发现所有的物种都经过了一些改变。当一个物种从地面上消失了,我们有理由可以相信同样的类型就绝不能再行发现。对这个规律看起来最有力的例外就是巴兰德所称的"移殖团",这个团在一个期间内曾插入一组较老的地层中,于是仿佛是前此生存的动物区系后又复行发现。莱伊尔解释说,那是动物从一不同的地理区域暂时迁移过来的事例,此说我以为是令人满意的。

这些事实都和我的学说很相符合。我相信没有固定不变的发展定律,可使一地的所有生物都忽然、同时或同程度地变化。变化的过程必定是极其缓慢的。每一物种的变异性与所有别的物种的变异性完全无关。这种变异性是否为自然选择所利用,这些变异是否或多或少被积累起来终于使物种得有或多或少的变化,取决于许多复杂的偶然事件,诸如变异是否有利、互相杂交的能力强弱、繁殖的速度、当地缓慢改变的物质条件,尤其是取决于与正在变异的物种发生竞争的那些当地其他生物的性质。因此人们就无须惊异,一个物种比别的物种保留它不变的形态更为长久,或者若有改变也是较小的。在地理的分布上也可以看到相同的事实,例如马德拉群岛的陆地贝类和甲虫类动物与欧洲大陆极近缘的种类相比较，彼此已有很大的差异，而同时海洋贝类和鸟类就保持着一致。我们或者可以明了，陆地生物和较高等的生物比之海洋和较低等的生物，改变起来更加迅速，这是由于高等生物与它们有机和无机的生活条件的关系更为复杂，这一点在以前章节中业已说明。当一地方的许多生物有所变化和改进时，我们可以明了，依照竞争的原理和生物个体彼此间许多最重要的关系，任何类型若不在一些程度上有所变化和改进，它就易被灭绝。因此，假若我们观察足够长久的时期，就可以知道为何在同一地方的所有物种最终必定变化，因为那些无变化的生物必将归于灭亡。

同纲的各成员在长久和相同的时期内，它们的平均改变量或可几乎相等。但既然含化石地层的长久持续的积累是靠大量沉积物沉淀在下降中的地段上，我们的地层必定是被悠久而且无定的间隔时期所打断的，因而生物的改变量，有如相连接的两组地层中埋藏的化石所表现出来的，就不是相等的。依照这个观念，每一组地层并不能代表一次新的、完整的创造行为，而只是一场缓慢变化的戏剧中偶然的一幕。

我们能够清楚地明了为何一个物种一经消失就绝不复现，纵然同样的有机和无机的生活条件都又重现。因为尽管一个物种的后裔在自然组织中能够适应而补充别一物种的地位(无疑发生了许多这类例子)并取而代之，但这新旧两类型不能是完全一样的，因为它们已经从它们不同的始祖继承了不同的特征。举例来说，假若我们的扇尾鸽都完全被消灭了，而我们的育种家在长久的年代中仍努力向同一目标进行，他们一样能养出一新品种，与我们现存的扇尾鸽无甚分别；但假若亲本岩鸽也全被消灭，并且在自然界我们相信，亲本类型一般是被它改进的后裔代替和消灭的，在此情况下，若说一个完全与现存品种相同的扇尾鸽能从别的鸽种培育出来，或者从别的已经驯养的品种培养出来，那是十分难以置信的事，因为新成立的扇尾鸽必定要从它的新祖先继承一些轻微不同的特征。

成群物种，即一属或一科，它们的出现和消失所遵从的规律是与单一物种相同的，只是改变或快或慢，改变的程度或大或小。一群物种一经消失后就不再行出现，换言之，它的生存期间无论长短，总是继续不断的。我也知道对此规律有一些显然的例外，但这例外是惊人地稀少，所以福布斯、皮克泰和伍德瓦德（虽然他们对我所主张的意见都强烈地反对）都承认这一规律的可靠，而这个规律与我的学说正相符合。既然同群体的所有物种是从一个物种传留下来的，那以下推论就是很清楚的：只要一类群中任何一物种出现在世代的长期演替中，那么这一类群的成员也必持续存在，于是才能产生新的有变化的或者旧的无变化的类型。例如海豆芽属的物种，必定是从最早的志留纪一直到现在连续不断地生存着，中间世代并无间断。

由上章所说，我们有时看到一类群的物种可以忽然出现的假象，对这种情况我已经做过说明；假若这种出现是真实的，那它对我的观点可有致命的打击。但这种现象确极不常见，一般的规律是物种数目逐渐地增加，直到这一类群的数目达到最多，然后或早或晚就要逐渐减少。假若将一属内物种的数目或一科内属的数目用一粗细可变化的垂直线来代表，穿过含有物种的相连接的地层，垂线的下端有时就不是一个尖点，而是表现出突然露头的假象；垂线然后向上逐渐变粗，有时在一段中保持同一粗度，最后在较上的岩床中变细，表示物种数量减少并最后消灭。一类群物种数目的逐渐增加是完全与我的学说相符合的。同属的物种以及同科的属只能缓慢和逐渐地增加，因为变化的过程和许多亲缘类型数目的产生，必定是缓慢的和逐渐的：一个物种起初产生两个或三个变种，这些变种又缓慢地形成物种，然后又轮到它们用同样缓慢的步骤产生别的物种，如此前进，就如从一棵大树的总干生出枝条，直到类群变得甚大。

灭亡

我们前文对于物种和物种类群的消失，只是附带地提到。依照自然选择的学说，旧类型灭亡和新的改进的类型产生是密切联系在一起的。旧观念认为，地球上所有的生物在各相继的时代中，是被大灾难所消灭的。这种观念已普遍被放弃了，甚至包括埃利·德·博蒙、默奇森、巴兰德等地质学家，虽然他们一般的观点要使他们得到这个旧观念。反之，由于对第三系地层的研究，我们有各种理由相信物种和物种的类群是逐渐消失的，一个接着一个，起初在一地，随后在其他地方，最终是在全世界。无论单独的物种或整群的物种，生存时间的长短是极不相等的。有些类群如我们已知的，从所知最早有生命时起一直生存到现在；有些则在古生代结束以前就不存在了。任何单独物种或单独属生存时期的长短，看来并无一定的规律。人们有理由相信一个类群物种完全灭亡的过程，普遍是比它们产生的过程要更缓慢些。假如一个物种类群的出现和消失，和上面一样，用一粗细变化的垂线来代表，垂线的上端变尖细的过程较之下端就更缓慢：上端是表示物种灭亡的过程，下端是表示物种开始出现和数目的增加。但在有些情况下整个生物类群的灭亡是惊人地快速，例如在中生代将终时，菊石的灭亡就是这样的。

物种灭亡的整个问题包藏在最无理由的奥秘中。有些作者认为个体有一定的寿命,所以物种也应有一定的持续期。我想对物种的灭亡,没有人比我更感到惊异了。我在拉普拉塔曾发现一马齿,与第三纪的乳齿象、大地懒、剑齿兽和别的已灭绝的巨大怪物的遗骸埋藏在一起(这些巨兽在相当晚近的地质时期还与现仍生存的贝类动物共存过),这使我最感惊异。因为知道自从西班牙人把马引进南美洲以来,它就野生在南美各处并以无比的速度增加数目,我就问自己,是什么力量把以前生存的马,在如此合宜的生活条件下、在如此近的时期全部毁灭。但我的惊异是毫无根据的!欧文教授随即认出我所发现的马齿属于一种已经灭绝的马,但它的牙齿与现在生存的马非常相似。假若这马现仍生存而且是稀少的,就没有博物学家要对它的稀少感到一点惊异,因为在所有的地方,在大多数纲内,都有许多稀少的物种。假若我们自问为何这一物种或那一物种是稀少的,我们的答复就是,有些因素对它的生活条件是不合宜的。若再问那些事物究竟是什么,我们就难以辨明了。假如化石马现仍作为一稀少的马种存在着,将其类比所有别种哺乳动物(甚至包括缓慢繁衍的大象在内),再回顾驯养马在南美洲乡土化的历史,我们就可以肯定地认为,在更适宜的条件下,化石马种可以在极少几年之内充斥整个大陆。但是,是哪些不适宜的条件阻止了马的繁衍,是否由于某个或某几个偶然事件,它们发生在马的生活史上的什么时期,并在何种程度上严重地起作用,我们都不能辨明。假若环境是逐渐缓慢变坏的,我们一定不能感觉到这种事实,但化石马就必逐渐变为稀罕物,并终至灭亡。它的地位就被更成功的竞争者所据有。

人们总是最容易忘记,每一生物的增长经常是被一些感觉不到的有害力量所阻止,并且正是这些感觉不到的力量,足可使生物变得稀少直到终归灭亡。在较上方的第三系地层中，我们看出许多先是稀少随后灭亡的事例；我们还知道，由于人的力量使一些动物局部或全部被消灭的过程也是如此。我可重说我在 1845 年所发表的观点，即人们承认物种在灭亡以前先变得稀少，但对物种的稀少并不感觉惊异，及至它灭亡的时候又大为惊异。这犹如承认个人的有病是死亡的前趋，但对于有病并不感觉惊异，及至病人死亡，则又惊异并怀疑他的死亡是由于某些未知的暴行。

自然选择的学说是建立在相信每一新变种，最后是每一新物种，其产生和保持是由于它的一些优势能够战胜那些竞争者，其结果就是少有优势的类型最后必归灭亡。这种情形在驯养生物中也是相同的：当一个新的和稍微进步的变种培养出来后，它就先在同一地方代替了少有进步的变种；当它再多有进步时，它就被运送到远近各处，如同我们的短角牛一样，代替了各地的别的品种。这样新类型的出现和旧类型的消失是由自然和人为的力量共同进行的。在某些发达的类群中，新的物种产生的类型在一定的时间内很可能比被消灭的旧物种类型更多，但我们知道物种的数目不是持续无限制增加的，至少在较晚的地质时期是如此，所以考察较晚近的时期时，我们就可以相信新类型产生的数量和它使旧类型灭亡的数量大概是相等的。

在各方面极相似的类型，它们彼此间的竞争通常都是最激烈的，这意见前已解释并举例说明。因此一个有变化和改良的后裔通常就要使它的亲本物种被消灭；假如从任何一个物种产生了许多新类型，那么最近缘的物种，即同属的物种，就要最容易被消灭。这样，如我所相信的，由一个物种所传留下来的一些新物种就要成为一个新属，并要代替一个同科的旧属。但是也常有些时候，一个类群的新物种也能出来夺取另一类群物种的地位并把它消灭。假如从胜利的侵略者产生出许多亲缘的类型，许多别的类型就要让出它们的位置，失去位置的也通常都是亲缘的类型，由于共同继承了一些劣势因而受到排斥。但无论这些受难者物种是否与侵略者属于同一纲，在它们之中，可能常有很少几个被长久保存下来，或者是由于它们适合于一种特别的生活方式，或者是由于它们住在较远和较孤立的地方，逃避了强烈的竞争。三角蛤属在中生界地层中是贝类的一个大属，该属中一个独特的物种在澳洲海洋里现仍生存着；硬鳞鱼是一个几乎完全灭亡的大类群，但现在仍有很少数栖居在我们的淡水中。由此我们可以看出，一类群完全消灭所经过的时间通常要比它产生的时间为长。

有些全科或全目生物似乎是忽然地被消灭的，如在古生代将结束时的三叶虫和在中生代将结束时的菊石。我们必须记住前已说过的，在相连的两组地层中间有更大的间隔时期，在这些间隔时期中可能发生过很缓慢的消灭。再者，当一个新类群的许多物种或由于忽然的迁移或由于非常迅速的发展而占据了一个新地区，它们就要用相当的速度消灭许多旧有的栖居者。这些失却家园的类型通常都是彼此有亲缘的，因为它们都带有一些共同的劣势。

这样，我以为一个物种或整类群的物种像这样被消灭，是与自然选择的学说甚相符合的。对于生物的灭亡我们无须惊异，假如必要惊异，那就惊异于我们凭片刻的想象即断定我们懂得支配着每一物种生存的许多复杂的偶然因素吧。假如我们有时忘记每一物种是倾向于过分增加的，以及有些阻止增加的力量也是始终地进行着并且少为我们所感觉的，那么整个自然系统就极为令人费解了。无论何时，当我们能精确地说，为何这一物种比那一物种能多有许多个体，为何这一物种而不是那一物种能在某一地区乡土化，那时，并且只有到那时，我们才可以有正当的理由，惊奇于为什么我们不能说明某一个别物种或物种类群灭亡的原因。

全世界生物类型几乎同时变化

没有任何古生物学的发现比这一事实更加引人注目，即全世界的生物类型几乎是同时变化的。例如我们欧洲的白垩地层能在世界上许多遥远的地方识别出来，即使是在气候极不相同并且连一块白垩矿碎片都找不到的地方，例如北美、南美的赤道地区、火地岛、好望角和印度半岛。在这些辽远的地方，在某些地层中的生物遗骸与白垩地层的生物遗骸表现出不容置疑的相似。这并非是同样的物种又在别处发现了，因为在有些情况下，没有完全相同以至可认定为一个物种的，但是它们是属于同科、同属，或同属内的同一节，并且有些时候它们的形态在一些很小的地方是极相似的，例如表面的雕纹。再者，在欧洲白垩地层没有发现而只在其上下地层内出现的类型，在全世界辽远的各处相似地也没有被发现。在俄罗斯、西欧和北美几组相连的古生界地层中，也由几个研究家在生物的类型上发现一相应的类似性；依照莱伊尔的研究，在欧洲和北美的第三系沉淀层中也是这样。纵使旧大陆和新大陆共有的少数化石物种完全不算在内，在古生界和第三系地层遥远相隔的各阶中，相连续生物类型的一般类似性仍是明显的，并且这几组地层就可容易互相关联起来。

然而，这些观察都是关于全世界海洋生物的，我们还没有充分资料能判断在辽远相隔的地方，陆地和淡水生物的改变是否也有相同的类似性。我们可以怀疑它们是否这样改变过：假如把大地懒、磨齿兽、长颈驼和剑齿兽从南美拉普拉塔带到欧洲，且不给出关于它们在地层内所占位置的任何信息，就没有人能猜想到它们是曾与现在仍生存过的海洋贝类共存过的。但既然这些异常的怪兽曾与第三纪的乳齿象和马共存过，那么至少人们可以推论，它们必在第三纪晚期的某一阶段生存过。

当说到全世界的海洋生物同时有改变时，切不可以认为此一"同时"是指在同一个千年甚至十万年中的，或者以为此说有严格地质上的意义。因为假若把所有现在生存在欧洲的和所有在更新世时期（以年数计是一包括整个冰川期的广大辽远的时期）曾在欧洲生存过的海洋动物，分别与现在生存在南美或澳洲的相比较，虽最精明的博物学家也难以说出究竟是哪一群与南半球的更密切相似。所以有几位能力很强的观察家相信，第三纪晚期生存在欧洲的生物和现在生存在欧洲的生物，前者与现在生存在美国的生物更加近缘。假如真是这样，现在北美海边所沉积的化石层就应该与欧洲较老的岩层列为一类。但如向辽远未来的世纪观看，我想无疑地，所有欧洲、南北美洲和澳洲较近代的海洋地层，即上新世晚期、更新世和严格的近代所形成的地层，由于含有一些亲缘的化石遗骸，且由于不包含在较老的下部沉积层中所发现的类型，就要依照地质上的意义正当地被列为是同时的。

依照上述广义的说法，在世界辽远不同的地方生物类型同时改变的事实，就给可钦佩的观察家如维尔纳伊和阿希亚克以深刻的印象。两位在谈到欧洲各处古生代生物类型的相似性后，又说道："假若在得到这种奇异印象后再注意到北美，就能发现一系列的相似现象，并可显明地看出，所有物种的改变、灭亡和新种的出现，不能说是只由于海流的改变或是由于多多少少是一时一地的原因，而是由于管制整个动物界的一些一般规律。"巴兰德对此曾发表完全同样的有说服力的意见。既然全世界生物类型是处在最不相同的气候下，把这些广大的改变归因于海流、气候或其他物质条件的改变是完全徒劳无益的。正如巴兰德所说，我们必须另行找出特别的规律。当我们论述到现时生物的分布，并发现各处物质条件与各处生物性质之间的相互关系是何等轻微时，我们对此就更加明了。

全世界生物平行演替的重大事实，可用自然选择的学说进行解释。新物种的产生是由于新变种的兴起，它们比旧类型有些有利的条件。凡在原产地相较于别的类型已经占有优势或具有一些有利条件的，当然就必常能产生新变种或初起的物种，因为它们为求能被保留和生存下去，必须有更高度的优势。关于这题我们有显明的证据：凡占优势（即在它本乡土是最常见的）的植物，分散也最广并产生最大多数的新变种。凡占优势的、有变异的和分布最广的物种，并在一定范围内已侵入到别物种领土内的，就更有机会分布更广并在新的疆土内产生新变种和新物种。分散的过程可能常是极缓慢的，因它是依赖于气候和地理的改变或是奇异的偶然事变，但久而久之，优势的类型通常是得以成功分布。辽远大陆生物的分散比之通畅海洋的生物很可能是要慢些。因这缘故，我们可以预期发现陆地生物比海洋生物平行演替的程度要较不严格；我们发现确实如此。

优势物种由任一地方向外发展，可能遇到更优势的物种，那时它们胜利的进程甚或本身的生存就会停止。关于新的和优势物种发展滋生的一切有利条件，我们并不详细知道；但我想我们能够看出，一些个体如果因得到较好机会而出现有利的变异，在与许多已生存于某地的类型激烈竞争时就是极其有利的，在它们发展到新的疆土的能力上也是极其有利的。前已说过，在长久的间隔时期中，得有一些孤立的处境也很可能是有利的。世界上某一地区对产生新的和优势的陆地物种可能是极其有利的，另一地区对海洋物种是有利的。假若有两大地区，它们的有利环境在一长久时期内都是相等的，那么无论何时当两地生物相接触，其斗争必是长久和激烈的，两地生物必各有一些会得到胜利。经过一些时期，最优势的类型无论产生在哪一方，就必倾向于到处获胜。当它们得到胜利，就必会使别的劣势的类型趋向灭亡。当这些劣势类型是由遗传而来的亲缘类群，那么整个类群就将缓慢地倾向灭亡，然而在各处偶有单独成员能够长久生存下来。

这样依我看来，从广义上说，全世界同样生物同时且平行地演替，与新物种是由分布广的有变异的优势物种所产生的原理正相符合。这样产生的新物种因遗传的关系，以及它们较之亲本或别的物种已有一些优胜的地方，所以会占据统治地位，并且复行分布、变异和产生新物种。那些因战败而把它们的地位让给新战胜者的旧类型，通常彼此是亲缘的类群，继承了一些共同的劣势。所以新的进步的类群就要分布到全世界，旧的类群就要从世界上消灭，在各个地方类型的演替，在这两方面都倾向于一致。

与这问题有关的另有一点值得提出。我曾给出理由，解释为何相信所有较大的含化石地层是在地层下降时沉积的，而没有沉积的极长的空白间隔时期是当海底静止不动或上升时；此外如沉积速度不足，不能埋藏和保存生物遗骸，也同样没有沉积层。在这长久空白的间隔期间，我认为每一地区的生物要经过大量的变化和灭亡，并有许多生物从世界上别的地方迁移过来。既然我们有理由相信有些大片地区曾受到同一运动的影响,那么就很可能在这世界同一地区的广大区域内,积成了严格同时代的一些地层;但我们远没有理由可以作出结论,说这种情形是不变的,或是大片地区总是受到同一运动的影响。当两组地层在接近但又非完全同一时期,分别在两个地区积累起来时,由于在以前各段所说的缘由,我们应可发现两地生物类型的演替一般是相同的;但物种就不能恰相一致,因为在两地之中总有一地区比另一地区有略为较长的时间,可以变化、灭亡和迁移。

　　我以为,在欧洲有些事例就显现出这样的性质。普拉斯维治先生在他可钦佩的论英法两国始新统沉积层的学术论文中,关于两国连续的各阶已得出结论说,它们大体是密切类似的;但当他把英国和法国某些阶单独比较时,虽然在同属物种的数目上发现一奇异的一致性,但在物种的本身,以两国相邻近的程度而言,就有难以解释的差异,除非我们假设在两海洋之间有一地峡把两海分隔,以致两海内生存的动物区系虽是同时期但却种类不同。莱伊尔在研究第三纪晚期形成的一些地层时,也做出过相似的观察。巴兰德也指明,在波希米亚和斯堪的纳维亚的志留系连续沉积层间,总体的类似性是惊人的,但在两地物种间的差异程度亦使人惊奇。假若在这些地区,几组地层不是恰恰在同一时期沉积的,一地区一组地层的构成常是在另一地区的空白间隔时期,再假若两地区的物种当几组地层积累的时期和空旷时期是在慢慢地改变着,那么在此情况下,两地区几组地层可以依照生物类型的一般演替排列成相同的顺序,该顺序就将虚假地显出是严格类似的;然而在两地区看似相对应各阶中,物种并不都是一样的。

灭绝物种彼此间的亲缘和它们与现存物种之间的亲缘

我们现在可以考察灭绝物种和现存物种之间的亲缘。它们都可以归纳到一个宏大的自然系统中，这事实依照同源衍生的原理就可以立即说明。普遍的规律是，越古老的类型，越与现存的类型不同。然而正如巴克兰早已说过的，所有的化石标本或可分类在现存的类群之中，或可分类在它们之间。已亡的类型可以帮助充填现存属、科、目中间的宽阔空隙，这是无可争辩的，因为假若我们只注意现存的或已亡的类型，其系列比之把两个合并成一总系统，就都要更不完整。就脊椎动物而言，我可以用多页写明古生物大家欧文发现的惊人实例，说明灭绝的动物怎样能被安置在现存类群之间。居维叶曾把反刍动物和厚皮动物列为最不相同的两类哺乳动物，但欧文发现了许多化石链节，于是他不得不把这两目的分类整个地改变了。他把某些厚皮动物排列在反刍动物的同一亚目中，例如，他用精细的级次化解了猪与骆驼表面上广大的差异。关于无脊椎动物，巴兰德这位无人能及的高级权威说，他每天都认识到，与现存的动物同目、同科或同属的古生代动物，在当时却不能把它们限定在像现在那样不同的类群中。

有些作者反对把已灭绝的任何物种或类群当作现存物种或类群的中间环节。假若"中间环节"这术语的意思是说，灭绝的类型在它所有的特征上是直接位于现存两类型之间的，那么这反驳或可成立；但依照我所了解的，在一完善的自然分类中，许多化石物种是应该必须安置在现存物种之间，一些灭绝的属也必安置在现有属之间，甚至安置在不同科的诸属之间。在最普遍的事例中，尤其关于大不相同的类群例如鱼和爬行动物，假如现在是用十多个特征来区分它们，在古代能区分这两类群成员的特征就稍微少些，于是这两类群虽然以前也甚不相同，但在那时彼此却更有些相近之处。

普遍已相信，越古的类型越倾向于用某些特征把现在广为分离的类群相联系起来。这个说法无疑地只可限于那些在地质时代中经过多量改变的类群；并且，它的真实性是不容易证明的，因为不时亦发现一个现存动物，例如肺鱼，也是与极不相同的类群有亲缘关系。然而，假若我们把较古的爬行动物和无尾两栖类、较古的鱼类、较古的头足类以及始新世的哺乳动物，与各自同一纲的较近代成员相比较，我们就必须承认这个说法是有些真实性的。

我们现可考察，这些事实和推论与有变化的同源衍生学说相符合到何种程度。因这问题有些复杂，请读者参阅本书最开头所列的图示。我们假定有号数的字母代表属，由它们所分出的点画线代表每一属的物种。这图实太简单，只给出了极少的属和极少的物种，但这无关紧要。横线可以代表相连续的地层，所有在最高横线以下的类型可认为是已经灭亡的。现存的三个属 a^{14}、q^{14}、p^{14} 组成一小科，b^{14} 和 f^{14} 是一个近缘的科或亚科，o^{14}、e^{14}、m^{14} 是第三个科。这三个科连同在横线下由亲本 A 分出的许多同源衍生线上的已灭绝的属就组成一目，因为它们都是从古代共同始祖继承了一些共同的品质。依照特征倾向继续分歧的原理，前论图时业已说明，越是新近诞生的类型就越和它古代的祖先分歧。因此我们就可以明了这个规律：最古老的化石与现存的类型差异最大。但我们必不可认为性状分歧是一必需的附加事件，因为这只取决于从一个物种传留下来的后裔在自然组织中是否占据许多不同的位置。正如我们在一些志留纪类型中所看见的，一个物种因生活的条件微有改变，它也因之微有变化，但经过极长久的时期仍保持着同一普遍的特征，此种情况是很有可能的。图中 F^{14} 就可作为这一类型的代表。

从 A 传留下来的所有许多类型，包括灭绝的和近代的，如前所述共组成一目。这一目由于灭亡和性状分歧的连续作用，分成几个亚科和科，它们有些被假设已经在不同的时期灭亡了，有些继续生存直到现在。

试观原图我们可以看出，如果有许多灭绝的类型被发现，假设是埋藏在相连续的地层中，且是处于图中该系列靠下的几个点，则在最高横线上部的三个现存的科，彼此的差异就要显得少些。举例来说，假若 a^1、a^5、a^{10}、f^8、m^3、m^6、m^9 各属都被发掘出来，这三个科就将是密切连接在一起的，以致很可能组成一大科，犹如反刍动物和厚皮动物的情况。不过倘若有人反对灭绝的诸属因把现存的三科各属连接起来就被称为具有中间特征，那也可能是有理由的，因为它们的中间性质不是直接的，而是通过许多差异很大的类型，才在漫长曲折的过程中显现的。假若许多灭绝的类型只在中间某横线以上即某一组地层以上才发现（譬如说在第 VI 线以上），但在这线以下并无发现，那么只有在左边的两科（即 a^{14} 等和 b^{14} 等）会被合成一科，其余两科（即现尚包括五个属的 a^{14} 至 f^{14}，以及 o^{14} 至 m^{14}）就仍保持独立。但这两科比之在化石未发现以前，彼此的差异就要少些。再举例说，假若我们以为两科现存各属彼此特征的差异有十几处之多，在此情况下，这些属在第 VI 横线的早期，它们特征的差异处就要少些，因为在同源衍生的早期阶段中，它们与这一目的共同祖先在性状上尚没有像以后那样多的分歧。由此，古代的和灭绝的属的特征，常是以轻微的程度位于它们变化了的后裔之间或在旁支亲属之间。

在自然状况下的实际情形就比图中所表示的复杂多了。类群的数目就要大大地加多，它们生存的时期长短极为不同，它们的变化亦有各种程度的差异。既然我们只有地质记录的末了一卷，且极残缺不全，除非在极稀罕的情况下，我们就没有理由期望在自然的系统中可把那些广阔的空旷期间充实起来，以致将各种不同的科或目都联系起来。我们所能期望的就是，在已知地质时期内经过多量变化的类群，在较古老的地层中能彼此稍微多接近些，于是较古的成员之间比之同类群现存的成员之间，在特征上彼此的差异就更少些。我们最优秀的古生物学家所同时得到的证据，似乎亦常是这样。

因此，依照有变化的同源衍生的学说，关于灭绝生物彼此间的亲缘和与现存生物的亲缘，在我看来这些主要的事实就可以得到圆满的解释；但如依照任何其他说法，都是完全说不通的。

依照同一学说，明显地，在地球历史任何大时代中的动物区系，在一般特征上都是处于以往的和后继的类型的中间。这样生存在图中同源衍生的第六大阶段的物种，都是第五阶段物种的变化了的后裔和第七阶段更加变化的物种的亲本，因此它们在特征上很难不是上下两阶段生物类型的中间物。虽然如此，我们仍须考虑到有些以往的类型已经完全灭亡，在任何地区必有些新类型从别地区移入，在相连续的地层中的长久空白间隔的期间，类型是有大量的变化。在这些情况所能允许的范围内，每一地质时期的动物区系在特征上无疑是以往的和后继的中间物。我现只需举一例以明之，在泥盆系初发现时，古生物学家就立刻认识到这系中的化石在特征上是上层石炭系和下层志留系的中间物。但每一动物区系未必正在中间，因相邻的地层中间有空白的时期，它们的长短是未必相同的。

每一时代的动物区系，总体上其特征几乎都是在以往和后继动物区系之间；某些属对此规律是例外，但对此说法的真实性没有构成真正的反驳。例如第三纪的乳齿象和大象两个系列被排列时，法康纳博士起初依照它们的互相亲缘关系、后又依照它们生存的时代，前后排列就不相符合。特征上最极端的物种并不是最古老的或最近代的，有中间特征的物种也并不是中间时代的。在这种事例或别的事例上，我们可以试设想一下，即使地质记录对某物种的初次出现和消失是完整的，我们仍无理由相信相继产生的类型必须生存同样长的时间：一个极古老的类型也可偶尔比随后在别的地方所产生的类型生存更加长久，尤其是陆地生物生存在一些分隔开的地方时。以小喻大来说，假若把现存和灭绝家鸽主要的种类依照亲缘排成系列，其排列的次序将不会与它们产生的次序密切相合，更不能与它们消失的次序相合，因为亲本岩鸽现仍生存，而在岩鸽和信鸽中间的许多变种已经灭亡；在喙长这一重要特征上，最长喙一端的信鸽比最短喙一端的筋斗鸽起源更早。

中间地层中的生物遗骸在特征上也有一些居中。与这说法密切相联系的有一事实而为所有古生物学家所坚决主张的，就是两组相连续的地层中所得的化石，彼此间的亲缘关系比之自两组相远离的地层中所得的化石更为密切。皮克泰举出一个著名的实例，白垩地层几个阶中的生物遗骸都大体相似，虽然在各阶中的物种并不相同。只是这一事实由其普遍性而论，似乎就动摇了皮克泰教授的物种不变的信念。凡熟知地球上现存物种分布的人，对密切相连续的各组地层中不同物种的密切相似性，不会试图用古代地区中物质条件没有多大改变的说法来解释。人们必须记着，至少生存在海洋的生物类型，差不多在全世界是同时改变的，所以它们的改变是在极不相同的气候和环境之下。

试想包括整个冰川期的更新世时期，气候的改变是何等巨大；并再注意到当这时期生存在海洋的物种类型，所受到的影响又是何等微小。

从密切相连续的各组地层中所得的化石遗骸，虽然被列为不同的物种而仍是近缘的，这事实的充分意义依照同源衍生学说就甚明显。既然每组地层的积累是常被间断的，既然相连续的几组地层是被长久空白的时期隔断，我们就不应当希望，如我在上章内所指出的，在任何一两组地层中，发现在这时期开始和结束期间出现的诸物种之间的所有中间变种。但在间断的时期（以年计是极长久的，以地质时期计则并不很长）之后，我们应当发现近缘的类型或被有些作者称为代表的物种，而这些物种我们的确是发现了。总之，正如我们有理由希望的那样，对物种类型的缓慢和少能觉察的改变，我们是发现了确凿的证据。

远古类型的发展状况

近代类型比之远古类型是否发展到更高级的程度，对这问题曾有多量的讨论。对这问题的讨论我不拟参加，因为博物学家对高级和低级类型的定义尚没有得到一个大家满意的结论。最好的定义很可能是高级类型的各器官为不同的功能有更显明的专业化。既然生理上的每个分工对每一生物是有利的，自然选择就将不断地倾向于使较后起和更多变化的类型比之早期的祖先或比之该祖先少有变化的后裔更加高级。从更一般的意义上说来，依照我的学说，较近代的类型比之较古代的必定为高，因为每一产生的新物种在竞争生存中比别的和以前的类型更有一些优势。假如在几乎相似气候下，居住在世界上一地区的始新世生物与同一地区或别一地区的现存生物相竞争，那么始新世的动物区系或植物区系必战败且被消灭，犹如中生代的动物区系对始新世动物区系战败、古生代动物区系对中生代动物区系战败一样。我相信这样进步的过程，对较近代的胜利的生物的组织，较之古代的和失败的类型，必有更显明的和可察觉的影响，但我没有方法来实验这种过程；例如某一种甲壳动物在它们自己的纲内并不是最高级的，但可能战胜最高级的软体动物。从欧洲生物近来在新西兰分布的惊人情况上、从它们占据了自然组织中以前必是由本地生物所据有的位置上，我们可以相信，假若让所有英国的动植物在新西兰自由生活，在相当的时期必有许多英国生物在新西兰完全本土化，并将消灭许多本地物种。另一方面，从我们在新西兰所见的，以及没有一种南半球的生物在欧洲任何地方变成野生的状况，我们会怀疑，假若让所有新西兰生物在英国自由生活，它们是否能有相当数目在英国占据被我们本地动植物所占有的位置。照这说法，可说英国生物比新西兰的要算高级些。但最精巧的博物学家从考察两国物种的工作中也绝不能预见到这样的结果。

阿加西坚决认为，古代动物在一定限度内类似近代同纲动物的胚胎，换言之，灭绝类型在地质史上的演替与近代类型胚胎的发育在一定程度上是相类似的。我必须依从皮克泰和赫胥黎的意见，认为这一说法的真实性尚待证实。但我仍甚希望这说法今后能被证实，至少是对于在较近代时期彼此曾分支出去的次级类群，因为阿加西的说法与自然选择的学说甚相符合。在以后的一章内，我要试行指明长成体不同于胚胎的情形：这是由于变异不是在早期，而是按照遗传在随后相应的年龄才发生的。这种过程使胚胎几乎完全不受改变，但对于长成体，就在后继的世代中不断地增加了更多的不同处。

这样，胚胎就是由大自然对每个动物古代少有变化的状态所保留下来的一张图像。这个看法可能是正确的，但也许永远无法被充分证明。例如所知最古的哺乳动物、爬行动物和鱼类，是完全属于它们各自的纲；虽然这些古代类型之中有些彼此之间的差异比之现代同类群的代表性成员稍小，但假若不能发现远在志留系最下沉积层更下面的新地层，要想找出具有脊椎动物胚胎共同特征的动物就是徒劳。但这种发现新地层的机会是极微小的。

第三纪晚期在相同地区内相同类型的演替

许多年前克利夫特先生曾指出，从澳洲洞穴中发现的哺乳动物化石与澳洲现存的有袋动物是近缘的。在南美洲拉普拉塔的几个地方，发现了相似于犰狳甲片那样的巨大甲片，其中类似的联系也是显明的，虽未经训练的人也可看出。欧文教授也曾以最引人注目的方式指出，在那里所埋藏的大量哺乳动物化石大多数与南美的类型有亲缘关系。由伦德先生和克劳森先生在巴西洞穴中所收集的极好的化石骨骸更把这种关系清晰地显出。这些事实给我很深刻的印象，于是我在 1839 年和 1845 年坚决主张"类型演替的规律"和"同一大陆上灭绝和现存生物的奇妙关联"。欧文教授随后把这一概括推广到旧大陆的哺乳动物。在欧文制作的新西兰已灭绝巨大鸟类的模型中，我们也可看出这同一规律；从巴西洞穴中的鸟类也能看出。伍德瓦德先生亦曾指出，对海洋贝类这规律同样有效，但软体动物大多数的属分布广泛，这规律就不能很好地显出。别的相同的事实仍可举出，如在马德拉群岛上灭绝和现存陆地贝类的关联，以及咸海－里海中灭绝和现存半咸水贝类的关联。

相同地区内相同类型的演替这一值得注意的规律究竟有何意义呢？假若有人把澳洲与南美洲相同纬度的一些地方的当前气候做比较后，一方面说两洲生物的不同是由于不同的物质条件，并在另一方面又说第三纪晚期两洲同一类型的一致性是由于相似的物质条件，这人必是个勇士。人们也不能以为有袋动物主要或只能产在澳洲，并认为那是一不可变更的定律，也不能以为贫齿动物和其他美洲类型只能产在南美洲，因为我们知道古时欧洲是住有许多有袋动物的，我在前面提到的著作中也已说明，在美洲，以前的陆地哺乳动物分布的规律与现在的不同。以前的北美洲陆地哺乳动物强烈地带有该大陆南半部现在的特征，并且以前的南半部动物较之现在与北半部是更加近缘的。相似地，按照法康纳和考特利的发现，我们知道印度北部和非洲的哺乳动物以前比之现在是更加近缘的。关于海洋动物的分布，相似的事实也可举出。

依照有变化的同源衍生学说，在同一地区同一类型经久的但不是不可改变的演替这一伟大规律，就立可解释清楚：在世界各处的生物很明显地都倾向于在各处遗留些近缘的但多少变化了的后裔。假若一个大陆的生物与另一个大陆的生物以前就彼此大不相同，那么它们变化了的后裔之间就有几乎同样方式和同等程度的不同。但经过长久间隔时期、经过地理的大改变之后，生物就有机会大量地互相迁移，衰弱的就要让位于更强势的，那么以往的和现在的分布规律就没有一成不变的了。

人们可以嘲讽地问，我是否以为大地懒和其他有亲缘关系的大怪物曾在南美洲遗留下来了树懒、犰狳和食蚁兽作为它们的退化后裔？这是绝不能承认的。那些大兽类早已完全灭绝没有留下后代。但是在巴西的洞穴中存有许多灭绝的物种，它们在大小和一些其他形态上与现在仍生存在南美的物种有近缘关系，这些化石中有可能有些确是现在物种的祖先。人们不可忘记，依照我的学说，同属的所有物种皆是从一个物种传留下来的，所以假若在一组地层中发现六属，每属有八个物种，并在下一组相邻的地层中另有六个近缘或代表的属，每属又各有同数的物种，那么我们可以结论说，在六个较老的属中每属只有一物种曾留下有变化的后裔，组成六个新的属；每个老属中的其他七个物种都已死亡且没有留下后裔。或者在六个较老的属中只有两三属遗留下两三个物种，而这两三个物种就成为六个新属的亲本，所有其余的老物属和老物种都完全灭绝，这种情形或更是较近乎一般的情况。在衰败的目中，属和物种都减少数量，只有更少数的属和物种能遗留有变化的嫡系后裔，显然南美的贫齿类就是这种情况。

前章和本章的提要

　　我试图指出地质记录是极不完整的；地球只有一小部分曾经过详细的地质探查；只有某些纲的生物大部分在化石状态下被保存下来；我们的博物馆所保存的标本和物种，较之仅仅在一组地层中所经过的不可计数的世代，其数量是极其微不足道的；由于化石沉淀层的积累必须在地层下降时方可有成，由于沉淀层必须有充分的厚度方可抵抗后来的剥蚀，在相连续的两组地层之间必曾经过长久的间隔时间；在地层下降的期间可能有更多的灭亡，在地层上升期间有更多的变异，但上升时期的地质记录是最不完全的；每组单独的地层并不是持续不断地沉积的；每组地层的持续期间较之物种类型平均生存的期间或许为短；生物的迁移对任何地区和任何地层某一新类型的出现有重大的作用；分布广大的物种变异最多并最能常时产生新物种；变种起初常是地方性的。所有这些原因综合起来，必是倾向于使地质记录极端地不完全，并在很大程度上解释了我们为何不能够发现接连不断的变种把灭绝的和现存的生物类型用极精细的级次连接起来。

不接受我对地质记录性质看法的人，自然地就不接受我整个的学说。因为他可以轻慢地询问，对于在同一组广大地层几个阶段中被发现的近缘或代表物种，从前必定连接它们的无数过渡环节到哪里去了？他可以不相信在许多组相邻的地层中间有极长久的间隔时期。当考虑任何一单独大地区（例如欧洲）的地层时，他可以无视迁移的重要作用。他可以极力主张成类群的物种明显地（但此明显常是虚假的）忽然出现。他可以问，早在志留系第一个沉淀层构成以前所生存的大量生物的遗骸到哪里去了？对这后一个问题，我只能以下面的假说作答：我们所能知道的现在海洋所达到的地方，早在一极悠久期间以前业已达到了；我们迭经升降的大陆现在所在的地方早在志留纪以前业已存在了；但早在那时期以前世界的面貌必是极不相同的；比我们已知更古老的地层所构成的更古老的大陆，现可能已全在变质的状况之下，或已埋没在海洋底下了。

除了这些困难以外，在古生物学内，所有其他重要事实我认为完全与通过自然选择的有变化的同源衍生学说相符合。我们由此就知道新物种为何缓慢地持续产生，不同纲的物种为何不必同时改变，或改变不必同一快慢或同一程度，但久而久之所有物种都经历一些变化。旧类型灭亡乃是新类型产生时几乎不可避免的后果。我们能够了解为何一物种一旦消失就永不复现。物种类群数目的增加是缓慢的，它们生存的时期长短不同，因为变化的过程必须是缓慢的，并且是受许多复杂的偶然因素所支配。较大的优势类群内的优势物种倾向于遗留许多有变化的后裔，新类群和新亚类群就得以产生。它们一经产生，较弱小类群的物种由于从它们共同的祖先继承了劣势，就倾向于一同灭亡，而在地面上不留有变化的后裔。但整个物种类群的完全灭亡是一极慢的过程，这是由于有少数后裔继续存留在有保护和孤立的地区。一类群一经完全消失就不再复现，因它世代的环节业已断裂。

我们能够了解优势的生物类型是如何分布的，它们最常能变异，久之便倾向于把它们亲缘的但有变化的后裔布满全世界。这些后裔在竞争生存中就要把较劣势物种类群的地位取而代之。因此经过长久的间隔时期，世界上的生物就要表现出是同时变化的。

我们能够了解古往今来的所有生物如何造成一大系统，因为所有生物都是世代相承的。由于性状分歧的持续倾向，我们能够了解为何愈古的类型愈与现存的类型在总体上不同，为何古代灭绝类型倾向于填充现存类型中间的空缺，有时把原来分作两个不同的类群联合成为一个，更普遍的是把两类群拉得稍微更接近些。愈古的类型愈常明显表现其特征在一定程度上处于现存两不同类群之间，因为自从类群广泛分歧以后，类型愈古就愈表明与原类群的共同祖先更近缘，因而也更相似。已经灭亡的类型少有直接介于现存类型之间，而是只能经过一长而弯曲的路程、通过许多已灭亡的和极不相同的类型才可成为中间类型。我们也可明白，为何密切相邻地层的生物遗骸比之较古远地层内的遗骸更是彼此近缘的，因为这些类型是由世代更密切连接在一起的；我们也就明白为何中间地层的遗骸在特征上也是中间的。

在世界历史上相继时期的生物，在它们的生活竞赛中胜过了它们的前辈，并且在自然的等级上也比前辈要高，这也可以说明许多古生物学家所持有的一种模糊不清的意见，就是在大体上生物结构已经进步了。假若日后证明较近代同纲动物的胚胎与古代动物在一定限度内是相似的，这事实就将容易明了。在较晚近的地质时期中，在同一地区内，同类型结构的演替不再是难解的，而是可以简单地用遗传来解释清楚。

假若地质记录是如我所信的那样不完整，或至少可以肯定地说，不能证明地质记录是远比如今发现更完整的，那么，对自然选择的主要反驳就可大为减少或完全消失。另一方面，在我看来，所有古生物学的主要规律，都显然宣称物种是由寻常的生殖产生的：古老类型的生物是被新的进步的类型所代替，新的类型是由现在我们周围仍在起作用的变异规律所产生的，并且被**自然选择**所保存下来。

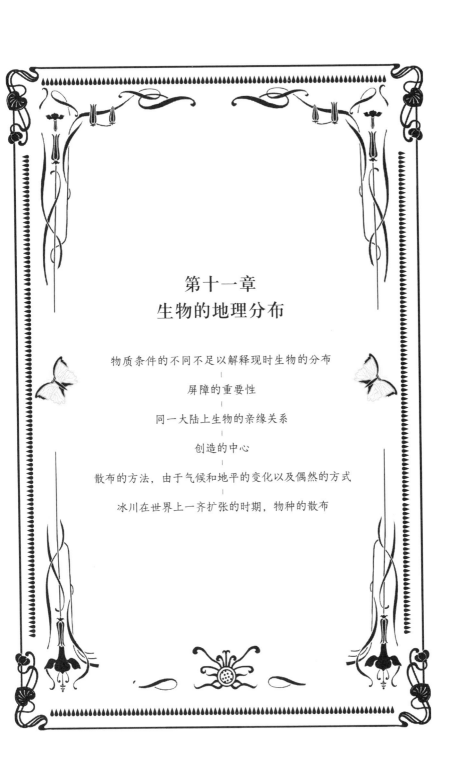

第十一章
生物的地理分布

物质条件的不同不足以解释现时生物的分布

屏障的重要性

同一大陆上生物的亲缘关系

创造的中心

散布的方法，由于气候和地平的变化以及偶然的方式

冰川在世界上一齐扩张的时期，物种的散布

　　在考虑地球上生物分布情形时,使我注意的第一种重大事实就是,各个地区生物的相似和不相似都不能由气候和别的物质条件解释。近来几乎每位对这问题有研究的作者都得着同一结论。只美洲的事例就足可以说明它的真实性:假若我们除开北部地区不论(其环北极地带几乎是连绵不断的),所有作者都承认地理分布最基本的划分就是在新旧两大陆之分界;但若我们走遍美洲广阔的大陆,从美国中部到它的极南端,我们就会遇见极分歧的环境,有最湿润的地区、干燥的沙漠、崇高的山脉、草原、森林、沼泽湿地、湖泊和大河,差不多是在各种不同的温度之下。在旧大陆内几乎没有一种气候或环境而在新大陆找不到相类似的,至少差不多是为同样物种通常生活所需要的。只有在极稀少的情况下,可以发现一群生物局限在一个小地区内,而这小地区在环境上亦只有轻微程度的特殊。例如在旧大陆内可以指出一些小地区比新大陆任何地方皆更热,但居住在这些地区的动物区系或植物区系并不特殊。虽然新旧两大陆的条件有这样的类似性,两处的生物却又是何等普遍地不同!

假若我们在南半球把澳洲、非洲南部和南美洲西部在纬线25°至35°的大段陆地互相比较，我们将发现有些地区在所有的条件上都极为相似，但要找出另外三个动物和植物区系比它们更不相似大概是不可能的。或者我们还可以把南美洲南纬35°以南的生物和南纬25°以北的生物互相比较，它们栖居的两处气候颇不相同，但可发现彼此的亲缘关系较之生活在气候几乎相同的澳洲或非洲的生物更加密切。关于海洋生物，相类似的事实也可举出。

在我们一般的观察中，第二种使我们注意的重大事实就是，任何屏障或阻碍生物自由迁移的因素，对于各地生物的不同有密切而重要的关系。我们在新旧两大陆几乎所有陆地生物中都可以看出彼此有重大的不同，但北边地方除外，那里陆地几乎完全相连，倘若气候微有改变，北温带的类型就可以自由迁移，犹如现在严格的北极生物自由迁移一样。在澳洲、非洲和南美洲，我们也可看出同样的事实：虽在相同的纬度下，三地的生物也极不相同，因为这些地方彼此几乎都是完全隔开的。在每一大陆上我们都看出相同的事实，在连绵不断的崇高山岭的两侧，在巨大沙漠的两边，有时甚至在大河的两岸，我们都可以发现不同的生物。但是，连续的山岭和大沙漠等并不是像海洋隔绝大陆那样，完全不能越过或长久隔绝；故它们两边生物的不同比之独立大陆之间的特有的不同，在程度上要差不少。

更就海洋言之，我们亦可看出同样的规律。没有两个海洋动物区系比之南美和中美东西两岸边的动物更不同，甚至没有一种鱼、一种贝、一种蟹是相同的，而两大动物区系的中间只隔了一窄而不可逾越的巴拿马地峡。从美洲海岸向西是一广大通畅的大洋，没有一岛可充当迁移者歇脚处，这又是一种屏障；越过这屏障后就到太平洋中的东部岛屿，这里又有一种完全不同的动物区系。结果就有三种南北方向的海洋动物区系，在相同的气候下位于相隔不远的平行线上，由于被不可逾越的屏障（或是陆地或是开阔海洋）分开，它们彼此是完全不同的。在另一方面，从太平洋热带部分的东方岛屿再向西去，就没有不可逾越的屏障，有无数的岛屿可充当歇脚处，或有连续的海岸，直到游历过一个半球后，来到非洲的海岸，在这么广大的区域之中并没有出现明显的、不同的海洋动物区系。虽然在上述的美洲东西海岸边和东太平洋岛屿的三个动物区系中，几乎没有一种鱼、一种贝类、一种蟹是相同的，但仍有许多鱼类从太平洋分布到了印度洋，仍有许多贝类是太平洋东边岛屿和非洲东海岸边所共同有的，而这两处几乎是正在相对的子午线上。

　　第三种重大事实已部分包括在上述各节内，那就是同一大陆或海洋的生物，尽管各物种本身在不同地方和产地是有区别的，但整体上有亲缘的关系。这是一个最普遍的规律，每一大陆都能供给无数的实例。虽然如此，假如博物学家从北向南旅行，他对不同但显然是近缘的生物类群依次替代的现象必有深刻印象。他可听到近缘的但仍各不相同的鸟雀啼声相近，看到它们的鸟巢结构亦相似但仍不完全相同，鸟蛋的颜色亦几乎一样。靠近麦哲伦海峡的平原居有一种美洲鸵鸟，向北在拉普拉塔平原居有同属的另一种鸟，但没有在非洲和澳洲同纬度所发现的真鸵鸟或鸸鹋。同在拉普拉塔平原上我们会看见刺鼠和兔鼠，这些动物的习性几乎与我们的野兔和家兔相同，也属啮齿目，但结构显然表现有美洲的类型。我们登上科迪勒拉崇高的山峰，可发现兔鼠的高山种；我们观察水内，看不到河狸和麝鼠，而能发现美洲型的啮齿类河狸鼠和水豚。类似的实例不胜枚举。假若观察美洲海岸外的一些岛屿，无论它们地质的构造怎样不同，岛上的居者虽都是特有的物种，但基本上皆是美洲的类型。我们回看以前的时代，如上章所述，就可以看出美洲的大陆和海洋各处普遍皆是美洲类型的生物。在这些事实中我们可以看出生物间一些深切的联结，普遍地透过时间和空间，扩展到水陆的相同地区，并且不受物质条件的支配。博物学家若不去追寻这联结究竟是什么，他一定缺少好奇心。

这个联结依照我的学说就是遗传。按我们确切所知道的，只有这个因子能产生几乎相同的生物，或者如我们在变种中所看见的极其相近的生物。在不同的地区生物彼此不相似，可以归因于经过自然选择的改变，也可以在次级的程度上归因于不同物质条件的直接影响。生物彼此不相似的程度，取决于较有优势的生物从一地迁到另一地的情况，如迁移的难易、迁移时期的远近等；取决于以前迁移进来生物的性质和量数；取决于在竞争生存中各生物的作用和反作用；更取决于生物个体彼此间的关系，如我经常说过这是所有关系中最重要的。从此就可看出屏障因阻碍迁移而有高度的重要性，正如时间在经过自然选择而产生的缓慢变化中极有重要性一样。分布广泛和个体众多的物种，在它们原来广布的乡土上已经胜过了许多竞争者，在它们分布到新地区时就能有最好的机会占据新的位置。它们在新乡土上要遇到新环境，因而就要经常地更加变化和改进，于是复又胜利并且产生成群的有变化的后裔。依照这个有改变的遗传的原理，我们就能明了属内各节、全属甚至全科的生物为何被限制在相同的地区内，而这情况是很普通和众所周知的。

前章业已说过，我不相信物种的发展有必然的规律。既然每一物种的变异性是独立的性质，自然选择在复杂的竞争生存中只利用对个体本身有益的部分，那么在不同物种中变化的程度就不必一致。假若某些物种在互相直接竞争中，有一些集体地迁移到一新地区，而其后这地区变成孤立的，这些物种就将少有变化，因为无论是迁移或者是孤立本身都不能起到任何作用。这些原理只能在生物彼此发生新关系时才能有作为，周围物质环境在较小的程度上也有影响。如在上章内我们业已看到的，有些类型自极古远的地质时期直到现在，几乎仍保留着其同样的特征；也有某些物种曾迁移到广大的区域而仍没有多大的变化。

依照这些观念，那就很明显，同属的各物种虽然散居在世界上相距遥远的各角落，但起初必是来自一个根源，是从同一祖先传留下来的。关于经过整个地质时期而少有变化的物种，我们不难相信它们是从同一地方迁移出来的，因为自从古远时期以来发生了多少次地理和气候的广大改变，几乎任何大量的迁移都是可能的。但在许多别的情况下，我们有理由相信有些同属物种是在比较近代的时期产生出来的，在这题目上我们就有大的困难了。有些相同物种的个体虽然现在是散居在遥远孤立的地区，但它们必是来自一个地方，即它们亲本起初产生的地方，这也是很明显的：因为上章业已说明，由不同物种的亲本经过自然选择产生完全相同的个体是难以置信的。

这样就使我们转入博物学家所多讨论的问题，即物种是在世界的一个地方还是多个地方被创造的。要明白某一物种为何能从一个地方迁移到现在所发现的一些遥远和孤立的地方，无疑是有许多极困难的情形；虽然如此，每一物种起初是由一个地方产生出来的观念，其简明性是很吸引人的。不接受这观念的人，便不接受物种散布的真正原因是普通的世代相传以及随后的迁移，而诉求于奇迹的力量。人们普遍承认，在大多数的状况下一个物种所居住的地区是连续不断的；一植物或动物居住在两个相隔遥远的地方或中间存有难以逾越的间隔地带的事例，只能认为是异常的和例外的。陆地哺乳动物迁移过海的能力可能比之别的任何生物都更有限，因此我们就不能发现同一哺乳动物居住在世界遥远不同地方这样无法解释的事例。英国原先是与欧洲相连的，所以它有同样的四脚动物，地质学家对这些状况并不感觉有何困难。但如果同一物种能产生在两个不相连的地方，那么我们为何不能发现欧洲和澳洲或南美都有一种共同的哺乳动物呢？这几地生活的条件近乎相同，所以有许多欧洲的动植物已在美洲和澳洲乡土化了。而且在南北两半球这些相隔遥远的地方，为何又有些土生植物彼此完全相同呢？我相信这答案就是哺乳动物不能迁移，而有些植物由于不同的散布方法，能够迈过广大和间断的空间。各种屏障对于物种分布有巨大和显明的影响，只有按照大多数物种原是只在屏障的一边产生的而不能迁移到另一边去的观念，才能解释。少数科、许多亚科、极多的属和更多属内的节都是局限在一个地区，有几位博物学家曾指出，最为自然的属，即所含物种彼此最近缘的属，通常都是地方性的，即只局限在一个区域内。假若只是从系列中下移一步，降到同一物种的个体时，却要认为一个截然相反的规律奏效，即说物种不是地方性的而是产生在两个或更多的地区，那将是一个何等奇怪的反常现象！

因此在我和许多别的博物学家看来，以下这个观念是最可能的，即每一物种只是在一个地方产生的，其后从一地方按其力之所能迁移到远近各地，并按古今条件的许可得以生存。无疑地，在许多情形下，一物种如何能从一处迁移到另一处是我们所不能解释的；但是在晚近地质时期，地理的和气候的改变必定发生过，使许多从前相连续分布的物种割断了或使之不相连续。所以这就使我们的考虑简化为不连续的例外事例是否很多，是否在性质上如此严重，以致我们应该放弃这个普遍认为是可信的信念，即每个物种是在一个地方产生的，随后迁移至力所能及的地方。假若对所有相同物种现在生活在遥远和分离地方的例外事例逐一加以讨论，将是无比麻烦，并且我也从不以为许多事例是能够给出解释的。但在一些初步说明之后，我要讨论几件最突出的事实。第一，相同物种生存在遥远分离的山岭上和遥远的极地；第二，淡水生物的广泛分布（在下章内讨论）；第三，相同的陆地物种生存在海岛上和大陆上，而彼此被千百英里的广大海洋隔开。假若相同物种生存在地球遥远和孤立地区的事例，在许多情况下能用每一物种是从一个原产地方迁移去的观念得到解释，再考虑到我们对以前的气候和地理改变以及各种偶然迁移的方法是毫无所知的，那么我以为，将这一信念认为是普遍的规律就是最稳健无比的。

在讨论这问题的同时，我们也可讨论对我们同样重要的另外一点，即同一属的几个不同的物种（依照我的学说，是从一个共同祖先传留下来的），能否是从它们祖先原住的地方迁移出去的（在迁移的过程中间也会有些变化）。假若有一地方的大多数生物与另一地方的物种是近缘的或说是同属的，又极可能在从前时代从这另一地方接收过一些迁移来的物种，这样的情形多常能证实无疑，我的学说即被加强，因为依照关于变化的原理，我们就能显然地了解这一地方的生物为何是与另一地方的生物有亲缘关系。例如，一个在大陆数百英里外崛起的火山岛可能在一些时期由大陆移入少数生物，这些生物的后裔虽然经过改变，但由于遗传的关系仍必与大陆生物有显然的亲缘关系。这种性质的事例是常有的，但若照着单独创造的说法就是说不通的，对此我们随后更能充分明了。一地方的物种与另一地方物种的这种关联，我的观点与近来华莱士先生所写精巧论文的说法多相符合，只用物种代替变种即可，他说："每一物种的产生与前已存在的近缘物种在空间与时间上是相关的。"现由通信联系，我更得知华氏把这种符合归因于带变化的世代相传。

前所讨论的"单独或多个创造中心"并不直接涉及另一相联系的问题，即同一物种的所有个体是由一对亲本或由一个雌雄同体生物传留下来的，还是如有些作者认为是由许多同时创造的个体传留下来的。关于那些从来不行互相杂交的生物（倘若实有这种生物），依照我的学说，这样的物种必是由连续改进的变种传留下来的，并且这样的变种从不与别的个体或变种相混合，但只相继替代，于是在每一连续变化和改进的阶段中每一变种的所有个体都是从一个亲本传留下来的。但在大多数的事例上，例如对所有在习性上每次生产必须交配的或常行杂交的生物，我相信在缓慢变化的过程中，一物种的所有个体必是由互相杂交而保持近乎一致，于是许多个体能同时改变，并且在每一阶段中的改变总量并不是由一个亲本传留下来的。姑举一例以明我的意思：英国的赛马是与每一别的品种略有不同，但赛马的不同和优越性并不是由任何一对双亲传留下来的，乃是在许多世代中持续地对许多个体细心选择和训练而得来的。

关于"单一创造中心"的说法，我曾提出三类事实来表现其最大的困难。在讨论它们之前，关于生物散布的方法我要先略言之。

散布的方法

关于这题莱伊尔爵士和别的作者都曾出色地讨论过。我在此地只能就其重要的事实作一简明的概述。气候的改变对于生物的迁移必有强大的影响：当一个地方有不同的气候时，在从前可能是迁移的大道，但现在就不能逾越了。关于这题将要详细讨论。陆地的升降也有极大的影响：一个狭窄的地峡现在把两海洋的动物区系分开，若地峡下沉，两个动物区系现在就要混合起来；若地峡从前下沉过，两个动物区系从前就曾混合了。现在海洋伸展到的地方，在从前时期，陆地或把一些岛屿甚至大陆连接起来，于是陆地动物就可以彼此往来。在现今生物生存的时期中，地平曾有重大的改变，没有地质学家对之有争议。福布斯坚决认为，所有在大西洋内的海岛在晚近时期曾与欧洲或非洲相连，并说欧洲也曾与美洲相连。别的作者也曾这样假设，即各海洋都有陆路连接起来而且几乎每一个岛屿都曾与某些大陆相连。假若福布斯的论点是可靠的，人们就必须承认几乎现存的每一个岛屿在晚近时期中都曾与某些大陆相连。这个观点就把同样物种散布到遥远地方的难结一刀斩断并解除了许多困难；但依照任何最好的判断，我们没有资格承认在现存物种时代有这样大量的地质改变。我认为我们有充分证据显示诸大陆有大量的升降，但关于它们的位置和范围并无这样广大的改变，以至能在晚近的时期中曾把各大陆互相之间、把大陆和一些中间的海洋岛彼此都连接起来。我可坦率地认定，以前存在的曾经用作许多迁移动物歇脚地的许多岛屿，现在都已埋沉海底。在生产珊瑚的海洋内，从前这样下沉的岛屿现在仍存有环状珊瑚小岛以作标记。我相信将来总有一日我们可以充分承认，每个物种皆是来自一个原产地，并且到相当的时候我们能有把握地知道物种分布的方法，到那时候我们也可以有把握地推测从前陆地伸展的范围。但我不相信将来可以证明，现在分开的诸大陆和许多现存的海洋岛屿在近期曾是彼此连接或近乎连接的：生物分布中的一些事实，如几乎在每一大陆的两个对边，海洋动物区系都大不相同；一些地方第三纪的一些陆地生物甚至海洋生物与该地现存的生物有近缘关系；哺乳动物的分布与海的深度有一定程度的关联（此点后将论之）；这些以及其他相类似的事实，我认为都是与承认在近期内地理上有如此巨大的变革相对立的，而有如福布斯所提出和他的许多拥护者所承认的观点，这种大变革是必须的。海洋岛上生物的性质和相对比例数，我认为也是反对它们从前与大陆相连的信念。海洋岛几乎普遍是由火山岩组成，这事实也不倾向于证明它们是大陆下沉的残余。假若它们是原来陆地上的山岭，那么至少必有一些岛屿的构成要像别的山顶一样是花岗岩、变质的片岩、含有化石的或其他类似的岩石，而不能只由成堆的火山喷发物质所构成。

我现要对所谓意外的分布方法略说数言，不过称之为偶然的方法更为恰当。我将只就植物而言。在植物学著作中，常说这种或那种植物不适于广泛的散布，但对它们渡过海洋的难易程度几乎是全不知道。我在伯克利先生的帮助下做了些实验以前，甚至无处可以知道植物种子能抵抗海水侵害的程度。我惊异地发现，在 87 种种子中有 64 种在海水中浸泡 28 天后仍能发芽，有少数几种在浸泡 137 天后仍能生存。为便利起见，我主要是用除去蒴果或果肉的小粒种子做实验，但这些种子经过几天之后全行沉下，它们既然不能漂过大海，那就无须注意到它们是否受海水侵害的问题了。随后我又实验了些较大的果实和蒴果等，其中有些能漂浮一段很长的时期。大家都知道鲜湿和干燥木材漂浮力的不同，我又想到洪水冲下来的植物或枝条，它们可能留在岸上干燥些时候然后又被上涨的水流冲到海中。我因而干燥了 94 种带成熟果实的树干和枝条，然后把它们放在海水上。大多数迅速沉没，但有些虽在鲜湿时只漂浮了一极短时期，经干燥后漂浮时间就长得多。例如成熟的榛子立刻沉没，但经干燥后能漂浮 90 天，播种后仍能发芽；一株连带成熟浆果的石刁柏漂浮 23 天，干燥后漂浮 85 天，其后种子仍然发芽；成熟的欧洲芹菜种子两天沉没，干燥后漂浮逾 90 天，其后仍发芽。总共在 94 种干燥的植物中，18 种漂浮在 28 天以上，其中有些漂浮期更长得多。所以有 64/87 的种子在浸泡 28 天后仍然发芽，并且有 18/94 的连带成熟果实的植物（所有种类并非与前实验的相同）在干燥后能漂浮 28 天以上。从这些少量的事实我们可能得到的结论是，任一地方有 14/100 的植物种子漂浮 28 天仍能保持发芽力。在约翰斯顿的《自然地图集》内载有大西洋几个海流的平均速度，是每天 33 英里(有些海流的速度是每天 60 英里)。依照这个平均数计算，任何一地植物的种子有 14% 可以漂行 924 英里达到另一地区，当搁浅在海岸边时，可由内向的大风吹到合宜地点发芽生长。

在我的实验后，马滕斯先生也做了相似的实验，但方法较佳。他把装在盒内的种子漂在真正的海里，于是种子就如在真正漂在海上的植物中一样，有时露在空气中，有时浸在水里。他实验了 98 种种子，多数与我的不同，他选择了许多大果实和海滨植物的种子，于是它们更能漂浮较长的时间，并对海水的侵害能多抵抗。在另一方面，他没有预先把植物或带果实的枝条加以干燥，如我们所知干燥可加长漂流的时期。实验的结果是 18/98 的种子漂浮 42 天后仍能发芽。自然，植物受到波浪的冲击较之在我的实验不受猛烈的冲击要少漂浮些时期。因此我们可以较稳健地推算，有 10% 的植物种子在干燥后可以漂过 900 英里的海洋仍能发芽。大粒种子比小粒种子能漂浮更长的时期是令人关注的,因为大粒种子或果实几乎没有别的方法可以传散。康多尔曾指明大粒种子的植物一般分布不广。

种子偶尔有别的传散方法。漂流的木材有时被冲送到很多海岛上,甚至被冲送到大洋中心的海岛上。太平洋珊瑚岛上的当地人专从漂流的大树根里取得用作工具的石块,这些石块也是一种重要的皇家税收。考察期间我发现,当树根中嵌有不规则的石块时,在石块的罅隙和后面常存有小土块,封存稳固,虽经长途运输也不被海水冲出:在一个50年树龄的橡树根中,一小部分完全封闭的泥土中有三个双子叶植物发了芽,我确信这个考察是确实可靠的。我也可指出漂流海面的死鸟有时不立被吞食,在它们的嗉囊内常存有多种种子仍保有活力:豌豆和大巢菜种子经海水泡几天后就失去活力,但在鸽子嗉囊内的种子虽漂浮在人造的海水内30天后取出,使我惊异的是,几乎全能发芽。

活鸟雀是传播种子的有效媒介。我可举出多种鸟被大风吹过辽阔海洋的事实。我们也可稳当地推算这种环境下鸟飞的速度每小时常达35英里,有些作者估计得更高。我从未见过有营养的种子通过鸟的肠道,但果实的坚硬种子虽通过火鸡的消化器官而无损伤。在两个月中,我在我的园内从小鸟粪中拣出12种不同的种子,都似乎完好无损,有些经试种仍然发芽。下面事实更为重要:鸟的嗉囊并不分泌胃汁,亦毫不损害种子的发芽力,鸟在饱食后所有的籽粒在12甚至18小时之内并不都通过砂囊。在这时间内鸟可以容易地被吹到500英里以外的地方。鹰常在寻觅疲软的鸟,鸟的嗉囊常被撕碎,嗉内食物就易被播散。布伦特先生告诉我说,他的朋友放弃了从法国放出信鸽到英国,因英国海边的鹰在鸽到达时多把它们毁灭。有些鹰和猫头鹰常把捕获物囫囵吞下，在 12～20 小时之后又吐出小团块，在这些小团块中常含有能发芽的种子，这事实曾经在动物园中被实验证明。有些燕麦、小麦、小米、草芦、大麻、三叶草和甜菜种子，存在各种猛禽胃中 12～21 小时之后仍能发芽；有两粒甜菜籽存在胃中 2 天零 14 小时之后仍能生长。我发现淡水鱼吞食许多水陆植物种子，而鱼又常被鸟雀吞食，于是种子就可被带到各处。我曾把多样种子塞到死鱼胃中，又把死鱼给鱼鹰、鹳、鹈鹕吞食，这些鸟在许多小时之后把这些种子或在小团块内吐出或在粪中排出，其中有些种子仍能保存发芽力。但有些植物的种子在这种过程中总是被毁灭。

鸟喙和脚虽然常是干净的，但我能指出有些时候也会沾有泥土：有一次我从鹧鸪的一只脚上取下 22 粒黏土，在这黏土内藏有像大巢菜籽大的一粒石子。这样，种子便可偶尔被带到遥远的地方，因为许多事实证明各处泥土几乎都常充满着种子。试想一下，每年有数百万鹌鹑飞过地中海，我们仍能怀疑在它们的脚上不有时沾带几粒小种子么？关于此题后将再论。

既然由于冰山有时挟带土石，甚至挟带灌木丛、骨头和陆生鸟的巢，我相信莱伊尔说的，冰山在北极和南极地区无疑地有时也必挟带种子从一处到另一处，并在冰川时期也从现在的温带各地把种子从一处带到另一处。亚速尔群岛较之别的较近大陆的海洋岛，有许多植物物种与欧洲的一样，并且如沃森先生所说，从它的纬度来看，这些植物有更北方植物的性质，由此我揣度这些岛屿在冰川时期曾接收到一些由冰块带来的种子。莱伊尔爵士因我的请求，曾函询哈通先生在这些岛上曾否看到漂石，对方的答复是，他曾发现大块花岗岩和别种石块而为该群岛所没有的。由此我们可以稳当地推论，从前冰山曾把所挟带的土石杂物置留在这些大洋中部的岛岸上，并且至少也可能带来些北方植物的种子。

考虑到以上所述植物传播的方法，以及将来无疑将被发现的别种方法，是曾在千万年中年复一年地活动着，我想假若仍没有许多植物被广泛地传播到各地，那就是奇迹了。有时称这些传播的方法为意外也不完全正确：海流不是意外的，季风的方向也不是意外的。应当指明的是，种子不能由这些方法转运到非常遥远的地方，因为种子不能长久暴露在海水中而仍保持其生命力，并也不能长久地置于鸟雀的嗉囊或肠道中被带到远处去。然而，这些方法可满足相隔数百英里的海洋，或从一岛到一岛，或从大陆到邻近的岛屿，只是不能由相隔很远的大陆带到另一大陆。彼此远隔的大陆的植物区系不能由这些方法而大量混杂，因此仍可保持如我们现在所见的完全不同的状况。从北美来的海流按着它们的方向绝不能传带种子到不列颠；虽然海流可能而且确实从西印度群岛携带种子到我们的西海岸，但即使种子不被海水长时间泡死也必不能抵抗我们的气候。几乎每年总有一两只陆地鸟从北美被吹过大西洋达到爱尔兰和英格兰海岸，但种子只能有一个方法带过来，即由泥土黏在鸟的脚上，这也不过是极少有的意外。即使如此，种子能落在适宜的土地上，并能生长成熟，这种机会多么稀少！但如果因像不列颠这样一个充满了植物的岛据我们所知在近数百年来没有偶然从欧洲或其他大陆移进些植物（此说法很难证实），就说少有植物的岛，尽管离大陆更远，也不会由类似的方法移进些植物，那就未免是大错特错。我固然相信假如将种子或动物带到远比不列颠更少生物的岛上，二十个中亦难有一个能在新地方生长适宜而能乡土化；但在我看来，这并不能就说在地质的长久时期中，一个海岛才从海内升起尚不多有生物时，偶然的传播方法也不能有何效用。在一几乎荒芜的土地上，又少有虫鸟为害，每一个偶然来到的种子，如气候适宜，就必能发芽生存。

冰川时期的散布

在一些被数百英里的低地隔开的高山顶上，生长有许多同样的动植物，而这些物种在低地上又绝不可能生长。在所知的相同物种生长在相距遥远的地点而彼此之间又无明显迁移可能的事例中，这真是最惊人的一个。在欧洲的阿尔卑斯山或比利牛斯山以及一些极北地区，人们能看见不同的积雪区域生存有许多同样的植物，这真是一值得注意的事实。更值得注意的是，美国怀特山的植物与美洲北部拉布拉多的物种完全相同，并且据阿萨·格雷告知我们，与欧洲最高山顶上的也几乎完全相同。甚至早在 1747 年格梅林对这些事实就作出结论，说这些相同的物种必定是在几个不同的地方单独创造出来的。假若没有阿加西和一些别的专家清晰地要求我们注意到冰川时期的事实，我们也难免仍停留在格梅林的信念中。我们随后立即就可看出，冰川时期实是对这些事实供给了一简明的解释。我们有各种有机的和无机的可信事实，证明在最近的地质时期，欧洲中部和北美都曾经过北极的气候。在苏格兰和威尔士的山脉，由近期充满山谷的冰川所造成的山侧的刮痕、磨光的表面和留在高处的漂石，比之房屋经过火灾后所留的残迹还更清楚。欧洲气候曾经过极大的改变，在意大利北部，由旧冰川遗留下来的巨大冰碛现已被葡萄和玉米所披盖。在美国大部分地区，漂石以及由移动的冰山和海岸冰块划出刻痕的石块，都显然指明从前的寒冷时期。

从前冰川气候对欧洲生物分布的影响已由福布斯透彻地说明，其大致略述如下。我们如设想有一新冰川慢慢地来临和慢慢地过去，像以前发生的那样，我们对它改变的事迹就更容易明了。当寒冷来临的时候，各个南部地带就要变成适宜北极的生物而不适宜原有温带的生物，于是后者就要被北极生物取而代之。同时原住的温带生物若不被屏障阻止就要南移，如被阻止就将灭亡。山岭就要被冰雪遮盖，前此住在山上的生物就要下到平原。到寒冷达到极点时，欧洲中部南到阿尔卑斯山和比利牛斯山甚至延伸到西班牙，所有的动植物区系就将一致成为北极式的。现在美国的温带也就将同样地被北极动植物所占据，且与欧洲动植物种类大致相同，因为现在环北极地的生物按我们的设想那时都由各处向南移动，使全世界各处生物几乎成为一致的。我们也可以设想北美冰川时期的来临比之欧洲或较早较迟一些，于是生物的向南迁移也或早或迟一些，但最后的结果仍是一样。

当温暖复回的时候，北极类型就向北退，较温带的生物也就紧跟其后。当山脚冰雪逐渐融化时，北极类型就进而占据已经通畅和融化之地，随温度增加它们也就沿山上升愈升愈高，与此同时，同类的其他成员就继续向北移动。于是到温暖完全恢复时，晚近移居到新旧大陆低处的原北极物种，或孤立地存留在相距遥远的高山顶上（在所有较低地区的就被消灭），或存留在东西两半球的北极地区。

这样我们就可以明了，为何在美国和欧洲遥遥相隔的大山顶上有许多相同的植物。我们也可以明了，每一大山岭的高山植物为何与它们正北或稍偏正北的北极类型特别更有亲缘关系，因为当寒冷来临时物种南移和温暖恢复时物种北归时所走的路线一般是正南正北的。正如沃森先生所说苏格兰的高山植物，和拉蒙所说比利牛斯山的高山植物，都是与斯堪的纳维亚北部的植物更特别近缘的；又如美国的植物与拉布拉多的植物、西伯利亚大山的植物与该地北极区的植物也是这样。这些观点建立在"以前存在冰川时期"这一已经完全确切证明的基础上，我认为对现在欧洲和美国高山和北极植物的分布提供了一个最圆满的解释。以至于在别的地区当我们在遥远的高山顶上发现同样的物种时，我们可以无须别的证据就能作出结论说，从前当气候寒冷时容许它们经过中间的低地进行迁移，随后低地变得太暖就不适宜它们生存了。

自冰川时期后，假若中间有一时期比现在更热些（有些美国地质学家主要根据金鲹化石的分布认为有一较暖时期），那么北极和温带生物在最晚近时期就曾更向北稍移，随后又退回到它们现在的家乡。但对于在冰期以后，中间又复插入一稍较暖时期，我并未发现有何令人满意的证据。

北极类型当在南移和随后又复北归的长途中，所遇气候大都相同，尤可特别注意的就是它们都集结在一起；因此它们互相的关系就没有多大的扰动，并且依照本书所谆谆提出的原理，它们就不容易有多大的变化。但当温暖复临，孤独留在高山顶的生物，即起先生存在山脚下最后迁移到山顶上的，情况就会有些不同。因为并非所有相同的北极物种都留在遥远相隔的大山顶上，并且未必直到现在仍都在那里生存。它们很可能与在冰川以前原生存在山顶的古代高山物种互相混合起来了，原生存在山顶的物种当极冷时期将必被迫暂时下移到平原上，并也将受到不同气候的影响。原存的和后来的物种彼此的关系就必有些扰动，由此它们就必都容易有些变化。我们所发现的事实也证明是这样，因为假若我们把欧洲几个大山岭的现存动植物互相比较，虽然有许多物种仍是相同，但有些已成变种，有些已列为存疑的类型，更有少数已成不同的物种，虽仍是近缘的或说是代表的物种。

为表明我所相信的冰川时期的实际情况，我设想当冰期开始时，环绕北极地区的生物仍与现在的生物是一致的。前面所讨论的分布不仅适用于严格生活于北极的类型，也适用于许多亚北极和少数北温带的类型，因为它们有些是与北美和欧洲大山下部以及平原的类型相同。人们可以有理由问我：当冰期才开始时，对亚北极和北温带类型必须有的一致性应如何说明呢？现在新旧两大陆的亚北极和北温带生物被大西洋和太平洋最北部彼此分隔开。当冰川时期新旧两大陆的类型所居地段比现在更向南些，它们必被更宽阔的海洋更加完全地分隔开了。我相信上述困难是能克服的，假如我们注意在更早时期气候另有一种相反方向的改变。我们有理由相信，在冰期以前晚近的上新世时期，气候比现在更温暖些，那时全世界大多数的生物与现在的生物在种别上相同。因此我们可以认为，现在生活在北纬60°的生物，在上新世的时候就要生活在更北的极圈下北纬66°～67°的地方，完全的北极生物就要居住在更靠近北极的不连贯的地区。试观地球仪，我们就可看出，在北极圈下从西欧经西伯利亚到美洲东部几乎是有持续相连的陆地。由于环绕北极圈的陆地相连，由于在更适宜的气候下生物更能互相自由迁移，我就认为在冰川期以前，新旧两大陆亚北极和北温带的生物就能有必须的一致性。

由于前述诸理由，我相信我们的大陆虽然受到巨大的但只是部分的地平升降，却早已是保持了几乎同样的相对位置，于是我很有意要把上述观点加以延伸，推断在更早更温暖的时期，例如在上新世早期，有大量同样的动植物居住在几乎相连的环极陆地上。新旧两大陆的这些动植物早在冰川期开始以前，因气温渐减都逐渐开始南移。正如我所相信的，我们现在欧洲中部和美国所看见的它们的后裔，大都是在有变化的状况之下。依照这个观点，我们就能明了北美和欧洲的生物为何彼此少有相同之处；假如注意到两地相隔之远和中间被大西洋分开，这种关系就最值得注意。我们也更能明了如几位观察家所指出的一个突出事实，即当第三纪晚期，欧美两洲的生物比之现在彼此的亲缘关系更近。因为在更温暖时期，新旧两大陆的北部几乎由陆地连绵相接，可供作生物迁移的桥梁，其后因气候变冷就不能通行了。

当上新世温度慢慢下降，新旧两大陆共有的物种向北极圈以南迁移的时候，它们彼此就完全分离开了。这种分离在较温暖地方的生物中早已实现。动植物既经南移，在新大陆就必须与美洲原产物种在广大地区混合起来并与它们互相竞争，在旧大陆的广大地区也有同样的混合与竞争。因此，在这种合宜有利的环境下，它们就必有多量的变化，较之在更近时期存留在新旧两大陆一些孤立高山上以及北极地区的高山物种，变化必更多。所以我们把新旧两大陆现在生存在温带地区的生物两相比较时，只能发现极少的相同物种（虽然阿萨·格雷晚近曾指出相同的植物比前所估计的更多），但在每一大纲内仍可发现许多类型，有些博物学家列为地理性品种，而别的博物学家则列为不同的物种；并且有许多近缘的或代表的类型，被所有的博物学家都认为是不同的物种。

陆地如是，海洋亦然。在上新世甚或更早时期，沿着北极圈相连的海岸，海洋动物区系几乎一致地逐渐南移。依照物种改变的学说，这种迁移就可以说明为何在现已完全分离的地区生存着许多近缘的类型。如此我想我们也能明了，为何在北美洲温带的东西海岸均生存着许多现有的和第三纪的代表类型，并能明了一些更加惊奇的情形，如许多密切近缘的甲壳动物（正如达纳的名著中所言）、一些鱼类和其他海洋动物，是远远地分散在地中海以及日本海中，这两地现在彼此相隔整个大陆和几乎半个地球的热带海洋。

这些分处在现在不相连的海中的生物之间虽不绝对相同但彼此相关联的情形，以及类似的，现在或从前分别处在北美洲和欧洲温带陆地上的动物之间相关联的情形，用创造的说法是无法解释的。我们不能说因彼此相似的物质条件就能造出一样的物种，因为假如把南美洲某些地区与旧大陆南部大陆相比较，我们就可以看到，物质条件如此密切相合的地区，却有绝对不相似的类型。

我们仍需讨论更直接的问题——冰川时期。我认为福布斯的观点可以大加伸展。在欧洲，西起不列颠的西岸，东至乌拉尔山脉，南到比利牛斯山，都有冰川期的显明证据。从被冻结的哺乳动物和大山上植物的性质，我们可以推论出西伯利亚也曾受到了相似的影响。沿着喜马拉雅山，在相隔 900 英里的地点，曾遗留下以前冰川下降的标记；在锡金，胡克博士曾看见玉米长在冰川遗留的庞大古老冰碛上。赤道以南，在新西兰也有以前冰川行动的直接证据；在这岛上，还有同样的植物生长在遥远相隔的大山上，也可说明相同的情况。如果认为曾经发表的一个报告可靠，在澳洲东南角上确也有冰川活动的直接证据。

论到美洲，在其北半部，东部向南一直到北纬 36°～37°处，西部太平洋海岸向南到北纬 46°处（现在该处气候已迥不相同），各处都可看见冰川载运下来的石块；在落基山脉亦可看见大漂石。在科迪勒拉山系的南美赤道一段，冰川曾远布至现时冰川的高度以下。在智利中部，我很惊奇地看见庞大的碎石堆高达 800 英尺，横过安第斯山脉中的一道山谷，我现在认为它是一巨大的冰碛，在远低于现有的冰川的高度上遗留。大陆两侧更南，从南纬 41°处直到最南端，有庞大的石块远自原产地运来，是从前冰川活动最显明的证据。

我们不知道在世界两半球各处遥远不同的地方，冰川时期是否是完全同时进行的。但几乎在每一地区，我们皆有充分的证据证明，冰川时期是在最晚近的地质时期内。我们也有优良的证据证明，冰川如以年计算在每一地点都持续极长久的时期。寒冷的来临或停止，在地球的此一地点或比彼一地点更早些；但既然冰期在每一地点皆是一长久的时期，并且从地质学意义上说是同时期的，在我看来全世界的冰期至少在一部分时期中很可能确实是同时的。在没有一些显然相反的证据下，我们至少可以承认，在北美东西两边，在科迪勒拉山系的赤道区域和温带中较温暖的地区，以及在大陆极南部分的两侧，冰川的行动极可能乃是同时的。假如承认此说，那就不能不相信全世界的温度在此期间是同时较凉些的。但为我们研究的目的，假若沿着经线方向一定的宽大地带内温度是同时较低的，那也就足够了。

这种对全世界，或至少沿着经线方向的宽大地带内，由南极到北极同时变冷的意见，就可以使我们更理解相同的和亲缘的物种现在的分布。胡克博士曾指出，在美洲火地岛有四五十种显花植物是为欧洲所常有的，该地区此类植物稀少，因而这比例极可观，而此两地相距是如此遥远；除此以外，两地还有许多物种是近缘的。在美洲赤道地带的高山上，有成大群的欧洲属的特别物种；在巴西的高山巅上，加德纳先生也曾发现少数欧洲属的植物而为美洲中部广大的炎热地区所没有的。在加拉加斯的西拉山上，著名的洪堡早经发现一些植物物种是科迪勒拉山特有的属。在阿比西尼亚①的高山上，发现了几种欧洲植物类型，并有少数几种好望角特有的代表植物；在好望角发现了少数几个据信不是由人引进的欧洲植物种，并且在高山上也发现几个欧洲的典型类型而为非洲热带地段所没有的。在喜马拉雅山上，在印度半岛孤立的山岭上，在锡兰的高山巅上，在爪哇的火山丘上，有许多植物或是完全相同或是可互相代表，并且同时可代表欧洲植物；但这些植物是上述地方之间的炎热低地所没有的。在爪哇一些高山顶上所采集的植物属的清单，简直是在描述一系列欧洲高地植物！尤其使人惊奇的是，澳洲南部的类型显然地可以由生长在婆罗洲高山巅的植物来代表。胡克博士告诉我，有些澳洲类型沿着马来半岛的高地延伸，一方面达到印度，另一方面远到日本，皆稀疏地分布着。

在澳洲的南部山区，穆勒博士发现了几个欧洲物种；在低地上有另几个物种不是人为引进的。胡克博士告诉我，欧洲植物在澳洲有发现而为两地中间炎热地段所没有的，足能够开出一个长的清单。在胡克博士著名的《新西兰植物志略》中，关于该岛的植物举出了一些相似和令人惊奇的事实。由此我们可以看出，在全世界生长在崇山峻岭的植物和生长在南北两半球温带低地的植物，有时是完全相同的，更多的时候是不同的种，但彼此之间仍有很突出的亲缘关系。

以上的简单说略是专就植物而言。关于陆地动物的分布，也有些特别相似的事实可以指出；在海洋生物中也有相似的事例。著名的权威达纳教授说："新西兰的甲壳动物与地球另一端的大不列颠的甲壳动物，较之其他任何地方有更密切相似处，实是一惊奇的事实。"理查森爵士也说在新西兰海边、在塔斯马尼亚岛等处复又发现北部鱼类

---

①即如今埃塞俄比亚。——编者注

的类型。胡克博士告诉我，在新西兰和欧洲有 25 种藻类物种为两方所共有，而在中间的热带海洋中是没有发现的。

必须注意的就是，在南半球南部和在热带山脉地区所发现的北部物种和类型并不属于北极，而是属于北温带的。如沃森先生最近曾说："由极地向赤道纬度退却的高山或山区植物区系，实是逐渐减少其极地的性质。"有许多生长在较温暖地区的山区或南半球的类型，它们的定位是存疑的，有些博物学家把它们列为不同的物种，有些就把它们列为变种；但其中有些确实相同，而另有许多虽然与北部类型有密切亲缘，仍必须列为不同的物种。

大量地质的证据使我们可以相信，在冰川时期全世界或大部分地区同时地比现在更寒冷多了。由这信念我们再看对前述的事实更能有些什么了解。冰川时期以年计算必是极其长久的，当我们记得在短短几百年内就有一些动植物分布到极广大的地区而乡土化了，那么冰川时期对于任何大量的迁移就必是足够的。当寒冷慢慢来临时，热带所有植物和其他生物就要从两边向赤道退避，温带生物追随其后，寒带生物又追随温带之后，但对最后者先姑不论。热带植物可能多有灭亡，究竟灭亡多少无人能说，或许那时热带地区所支持的物种犹如现在好望角和澳洲的温暖地方一样，是挤得满满的。我们知道有许多热带动植物能忍受一定程度的寒冷，那么当温度只略有下降时就必有许多生物可以免于死亡，尤其是逃到海拔最低、最受保护和最热地区的生物。但需要记住的重大事实是，所有热带生物都受了一些损害。在另一方面，温带生物迁移到靠近赤道之后，虽是处在新环境之中，而所受损害比在原处毕竟较少些。许多温带植物如不受竞争者的削弱，必能承受较原乡土更加温暖得多的气候。因此我认为，假如注意到热带生物是处在受难的环境下无力建立坚固阵线抵抗入侵者,那么一些更强健更有优势的温带类型就必能够侵入本地生物的行列,直达赤道甚至越过赤道。高地,可能还有干燥的气候,对于侵入是大为有利的,因为法康纳博士曾告诉我,潮湿伴随热带的高温对温带的多年生植物是极为有害的。在另一方面,对当地的热带生物而言,湿润和极热的地区就成为避难所。喜马拉雅的西北山岭和科迪勒拉山系的长线似成为两大侵入的路线。最近胡克博士在与我通信中,曾说与我一惊人的发现:火地岛和欧洲共有的所有显花植物(约46种)仍然生存在北美。那么北美必是处在侵入的路线上。当寒冷最严酷的时候,当北极类型从本土南移到大约北纬25°并遮盖了比利牛斯山脚时,我相信已有一些温带生物进入或甚至跨过了热带的低地。在这极严寒时期,我相信赤道在海平线的气候与该地现在六七千英尺高处的气候相同。我认为在极严寒的时期,热带低地的一些大段地方会由温热两带的植被混合遮蔽起来,犹如胡克博士所生动描写的现在喜马拉雅山脚下惊人葱茏的情形一样。

这样,我相信当冰川时期有相当数量的植物、少量陆地动物和一些海洋生物从南北两温带向热带迁移,有些甚至越过赤道。当温暖复回时,这些温带类型自然地就要迁上高山,留在低地的就遭灭亡;没有迁移达到赤道的就要复向南北原来的乡土退却,但是已经越过赤道的,主要是北部类型,就要继续向相反的南半球温带前进,距离原来乡土更远。虽然从地质的证据中我们有理由相信,所有北极贝类在它们长期南移和复又北返的时期中,没有什么大的变化,但那些后来居住在热带高山上的和居住在南半球的侵入类型,其情形完全不同。这些侵入类型被陌生类型所包围,就必须与更多新类型相竞争,于是在结构、习性和体质上被选择的变化很可能于它们有益。这些侵入的流浪生物，虽有许多由于遗传显然是与它们南北半球的同胞们有亲缘关系，但因生存在新家乡中，就被认为是显著的变种或是不同的物种。

胡克论到美洲，康多尔论到澳洲，都坚决地认为那些彼此相同的植物和有亲缘的类型是由北到南迁移的多，由南到北迁移的少，这是值得注意的事实。但我们在婆罗洲和阿比西尼亚的高山上也可见几个由南方来的植物种类。我以为由北到南迁移较多的原因，是由于北部陆地的范围较大，并由于北部类型在它们本乡的数目较多，于是经过竞争和自然选择，较之南部类型就更进到完善或优势的地步。及至冰川时期使南北物种彼此相混集，北部类型就能胜过南部较弱势的类型。正如我们现在所见，许多欧洲生物布满拉普拉塔地区，较少部分占据澳洲，并在一定范围内战胜了本地的类型。反之，在欧洲任何地方只有极少数的南部类型能乡土化，虽然在最近两三百年中有大量的兽皮、羊毛和其他货物附带着种子由拉普拉塔运入欧洲，又在最近三四十年中由澳洲运入欧洲。相同的事例也必在热带山岳发生：在冰川时期之前，山岳必是无疑地也充满了本地特有的高山类型，但这些原类型几乎在各处都被来自北部较广阔地区和较高效工坊、因而更得优势的类型所打败。在许多岛屿上，本地生物的数量几乎只能与外来业经乡土化的生物相等，甚或更少些。纵使本地生物不被消灭，它们的数量也已然大减，这就是走向灭绝的第一步。山岳是陆地上的岛屿，在冰川期以前热带山岳必是完全孤立的。我相信这些陆地岛屿上的生物必被北部大地区的生物所打败，犹如真正海岛上的生物晚近在各处被由人工引进而乡土化的大陆类型所打败一样。

关于生存在南北温带地区和热带山岳上的亲缘物种和它们的分

布，我不认为在这里所陈述的观点就可以把一切困难都免除了。仍有许多困难等待解决。我不能假称可以指出物种迁移的确切路线和方法，或说明为何某些物种迁移，为何某些不迁移，为何某些有改进并产生新类群，为何某些停留不变。对于这些事实，直到我们能说明为何某一物种而非别一物种能在异地由于人为的力量而乡土化，为何某一物种比它们本乡土的另一物种能分布两三倍远，或数量有两三倍，只有到那时，我们才能希望可解说明白。

我已说过仍有许多困难有待解决。胡克博士在他论南极地区植物的著作中，对其中一些最突出的已有极清楚的说明。这里不便详论，我只略说关于在极遥远的地方如在克尔格伦群岛、新西兰和富吉亚发现相同物种的问题，我相信如莱伊尔所说，这些物种的散布与冰川期将结束时的流冰有主要关系。但是有几个专为南部特有的属内彼此大不相同的物种，分布在以上和其他相距遥远的南半球地方，依照我的有变化的同源衍生学说看来就是一格外困难的问题。在这些物种中有些是特别地不同，我们不能认为自冰川时期开始以来它们能有充分的时间迁移并随后变化到必需的程度。在我看来，这些事实似能表示这些特别和极不相同的物种是从某一共同中心向四方散布出去的。我倾向于相信在南半球犹如在北半球一样，在冰川时期开始之前有一较更温暖时期，那时南极地区不像现在被冰覆盖，而是生长着一很奇特孤立的植物区系。我以为在冰川时期这个植物区系被完全消灭以前，曾有少数经历偶然的转移，并以前曾存在而现已沉没的岛屿作歇脚处，广被散布到南半球各处。我可以相信，由这些散布的方法，美洲、澳洲、新西兰等地南部的海岸就轻微地带上了一点这些相同的特殊植物的色彩。

　　关于气候的巨大改变对生物在地理分布上的影响，莱伊尔爵士在一篇让人瞩目的文章中曾做出推测，其词句几乎与我的相同。我相信在晚近时代，全世界曾经受了一个巨大的变化周期。依照这一观点并结合通过自然选择的变化过程，关于现在相同和亲缘类型生物的分布，大部分的事实就可得到解释。可以说生命的水流在一短时期内曾由南和由北流动并在赤道相交融，但北来的水流动力较大，以至自由地泛滥于南方。正如同潮水把漂积物沿水平线遗留下来（但在潮流最高的地方能达到的海岸也就愈高），生命的水流就把它所载的生命的漂流物遗留在我们的大山巅上，沿着一条路线从北极低地缓慢升起，直到赤道附近的高峰。这样的各种生物被搁浅遗留，好像几乎所有陆地上都有未开化的人类被驱逐到高山险地继续生存，而他们就成为令我们极有兴趣的记录，可揭示从前四周低地居民的生活。

第十二章
生物的地理分布（续）

　　既然河湖是被陆地分隔，人们或可认为淡水生物在同一地区内就不能有广阔的分布。既然海洋的屏障更广大而不可逾越，淡水生物就更不可能分布到远隔重洋的地区。但实际情形正是相反。不单许多属于不同纲的淡水物种分布到更大的区域，还有些亲缘物种也惊人地遍布在全世界。我清楚地记得当我起初在巴西淡水内采集时，我很惊奇地感觉到，淡水的昆虫和贝类等比之不列颠的多甚相似，而附近的陆地生物与不列颠的比较起来又多不相似。

　　淡水生物广泛分布的能力，虽非所预料，我想大多数情况下的解释就是它们适应于经常的短距离迁移，由一池塘到一池塘，或由一河流到一河流，这是于它们非常有利的方式。由于能在短距离中散布，广泛的分布就几乎成为必然的结果。我们在此只讨论几件事例。关于鱼类，我相信在不同大陆的淡水内，绝不能有相同的物种；但在同一大陆上，鱼种是常广泛地并且几乎是变化莫测地分布着，两个河系会有些相同的鱼，也会有些不相同的鱼。少数事实看似更支持它们以意外方法而偶然传布的可能性，例如旋风在印度有时把活鱼卷到他处，并且它们的卵离水后生命力依然很强。但我倾向于认为，淡水鱼的散布主要应归因于在晚近时代地平面的轻微改变，使江河互相接流。又当洪水时期，虽没有地平的改变，江河也可连通。有证据表明，在最近地质时期，莱茵河的黄土区地平是有相当大的改变，那时地面上就生有现时的水陆贝类。在连绵的大山脉两边鱼类也大不相同（山脉在极早时期就必已将河系分开并完全阻止了它们的结合），由这事实似可得到相同的结论。关于在世界上极遥远的地方发现亲缘的淡水鱼类，无疑地，其中也有许多现时不容易说明的事例；但有些淡水鱼类是属于极古时期的类型，在此情况下就有充分时间经历大量地理的改变，因此也就有时间和方法作大量的迁移。其次，咸水鱼类经小心照料，可缓慢地逐渐习惯于在淡水中生活。依照瓦朗西安的意见，几乎没有一个类群的鱼是完全生存在淡水内的，因此我们就可以想象到，一个淡水类群的海洋成员可能沿着海边游行到极远地方，随后发生变化而能够适应在远地的淡水内生活。

有些淡水甲壳动物分布极广，而依照我的学说，亲缘物种应是从共同亲本传留下来并且从单一根源分布到全世界的。它们的分布起初使我多所踌躇，因为它们的卵似乎是不容易被鸟雀传布的，并且如长成的个体一样，可以立刻被海水杀死。我甚至不能明了有些已经乡土化的物种当初为何能够迅速分布遍及同一区域。然而我曾发现两件事实，使我对此问题有所了解；无疑有更多事实仍待发现。当鸭从盖满浮萍的水塘内忽然浮出时，有两次我看见浮萍留在鸭背上；我还碰到过当我从一水族槽挪移浮萍到另一水族槽时，我无意间也把淡水贝类挪移过去。另一种传布的媒介或更有效：我把一鸭的双脚悬留在水族槽里，这可模拟水鸟自然憩息在天然水塘中。在这水族槽里有许多淡水贝类卵正在孵化，我发现有许多才孵化出来极微小的贝类爬到鸭脚上牢固地粘着，即使把鸭拿出水来也抖不掉，不过待至年龄稍长这些贝类会自行脱离。这些初孵出的软体动物虽本性是生活在水内的，但在润湿空气中附在鸭脚上可活 12～20 小时之久，在这时间内，鸭或苍鹭至少能飞六七百英里，定可歇到一水塘或小溪上，或可被大风吹过海洋达到海岛或任何其他遥远处。莱伊尔爵士也告诉我说，他有一次捉到一个龙虱身上牢固地附粘着一个曲螺（类似帽贝的淡水贝类）；还有一次，有一同科的水甲虫飞上了"贝格尔"号，当时这舰船距最近陆地四十五英里，如顺风的话，还不知这甲虫将更能飞行多远。

关于植物，人们早知许多淡水甚至沼泽地物种能传布到各大陆和极远的海岛上。正如康多尔所言，在成大群的陆地植物中，只有其中少数水生植物分布的能力至属惊人，每到一处就能迅速分布广远。我想这种事实可由合宜的散布方法解释之。前此我已说过,泥土有时(虽少见）会偶然粘在鸟雀的嘴和脚上。涉禽类常游行在泥泞塘边，假若突然惊飞，更易得有泥脚。我可说明这一目鸟类是最了不起的游荡者，常飞往远洋的荒岛上。它们不大会在海面上停落，于是脚上的泥就不易洗掉；当到达陆地时它们一定要飞到常去的天然淡水场。我不认为植物学家已充分地意识到塘泥是如何充满了种子。我曾做过几个小实验，此处姑说一最惊奇者：在二月间我曾从一个小塘边三处水底下取出三汤匙塘泥，塘泥干后只重 6 ¾ 盎司①；我把塘泥盖着放在书房内，经过六个月的工夫，泥内每有植物长出便拔起并计其数，共得 537 株，分属许多种类。而此湿泥仅一早餐杯而已！注意到这些事实，倘若仍说水鸟不能把淡水植物传带到远方，仍说这些植物分布不远，我想那

———————————————
① 1 盎司约等于 28.3 克。

么实际的情况就将无从索解了。一些较小淡水动物的卵亦可借此力量传到远处。

其他未知的力量也可做一些传布的工作。我已说过，淡水鱼会吃某些植物的种子，但是许多其他植物的种子它们吞下后会再吐出。即使小鱼也可吞下些不很大的种子，例如黄睡莲和眼子菜的。苍鹭和别种水鸟每日吞食鱼类，世代相继何止千百年，食后它们飞到别的水边或被风吹过海去；我们也曾见种子被鸟吞食许多小时后，复在小团中吐出或在粪便中排出来，仍能保持发芽的能力。当我看到莲的种子很大，并想到康多尔论到此植物的情形，我曾感到它的分布方法是不可理解的；但奥杜邦说他曾看到南方大莲种子（依照胡克所说，或许是美洲黄莲）存在苍鹭胃里。虽我不知道这事，但类推法使我相信，苍鹭吞食莲子后复飞到别的水塘饱食鱼类，可能又把未消化的莲子含在小团中吐出；或当苍鹭哺饲小鹭时，莲子又被掉下，犹如我们所知的把所衔的鱼掉下一样。

考虑这些分布方法的时候须注意，当一水塘或小河在上升的小岛上初形成时，其内是无生物的，故一粒种子或卵落下时很有长成的良好机会。已占据某一水塘的生物，不管数目如何少，在不同的个体间总是有生存竞争的；但由于物种的类型较之陆地生物为数不多，因此水中竞争并不若陆地竞争激烈，这样外来水族侵入者较之陆地侵入者必更容易得到立足之地。我们也须注意，有一些甚或许多淡水生物在自然的分类中是低级的，我们有理由相信它们比之高级生物要变化得慢些，因此同一水族物种的迁移时间就比平均的迁移时间较长。我们也须记着这种可能性，即从前有许多淡水物种是连续不断地分布到可能生存的广大区域，其后在中间地段的就灭亡了。但是淡水植物和低级动物，无论随后是有些变化或仍保持原形，我相信它们的种子和卵主要是依靠动物，尤其是依靠淡水鸟，来得到广泛的分布。淡水鸟飞翔的能力很强，而且自然地要从一水飞到另一水并常常飞到遥远的水域。大自然好像是一细心的园丁，把她的种子从一个具有特别性质的苗圃内取出，并把它们播种到同样适宜于它们的另一个苗圃中。

海洋岛上的生物

依照所有相同物种和亲缘物种的个体是从一个亲本传留下来的观点，虽经过一长久时间它们散居到全世界各处，但所有都来自一个共同出生的地方。我曾论到有三种事实显示了这观点所遇的最大的困难，现在我们讨论其中最后的一种。我已说过我不能接受福布斯论大陆伸展的意见，如依照该说，就须相信在晚近世纪所有现存的岛屿曾与大陆相连或相靠近。这个说法当然可以解除许多困难，但我以为不能说明关于海岛上生物的所有事实。以下我的讨论将不限于生物分布的问题，并将涉及一些其他事实，以讨论单独创造和有变化的同源衍生两种学说的真实性。

居存在海洋岛上的物种的种类，较之在同面积大陆上的物种为数甚少：康多尔承认植物是如此，渥拉斯顿承认昆虫是如此。我们考察新西兰，它南北长超过 780 英里，有广大的面积和多样的栖息地，而只有 750 种显花植物；再与好望角或澳洲同一面积地区的显花植物种类相比较，我想我们就必须承认，必有某些与任何物质条件无关的原因导致了如此悬殊的差异。即使在环境一致的剑桥郡也有 847 种植物，而在小小的安格尔西岛则有 764 种；不过这数字中包括几种蕨类和引进的植物，而且在其他一些方面这种比较也不甚公平。我们有证据在荒芜的阿森松岛上只有不到六种本土显花植物，但现在该岛上有许多外来植物已经乡土化了，犹如在新西兰和其他各个可举出的海岛上一样。在圣赫勒拿岛，我们有理由相信，许多本地原产生物已几乎或完全被乡土化的动植物消灭。相信每个不同物种是分别独立创造的教义的人必须承认，海洋岛上足有不少完美适宜的动植物并不是在岛上创造的；人无意识地从各地运载来的生物，较之自然所做的更为丰富完美。

海洋岛上生物种类为数虽少，而本地特产物种（即世界别处所没有的）比例却常极高。例如用马德拉群岛本地特产陆地贝类的数目，或用加拉帕戈斯群岛特产鸟类的数目，与任何大陆特产数目相比较，然后再用岛屿的面积和大陆面积相比较，就可看出这是真实的。这事实依照我的学说也可预料到，如已说过，因为物种在长久间隔后偶然来到新的和孤立的地方，必须与新生物相竞争，就必极易于变化，并常会产生成群的有变化的后裔。但不可因为一海岛某一纲几乎所有物种都是特殊的，就认为另一纲的物种或同纲的另一部分物种也是特殊的。这种区别似乎一部分是由于未经改变的物种集体迁入，彼此的关系就未多扰动，一部分是由于常有未经改变的物种又从故土迁入，并随后与之杂交。我们应当记着这种杂交的后裔一定能增加活力，所以即使一次偶然的杂交也能产生意料之外的影响。现在且举几个例子：在加拉帕戈斯群岛上几乎每种陆地鸟皆是特殊的，而在十一种海洋鸟中只有两种是特殊的，因为很显明海洋鸟比之陆地鸟是易于从外地飞到这些岛上的。在另一方面，百慕大群岛到北美洲的距离与加拉帕戈斯群岛到南美洲的距离几乎是相等的，而百慕大群岛因土壤很特别，那里没有一个本地特产的陆地鸟；我们从 J. M. 琼斯先生论百慕大群岛的出色报告中知道，有极多北美的鸟在每年的大迁徙中都定期地或偶然地飞临此岛。马德拉群岛没有一个特产鸟，而 E. V. 哈科特先生告诉我说，那里几乎每年都有许多欧洲和非洲的鸟被风吹来。因此在百慕大和马德拉两处都一直保持有鸟的供应，这些鸟多年来在它们的原乡土地上就是彼此竞争的，并早已变成互相适应的了，及至在新乡土落户后，每一种类都因别的种类的限制，只得保守它原有的地位和习性，因此也就少有变化。任何变化的倾向，就要因与本土迁来的未变化的鸟互相杂交而受阻止。此外，马德拉群岛有大量特殊的陆地贝类，但没有一种海洋贝类是其海岸所特有的。我们虽不知道海洋贝类散布的方法，但可看出它们的卵或幼虫黏附在海草上、浮木上或涉禽的脚上，较之陆地贝类容易被带过三四百英里的海洋而达到远处。马德拉群岛上各种不同目的昆虫显然表现出相似的事实。

海洋岛上有时缺少某些纲的生物，它们的地位显然是被别种生物占据了。加拉帕戈斯群岛上，爬行动物和新西兰巨大的无翅鸟类代替了哺乳动物。关于加拉帕戈斯群岛上的植物，胡克博士指出各种目的比例数较之别处是大不相同。这种情形大都被认为是由于海岛上物质条件的关系，这种解释我认为不无可疑。我相信迁移的便利至少与物质条件的性质有同等的重要性。

关于遥远海岛上的生物，有许多小的惊奇的事实可以举出。例如在某些没有哺乳动物居住的海岛上，有些本地特产植物却生有美妙带钩的种子，而带钩的种子适合于四脚兽毛皮运带，这是一种最显著而惊人的相互关系。在我看来，此点并不难解，因为有钩的种子起初可以由一些别的方法带到岛上，然后该植物经过轻微的变化但仍保留带钩的种子，变成一个特产物种，其钩的无用犹如任何附属的未发育器官一样，例如许多岛上的甲虫有联结在翅鞘下的萎缩的翅。再者，有些海岛常有乔木或灌木，其所属的目在别的地方只有草本植物。关于乔木，正如康多尔所说，无论因何缘故，在分布上一般都有限度，因此乔木少有能达到遥远的海岛上。而草本植物虽然在高度上没有机会能与长成的乔木竞争胜利，但如已在一海岛上立足且只与草本竞争，或可得到有利条件，越长越高，超过别的植物。如果是这样，自然选择就可使海岛上的草本植物（无论属于何目）逐渐增加身材，使其初则变成灌木并最终变成乔木。

关于海岛上缺少整目生物的事，博里·圣文森特早曾说过，大海洋中满布着许多岛屿，但无论在任何岛上从未发现无尾两栖动物（蛙，蟾蜍，蝾螈）。我曾尽力考证，并已证明此说完全真实。曾有人深信在新西兰大岛的高山上有蛙类，我认为这一例外（假如此说为实）可用冰川的媒介作用来解释。在如此多的海岛上普遍没有蛙、蟾蜍、蝾螈，物质的条件不足以解释：其实海岛是最适宜这些动物的，因为蛙曾被带到马德拉、亚速尔和毛里求斯，生殖繁众甚至成为惹人讨厌之物。既然这些动物和卵可立被海水杀死，我认为我们就可以知道它们渡过海洋的困难，因而就知道它们为何在任何海岛上都没有了。但若依照创造的说法，为何它们不在这些岛上创造出来，就很难解释了。

哺乳动物又是另一类似的事例。我曾仔细收集最古的航海记录，但迄今仍未完成。在距离大陆或大陆性的大岛三百多英里的海岛上，除居民所养的家畜外，到现在为止我尚没有发现一个确切无疑的陆地哺乳动物。有许多海岛虽距大陆没这么远，也是同样没有。在福克兰群岛上居有一种似狼的狐，这可算是一个例外，但这一群岛不能算是海洋岛，因它位于与大陆相连的一海堤上；再者从前的冰山曾带有大漂石遗留在它的西海岸上，同时也可带有狐类，犹如现时北极地区常有的情形。但不能因此就说小的哺乳动物在小岛上不能生存，因它们在世界许多靠近大陆的极小岛上都曾有发现，并且几乎不能指出一个小岛上没有小的四脚动物已被乡土化而且繁衍甚多。也不能依照一般的创造论，说是尚没有在那里创造哺乳动物的时间，因为许多火山岛曾经过大量的剥蚀，且它们的第三系地层都可以证明它们是很古远的：在这些火山岛上已经有时间产生属于别的纲的特产物种，并且人们认为，在大陆上哺乳动物的产生和消失比较别的低级动物更来得快些。虽然陆地哺乳动物在海洋岛上不见踪迹，但飞行的哺乳动物几乎在每一海岛上都有。新西兰有两种蝙蝠是为世界别处所没有的，诺福克岛、维提群岛、小笠原群岛、卡罗林群岛、马里亚纳群岛和毛里求斯都各有特殊的蝙蝠。人们可以问，为何创造的力量在这些遥远的岛上只创造蝙蝠而不创造别的哺乳动物？依照我的意见这问题就容易答复，因为没有陆地哺乳动物能够渡过宽广的大海，而蝙蝠能够飞过。有人曾见过蝙蝠白天飞在大西洋遥远的海域上空；有两种北美蝙蝠定期地或偶然地飞到距大陆六百英里的百慕大群岛。托姆斯先生是专门研究这一科的，我听他说在同一物种中有许多皆分布广远，在大陆上和遥远的海岛上都可发现。因此我们只能认为，这一漫游的种类经过自然选择曾经有过变化，以适应新乡土的新地方；并且我们就能明了，为何在海岛上没有任何陆地哺乳动物而只有特产的蝙蝠。

除岛屿与大陆的距离和岛上是否有哺乳动物相关外，岛屿和邻近的大陆另外有种关系，决定着两处究竟是有相同的还是多少经些变化的近缘哺乳动物。这在一定程度上与距离的远近无关，而与彼此相隔海水的深浅有关系。关于此问题温莎·厄尔先生在广大的马来群岛曾有些出色的考察。马来群岛在靠西里伯斯岛①附近被一段深海横贯切断，分隔成两个大不相同的哺乳动物区系。两侧的海岛皆是坐落在中等深度的海底堤岸上，并且同侧各岛上栖居有近缘的或相同的四脚动物。无疑地在这大群岛上存在有少数异常的动物，并且究竟哪些哺乳动物可能是人为乡土化的也不易分辨。但由于华莱士先生卓越热忱的研究，我们不久对于此群岛的自然史将有更多的了解。关于全世界别处这种关系的问题，我尚无暇概予研究，但就我所研究到的而论，大都是与这规律相符合的。不列颠是被浅海峡与欧洲分开，两岸的哺乳动物就是一样的；澳洲有许多岛屿是同样被浅海峡分开，我们观察遇到相似的情况。西印度群岛是位于很深的海下沙洲上，其深几乎有一千英寻②，在此地我们见有美洲的类型，但其物种甚至属都不相同。由于在一切情形下，类型变化的多少皆在一定的程度上取决于经过时期的长短，并且由于当海平面有升降的时候，被浅海峡分开的岛屿较之被深海峡分开的岛屿，更可能在晚近的世纪中是与陆地相连的，那么我们就更能明了，海峡的深度和岛上哺乳动物与其邻近陆地上动物的亲缘程度为何常是相关的，而此一相关性依照单独创造的观点是说不明白的。

所有以上关于海洋岛上生物的陈述，如种类的稀少、某些特定纲或某一纲中某一部分本地特产类型的丰盛、整个类群如无尾两栖类和陆地哺乳动物类（虽然有飞行的蝙蝠）的绝迹、某些目的植物特殊比例较多，以及草本类型发育成乔木等，这些事实在我看来，较之"从前所有海洋岛皆是与附近大陆相连"的观点，与"在长久时期中偶然

---

① 即如今苏拉威西岛。——编者注
② 1 英寻约合 1.8 米。

传布的方法是有效的"这一观点更为符合。因为依照前一观点，生物的迁移可更彻底，并且如果确认有变化，依照生物个体彼此间关系的无上重要性，所有生物类型的变化就应该更加一致。

　　我不否认，对于了解有些较遥远岛屿上的一些生物如何能到达它们现在的家园（无论它们自到达后是保存原有的特殊形态或有所改变），存在着重大的困难。不过从前中间有些岛屿可用作落脚地而现在已毫无痕迹，这种可能性是绝不可忽视的。我可举出一种困难情形的实例。几乎所有的海洋岛，即使是最小最孤立的，都有陆地贝类，通常是当地特产种类，有时亦是别处也有的。古尔德博士关于太平洋海岛上的陆地贝类曾举出一些有趣的事例。陆地贝类极易被盐水杀死是众所周知的，贝类的卵，至少如我所实验过的，沉入海水就会被杀死。但依照我的意见，其中必有些充分有效的传运方法而尚为人所不知。不是有方才孵出的幼虫有时爬粘在栖息地面的鸟脚上而被带走的么？我也曾想到当陆地贝类休眠时便有层隔膜把壳口封住，由此它们可能在漂木缝隙中被带过不太宽的海湾。我曾发现有几种贝类在这状况下能抵抗海水经七日之久而无损伤；这些贝类中有一种是罗马蜗牛，在它再次休眠后我把它放在海水中经二十天之久，它仍复原如故。这种贝类有一厚石灰质的厣，在我把厣除去，它复又长出一层新厣后，我把它浸入海水中，十四天后它仍然复原爬走了。但关于此题仍须做更多的实验。

　　海洋岛上生物对我们最突出最重要的事实，就是它们与最近大陆上的生物虽然并非相同的物种，却彼此有亲缘关系。有关事实举不胜举。而我只举出一件，即加拉帕戈斯群岛位于赤道上，距南美洲海岸在五六百英里之间。在这群岛上，几乎每一水陆生物都带有美洲大陆确切的印记。岛上有 26 种陆地鸟，古尔德先生把其中 25 种列作不同的物种，认为是在本地创造的；但它们在每一特征、习性、举止和声调上都与美洲物种有显然密切的亲缘。其余动物亦都如是；胡克博士在他关于此群岛精彩的植物区系专题报告中也曾指出，几乎所有植物也都如是。博物学家在考察太平洋内这些火山岛上的生物时，虽然离大陆数百英里，却仍感觉是站在美洲陆地上。为何是这样的呢？为何这些被认为是在加拉帕戈斯群岛上而不是其他地方创造的物种，与在美洲创造的物种有清晰的亲缘印记呢？这些岛屿上的生活条件、地理性质、高度或气候，或几个纲的生物比例数，没有一样是与南美洲海岸环境密切相似的；其实在所有这些方面，反有大不相同之处。另一方面，这些岛屿在土壤的火山性质、气候、高度和岛屿的大小上，与佛得角群岛却是高度地相似，但这两群岛的生物又是何等绝对地不同！佛得角群岛的生物是与非洲的生物有亲缘关系的，犹如加拉帕戈斯群岛的生物与南美洲的生物有亲缘关系一样。我相信依照一般的分别创造的观点来讲，这个重大的事实是得不到任何解释的；但若依照本书所主张的观点，那就很明显的，加拉帕戈斯群岛是从南美洲接受了些移居者，或者是由于偶然的运送方法，或者是由于从前岛屿是与陆地相连的；而佛得角群岛是从非洲接受了些移居者。这些移居者会容易有些变化，但遗传原理仍漏出它们的原产地来。

许多相似的事实亦能举出。其实岛屿上特产的生物与最近大陆或邻近岛屿上的生物有亲缘关系，已几乎成了普遍的规律。例外的事实不多，大部分是可以解释清楚的。例如克尔格伦岛距美洲比距非洲远，而据胡克博士的报道它的植物是与美洲有亲缘关系的，并且非常密切；但如说此岛植物种子的来源大都是由冰山上的土石所挟带，并顺着海流流到此岛，则此疑难即行消除。新西兰的特产植物与最邻近的澳洲大陆较之他处更加近缘，这是可以预料到的，但它们也显然是与南美洲的植物有亲缘关系。南美虽是与其第二近的大陆但毕竟相隔甚远，这就是一个异常的事实。但如注意到下述说法则这困难就可以消失：新西兰、南美洲和其他南方地区在冰川时期开始以前，曾由南极岛屿供给了一些植物，那时南极岛屿是有植物遮盖着，它虽距离较远但仍是近乎中间的连接点。澳洲西南角的植物区系和好望角的植物区系，它们中间的亲缘关系虽然薄弱，但胡克博士使我相信这种亲缘是真实的，这是一更加突出的事例而非现时所能解释的。但这种亲缘只限于植物，我以为总有一日能得到解释。

群岛生物与最邻近大陆上的生物，虽属不同的物种，但彼此皆有近缘关系，这是一个规律。这规律有时在同一群岛的范围内亦可小规模地表现，且极有趣。如我在别处所指明的，加拉帕戈斯群岛是由亲缘关系密切的物种在很奇异的情形下分占了：每一单独岛屿上的生物虽大部分不相同，但彼此的亲缘关系却较世界上任何别处的生物更无可比拟地密切。依照我的意见，这正是我们所应料到的，因为这些岛屿彼此相距甚近，它们必能从同一来源接受移居者，或彼此相互移居。但各岛屿上特产物种的不同，正可用作反对我观点的理由，人们可问：这些岛屿彼此相望，地理性质、气候、高度等又都相同，许多移进类型却有不同的变化（虽其不同的程度不大），这是如何发生的呢？这问题对我久已成为一大困难；但它的来源大部分是一个根深蒂固的错误思想，即认为一个地方的物质条件对于生物是最重要的。但我以为无可争议的是，每个生物必须要与别的生物相竞争，为要取得成功，别的生物的性质至少是与物质条件有同等的重要性，甚至在一般情况下更加重要得多。假若我们考察那些在加拉帕戈斯群岛和世界别处所共有的生物（既然我们是在考虑自它们来到岛上后是如何变化的，此处包括特产物种就不公正了，姑置不论），在这些不同的岛上我们就要发现它们有很大的不同。假若认为岛上物种是由偶然传运种子的方法补充的，例如一种植物被带到一个岛上而另一种植物被带到另一个岛上，那么岛上植物的不同应当正是我们所预期的了。在从前的时候，一个移进的物种落在一个或多个岛上，随后又由一岛分布到别岛上，无疑它在不同的岛上就要遇到不同的生活条件，因为它要与不同的生物集群相竞争。例如一个植物就会发现，在不同的岛上，最合宜它的土地已被不同的植物以不同的程度占据了，并且它会受到不同天敌的进攻。假若在此情形下它有变异，自然选择在不同的岛上就要有利于不同的变种。然而有些物种或可散布开去并仍在全类群中保有它同样的特征，正如我们在一些大陆上所看见的，有些物种分布广阔而仍保持不变一样。

在加拉帕戈斯群岛上实在让人惊奇的事例以及一些相对平常的相似事例就是，在不同的岛上新形成的物种并没有迅速地散布到别的岛上去。这些岛屿虽能彼此相望，但被深海湾分开了，其中大多数比不列颠海峡更宽，并且我们也没有理由认为它们从前在任何时期是被连接起来的。海流迅速掠过这些岛屿，大风极少，所以各岛较之地图上所示的实是更有效地彼此被分开了。虽然如此，仍有相当多的为世界别处所共有的物种，以及为本群岛所独有的物种，都是一些岛上所共有的。我们可以从某些事实推论到，它们很可能是从某一个岛散布到别的岛上去的。但我想我们常抱有一种错误的观念，认为近缘的物种在能自由交往的时候，就有互相侵入对方领地的可能。无疑地，假如一个物种对另一物种有任何优势，它就可在很短期内完全或部分地取而代之；但如自然界中的两个物种各在本土已同样适应自己的位置，那么它们或可经过长久的时期仍各据其位，长久分存。我们知道有许多物种经人工力量乡土化后，在新土地上就可很迅速地散布到各处；我们因而就容易推论说大多数物种都可以如此散布到各处。但我们应当知道，在新地区经乡土化的类型与本土原住类型，一般不是近缘的而是极不相同的物种，它们大部分正如康多尔所指明的，都应归入不同的属。在加拉帕戈斯群岛上，甚至有许多鸟，尽管很适于由一岛飞到另一岛，但各岛的鸟并不相同，于是嘲鸫就有三种近缘的物种而每种各限于一岛。假如我们设想查塔姆岛上的嘲鸫被吹到查理岛上，而查理岛本有自己的嘲鸫种，试问吹来的嘲鸫为何能顺遂地在该岛定居呢？我们可以稳定地推想到，查理岛自己的嘲鸫种供应充足，每年所生的卵已超过该岛所能养育的；同时我们也可以推想到查理岛上所特有的嘲鸫至少也是甚合本乡的环境，犹如查塔姆岛上所特有的嘲鸫甚合查塔姆岛一样。关于这问题，莱伊尔爵士和渥拉斯顿先生曾写信告诉我一奇特的事实，即在马德拉群岛和在附近波托桑托小岛上有许多不同但有代表性的陆地贝类，其中有些住在石隙里。虽然每年有大量的石头从波托桑托运到马德拉，但马德拉并没有成为波托桑托物种的殖民地，而两岛反成了一些欧洲贝类的殖民地，无疑地，欧洲贝类对本地品种必有些优势的地方。从这些方面考虑，我想我们对加拉帕戈斯有几个岛屿栖居有本地特产和代表物种而并没有普遍散布到各岛上的情况，就无须大加惊异。另在许多实例中，如在同一大陆上的一些地区，先行占有很可能对生长在相同条件下物种的混合有重大的阻止力量。例如在澳洲的东南角和西南角两处，物质条件相同又有陆地连接，但两地是被大量不同的哺乳动物、鸟类和植物所占居。

决定海洋岛上动植物区系一般性质的原理就是，岛上生物与移居者最方便来源地的生物虽然并不相同，但有显明的亲缘关系，而移居者随后经过变化而对新乡土格外适应。这个原理在自然界有极广阔的应用：我们在每座山岳、每处湖泊、每个沼泽都可看见。高山物种，除最近冰川时期曾广泛分布到全世界的（主要是植物）以外，是与周围低地物种有亲缘关系的。因而在南美洲，高山蜂鸟、高山啮齿动物、高山植物等等，都严格是美洲类型。并且当一个高山在慢慢上升，很明显地，周围低地类型自然就要移殖过来。素居湖泊和沼泽者亦必如此，除非它们得有最便利的输送方法，使同一类型能向全世界分布。这同一原理对美洲和欧洲居住在洞穴中的盲眼动物也同样有效；别的相似的事实也可举出。我相信以下观念是普遍准确的：在任何两个地方，无论相隔多远，如存在许多近缘的或代表的物种，在这两地也必有一些相同的物种，表明在从前一些时代两地必有互相的交往或迁移，这与前述观点相符。无论何处，如有许多近缘的物种，在那里也必有许多类型被一些博物学家列为不同的物种，而被另外一些博物学家列为变种，这些存疑的类型就向我们显现出变化过程的步骤。

物种在现在或在从前不同的物质条件之下迁移的能力和达到的范围，以及它们与世界上遥远地方其他物种的亲缘程度，这两者之间的关联可以在另一个更普通的方面表现出来。古尔德先生早先曾向我说过，在分布到全世界的鸟属内有许多物种分布的区域极其广大。我以为这一规律是普遍真实的，虽然不容易证明。在哺乳动物中，蝙蝠是最彰明的，其次是猫科和犬科。如把蝴蝶和甲虫的分布比较一下，也可以看出是这样。大多数的淡水鱼也是如此，其中有许多属分布到全世界，并有许多个别物种占有极广大的区域。这并不是说在能分布到全世界的属中，所有的物种都占有广大的区域，甚至不能说它们平均都占有广大的区域；而是只有某些物种分布极广。因为使广大区域的物种能有变异和发生新类型的便利条件，就能大致决定它们平均分布的区域。例如，同一物种的两个变种居住在美洲和欧洲，那么这一物种就占有广大的区域，但假如这变异再增大一点，它们就将被分列为两个物种，于是它们原来共同的区域就大为缩小了。这更不是说物种有能力越过屏障，犹如某些能远飞的鸟，就必占有广大区域，因为我们必须注意所谓广大区域不仅说能有越过屏障的能力，并须有更重要的能力，即在远地与其他物种竞争生存取胜。但若依照"一属的所有物种，虽然现在分布到全世界最遥远的处所，却都是从一个亲本传留下来"的观点，我们应当能发现在这一属中至少有些物种占有了极广大的区域（我相信依照一般的规律我们也确能发现）。因为未经变化的亲本理应分布广阔，在散布过程中不断变化，并且应该使自己处于不同的有利于它后裔转换的环境下，起初转换成新变种，最后转换成新物种。

关于某些属分布极广阔的问题，我们应该记住有些属是极其古老的，它们必是在一遥远时代由一共同亲本分支出来，在这种情况下，必是有充分的时间出现气候巨变、地理巨变和意外的传运，随后某些物种就迁移到世界的各地方，到了新地方遇着新环境它们可能仍须有些小的变化。由于地质的证据我们仍有些理由相信，每一大纲中的低级生物通常较之高级类型改变要慢些，因此低级类型就有分布较广的更好机会，并且仍能保存它原有的物种特征。这一事实，连同许多低级类型的种子或卵是极小并且易于传递到远处的事实，很可能造成了一个久经注意的规律，这规律最近由康多尔在论到植物时曾极好地论述过，即生物的任何类群，等级愈低愈能广阔地分布。

已经讨论的各种关系就是：低级和改变缓慢的生物较之高级的分布更广；在广阔分布的属中有些物种也分布广阔；高山、湖泊和沼泽地的生物（除前已指出的例外）是与周围低地和旱地产物有亲缘关系的，虽然这些动植物产地大不相同；居住在同一群岛中各小岛上的不同物种是极近缘的，特别是居住在整个群岛或每个岛屿上的生物与最邻近大陆上的生物有显著的亲缘关系。所有以上这些关系，我想若依照每个物种单独创造的观点是绝对无法解释的，但若依照另一观点，即物种是由最邻近或最容易的来源迁移过来的，并由于迁移者达到新乡土后随之发生了改变和更好的适应，就能说得明白。

前章和本章的提要

在这两章内我曾竭力指明，假若我们充分考虑到，我们并不知道近期一定发生过的气候改变、地平改变以及其他类似改变造成的全面影响；假若我们记得我们对许多奇异的偶然传运方法是何等无知（传运方法的问题从来少经人们实在地实验研究过）；假若我们记住一个物种如何常能连续分布到广阔的区域，并且其后在中间地段灭绝；假若如此，我想对相信同一物种的所有个体（无论生长在何处）都是从同一亲本传留下来的，就没有不可克服的困难。我们得到这个结论是由于一些总体的考虑，尤其是因为屏障的重要性，以及因为亚属、属、科的相似的分布；而许多博物学家根据单一创造中心的理论，也得到相同的结论。

关于同属的不同物种，依照我的学说它们必是从一个亲本的根源地区散布出来的。假若对这个问题我们也如前一样考虑到我们的无知，并注意到有些生物类型改变得极其缓慢，并且得以有极长久的时期进行迁移，那我就不认为这些困难是不能克服的；虽然关于现所讨论的问题，以及关于同一物种个体分布的问题，这些困难常常是极大的。

在举例证明气候改变对分布的影响时，我试图指出最近冰川时期的影响是如何重大。我深信冰川是同时影响到全世界的，或者至少是同时影响到同一经度范围的广大地带。为指明偶然的传运方法是多种多样的，我稍加详细地讨论了淡水生物散布的方法。

假若承认在悠久的时期中同一物种的个体和近缘物种的个体都是从一个根源地发生的，并没有不可克服的困难，那么我认为所有关于地理分布的主要事实，依照迁移的学说（通常是运用于较优势的类型）以及其后新类型的改变和繁衍，都是容易说明的。由此我们就能明了屏障的高度重要性，无论这屏障是水或陆地，它们把动植物划分成许多区域；由此我们也能明了亚属、属和科的地域性，并也明了为何在不同的纬度上，例如在南美，居住在平原、高山、森林、沼泽和沙漠中的类型都是被亲缘奇异地联系起来了，并且同样也使从前居住在此同一大陆而现已灭绝的生物一齐被亲缘联系起来了。如记住生物个体彼此间的关系有极高度的重要性，我们就能明了，为何物质条件几乎相同的两个地区，常被极不相同的生物类型居住着。因为依照新类型进入一地区后所经过时期的短长，依照交通的性质能让某些类型进入而别的类型不得进入或准许进入数量的多寡，依照进入的类型彼此间以及与各地原有类型间是否有或多或少的直接竞争，以及依照移入类型能够变异的快慢，依照这些，在全世界不同的庞大地理区域内，在不同的地方就要产生无限多样的生活条件，而与当地的物质条件无关，并且那里就要有几乎无量数的生物间作用和反作用；我们就应当发现，正如我们确已发现的，有些生物类群是大大地变化了，有些只轻微地变化；有些发展极繁盛，有些生存极稀少。

依照这些相同的原理，我们就能明了，如我所竭力指明的，为何海洋岛屿只有少数的生物种类，且其中大多数是奇异的或是本地特产的。我们能明了因迁移方法的关系，为何在一生物类群甚至在同一纲内，所有的物种都是特产的，而在另一类群，所有的物种都是世界各处所共有的。我们能明了为何有些整个生物类群，如无尾两栖类和陆地哺乳动物类，在海洋岛上就是没有的，同时在大多数孤立的岛屿上又有它们自己特殊的飞行哺乳动物，即蝙蝠。我们能明了岛上多少有些变化的哺乳动物的存在，和这些岛与大陆间的海洋深度是有些关系的。我们能清楚地明了，为何一个群岛上所有的生物，虽然在一些小岛上是不同的物种，彼此都是近缘的，并且明了为何它们与最邻近大陆或其他迁移物来源地的类型也是同样有亲缘关系的，虽然密切程度较低。我们能明了在两个地区，无论彼此相隔多远，如果存在有相同物种、变种、可疑物种和不同而有代表性的物种时，两地之间必有关联。

正如已故的福布斯所常坚持的，在所有的时间和空间里，在生命的规律中有一显著的类似性：过去支配着类型演替的规律和现在支配着不同地方类型差异的规律几乎是一样的。这在许多事实上都能看出。每一物种和每一物种类群的持续，在时间上是连续不断的。对这规律的例外是如此之少，于是我们完全可以归之于在中间沉积层中尚没有发现那些在上层和下层都已发现的、在此处当有而未见的类型。在空间上也是如此，一般的规律就是，被一个物种或被一群物种占据的地区是连续不断的。例外固亦不少，但如我所试图指明的，可归之于从前时期在不同环境下的迁移或者由于偶然传运方法的不同，以及由于在一些中间地段上有些动物是已灭绝了。在时间和空间上，物种和物种的类群都有它们发展的最高点。属于某一时期或某一地区的物种类群，都常有共同的细微特征，如雕纹或颜色。观察长久持续的年代，诚如观察现在全世界遥远的地方一样，我们可以发现有些生物彼此相差甚微，但同时有些别的生物属于不同的纲、不同的目，甚至只是不同的科，彼此的差异却是极大。无论在时间和空间上，每一纲内的低级成员比之高级成员一般改变较少，但在两方面都有显著的例外。依照我的学说，上述这几种关系在时间和空间中皆是可理解的，因为无论我们观察常住在世界同一地区内经过相连续的年代而有改变的生物类型，或观察已经迁移到遥远地方后而有改变的类型，这两种情况下，每一纲内的类型都是被普通世代这一纽带所联结的；任何两个类型愈在血统上多有接近，它们在时间和空间上彼此也就更多接近；在两种情况下变异的规律是相同的，并且变化是被自然选择的同一力量积累起来的。

第十三章　生物的相互亲缘，
形态学，胚胎学，
发育不全的器官

世界自有生命以来，所有生物彼此相似的程度是递减的，于是可在类群之下又分出隶属的类群。这种分类显然不是像星辰分为星座那样随意。若是一个类群只完全适宜居于陆地，另一类群只宜于居于水中；一类群只是吃肉，另一类群只是吃植物；那类群生存方式的含义就简单了。但自然界的情形完全不同，众所周知即使是同一亚类群的成员都有不同的习性。在第二章和第四章，即论**变异**和**自然选择**的两章内，我已试图指明，凡生物占有广大地区、分布较远、到处都见的，也就是大属内的优势物种，它们的变异最大。由此产生的变种或初起物种，我相信最后会转变成新的不同的物种。这些新物种依照遗传的原理，又倾向于产生别的新的和优势的物种。因此现在大的、通常包括许多优势物种的类群，倾向于无限地增加数量。我进而试图指明在自然组织中，每一物种变异中的后裔要争取尽可能多占据不同的位置，并在它们的特征上有继续发生分歧的倾向。这一结论是基于下述观察：在任一小地区内所见的生物的竞争愈激烈类型愈纷繁。生物乡土化时的某些事实也引向这个结论。

我也试图指明，凡在数量上有增加、在性质上有分歧的类型，对少有分歧和进步的先前类型，就经常倾向于取代和消灭它们。仍请读者再次检阅前已解释过的说明这些原理的图表。读者将可看出一个必然结果，就是从一祖先传留下来的变化了的后裔将分成许多层层隶属的类群。在图中最上一条横线上的每一字母各代表含有几个物种的一个属，在这线上所有的属合成一纲，因为它们都是从一个古老未发现过的亲本传留下来的，都继承了一些共同的性质。本着这个原理，在左边的三属就有许多共同的性质并且组成一亚科，不同于它旁边的含有两属的另一亚科，它们是自同源衍生第五阶段的共同亲本分离出来的。这五属也有许多共同性，虽然比较少些，于是它们组成一科，不同于更向右边包含三属的另一科，那是更早分出去的。所有这些从 A 传留下来的属合成一目，不同于从 I 传留下来的各属。于是我们在此就有许多物种来自一个祖先，组成一些属，属又被包括于或说是隶属于亚科、科和目，所有合起来成为一个纲。这样，在自然史中一个虽然重大，但只因司空见惯而不常能使人注意的事实，即类群隶属于类群，依照我的判断，是被解释清楚了。

　　博物学家拟把每一纲分列成种、属和科的时候，常依照所谓**自然系统**。但什么是自然系统？有些作者认为它不过是一种方法，用来把最相同的生物排列在一起，把最不相同的分开来；或认为它是一种人为的手段，为把生物的一般命题最简洁地叙述出来，即用一言说出生物的共性，例如用一言说出全体哺乳纲的共性，再用一言说出全体肉食目的共性，再用一言说出全体犬属的共性，然后再加一言就给了每一种狗一个充分的说明。这个系统的巧妙和实用性是无可争议的。但有许多博物学家认为自然系统的意义不止于此，他们相信这个系统可以表明造物主的计划。但如不能说明造物主的计划在时间上或空间上的次第，或不能说明它另有何深意，我认为这一信念对我们的知识并无所增加。林奈有一名言说，不是特征产生属，却是属产生特征，此言我们常在多少隐晦的形式上遇见，它似乎指出分类除说明形态相似外更似是包含些别的事物。我相信它是包含些别的事物的，而同源衍生的亲缘关系就是其中的联结，这是生物相似的唯一已知原因，虽然它被不同的变化程度隐匿着，我们的分类却把它部分地透露出来了。

我们现在可以讨论分类所用的规律，和论及下述意见所遇到的困难，即分类究竟是能显出创造物时的一些未知计划，又或者它只是一个方案，用以说明生物的一般命题并把最相似的类型排列在一起。人们可能会认为（古代就是这样认为），那些决定生活习性的结构部分，和每一生物在自然组织中的一般位置，就是在分类上至关重要的。没有比此说更错的了。没有人能承认鼠与鼩鼱、儒艮与鲸、鲸与鱼等在外形上的相似有任何重要性。这些相似虽与生物的全部生活有密切联系，但只能认为是"适应的或同功的特征"，关于这些相似性后将再讨论。甚至可以说，组织中任何部分与特别的习性关联越少，它在分类上就越为重要，这可作为一个一般的规律。例如欧文论到儒艮时曾说："生殖器官与动物的生活习性和食性相去最远，我却总认为它们对真实亲缘就提供了极清楚的指示。在这些器官的变化上，我们最无可能把只有适应作用的特征误认作重要的特征。"动物如此，植物亦然，植物的营养器官虽是它全部的生命都依靠的，但在分类时除在起初划分大类的阶段，它们的分量很小；而生殖器官连同其所产的种子，却是无上地重要！

因此我们绝不能因生物某一器官在与外部的关系上对生物的利益

是何等地重要，就依靠它的相似程度去分类。或许部分地正是由于这个原因，几乎所有的博物学家对最关生命或最具生理重要性的器官的相似性最为看重。重要的器官在分类上也重要，这一观念虽不总是正确，但无疑一般是正确的。但是我相信，器官在分类上的重要性取决于它们在物种大类群内所具的更持久的稳定性，而该稳定性是取决于物种为适应生活条件时，某些器官少有改变。只靠器官的生理重要性不能决定它在分类上的价值，这种情况几乎已被一件事实证明了，即在近缘类群中，我们有充分理由认为相同的器官在生理上有几乎相同的价值，但在分类的价值上却大不相同。这一事实几乎每一作者在其著作中都是充分承认的，博物学家在研究任何类群时对此事实无不具有深刻印象，现只引一最高权威之言即足以说明。罗伯特·布朗在论山龙眼科某些器官时说，在区分各属时的重要程度上，它们"与所有其他器官一样，不单在这个科而是据我理解在每个自然科内，都是极不相等的，并且在有些情况下似乎是完全不具意义的"。在另一著作中，他在论牛拴藤科的诸属时说："它们的不同是在于有一个或多个子房，在于有或没有胚乳，在于花瓣是覆瓦式还是瓣式的。这些特征中的任何一个常比属的级别更为重大，尽管在此处哪怕把所有这些特征联合起来，也似乎不足以把螯毛果属与牛拴藤属分别开。"现就昆虫再举一实例，韦斯特伍德曾说过，在膜翅目某一大类群中，触须在构造中是最稳定的；在另一类群中触须就多不相同，并且这些不同在分类上只有很次要的价值。但是大概没有人能说，在这同目的两类群中，触须在生理上有不同等的重要性。同一生物类群中的同一重要器官，在分类上却有不同的重要性，这类事实是不胜枚举的。

再者，没有人能说未完全发育或萎缩的器官在生理上或生命上是有重要性的；但无疑地，这类器官在分类上常有很高的价值。幼年反刍动物上牙床内未发育的齿和腿内某些未发育的骨块，对表示反刍动物和厚皮动物的密切亲缘上高度有用，这一事实是无可争议的。布朗始终认为，未发育的小花在禾本科的分类上有最高的重要性。

在生理上常被认为无关紧要部分的特征，在整个类群的定义上被普遍承认高度有用，这样的事例可以给出很多。例如依照欧文的研究，从鼻孔到口腔内有无通道绝对是分别鱼和爬行动物的唯一特征，此外又如有袋动物类颌的弯曲角度、昆虫类虫翅的折叠方法、某些藻类的颜色、禾本科草类花上的茸毛、脊椎动物类皮肤覆盖的性质（如毛发或羽毛）。假如鸭嘴兽身上覆盖的是羽毛而不是毛发，我想这外表上轻微的特征，就必被许多博物学家认为在决定此奇怪生物与鸟和爬行动物的亲缘程度上有重要的帮助，如同任何一个内部重要器官的作用一样。

轻微特征在分类上的重要性，主要取决于它们与其他几个或多或少重要的特征间的关联。在自然史中，特征集合的价值是很明显的。因此，人们常说一个物种可以和它的近缘物种在几个既有高度生理重要性又几乎普遍通行的特征上不同，但仍能使我们无疑地知道它应有的分类地位。因此人们发现，建立在任何单独特征上的分类，无论此特征是如何重要，总是不能成功的，因为生物没有普遍稳定的部分。我想只有特征集合的重要性（甚至这集合中可以没有一个特征是重要的），可以解释林奈的名言，即特征不能产生属，却是属产生特征。因为这一名言看来是建立在对许多轻微相似点的判断上，它们是太轻微而难以确定。隶属金虎尾科的某些植物生有完全的和退化的两种花，论到后者时，A. 德·朱西厄曾说："关于此种、此属、此科、此门，大多数正常的特征都已消失，这是对我们分类的嘲笑。"但当蝰头果属在法国几年中只产生退化花时，它在结构上的几个最重要的点上都令人惊奇地脱离了此目的正常模型，然而理查德，正如朱西厄所评说，明智地认为这一属仍须保留在金虎尾科内。在我看来，这一事例可以说明我们在分类上有时必须具有的精神。

实际上博物学家在做分类工作时，对确定了某一类群或划分了任何特别物种的特征，并不在意其生理价值。他们如发现一个特征几乎是一致地为大量类型所共有，而不为其他类型所共有，他们就认此特征有高度价值；假若此特征只为少数所共有，就认为只有次等价值。这被许多博物学家公认为是一个正确的原理，对此没有人比著名植物学家奥古斯丁·圣提雷尔说得更明白了。假若某些特征被发现是常与别的特征相关联的，虽然在它们中间并不能找出任何明显的连接链条，这些特征仍将有特别的价值。在大多数动物类群中，重要器官（如驱动血液的、给血液增氧的或那些繁殖种族的器官）假如被发现是大都一致的，那么在分类上就被认为高度有用。但在有些动物类群中，这些至关重要的生命器官，其特征只有次等价值。

我们能明了为何从胚胎得来的特征是与从成体得来的特征有同等的重要性，因为分类当然适用于每一物种的全部年龄期。但在自然组织中，只有成体才发挥了充分的作用，于是依照一般的观念，为何胚胎的结构在分类上是比长成体的结构更加重要，就绝不是显而易见的。然而那些伟大的博物学家如米尔恩·爱德华兹和阿加西都强烈主张，在动物分类上胚胎的特征比任何特征都更重要；并且这一学说已被普遍承认是正确的。这一事实在显花植物中也是有效的，它两大类别的划分就是根据从胚胎上得来的特征，即胚叶或子叶的数目和位置，以及胚芽与胚根的发育方式。在我们讨论到胚胎学时，依照已暗含有同源衍生概念的分类观点，我们就能明了为何这类特征是如此重要。

我们的分类常常明显地受到亲缘链条的影响。为鸟类界定一些共有的特征是最容易的，但对甲壳纲动物这种界定至今尚未做到。在甲壳动物系列两端的物种很难有一共同的特征，但两端物种显然是与系列中其他的物种有亲缘关系的，而它们又与其他的有亲缘关系，如此继续下去，两端物种就可被承认无疑是属于甲壳纲而不属于关节动物类的其他纲。

在分类上，尤其在近缘的大类群上，地理分布也常被应用，虽然在逻辑上或不大合宜。在某些鸟的类群上，谭明克坚持这种应用是有用的甚至是必需的；几位昆虫学家和植物学家也照此应用。

最后，关于物种诸类群，例如目、亚目、科、亚科和属的相对价值，至少直到现在，似乎仍是随意决定的。有几位最卓越的植物学家如边沁先生和别位，都强烈主张其价值是随意决定的。在植物和昆虫上有些事例可以举出，如有些类型的类群，先被有经验的博物学家只列作一属，随后被升级列作亚科或科。这样的决定并不是因为随后的研究发现了从前所忽略的重要的结构差异，而是因为随后有许多微有不同程度差异的近缘物种被发现了。

以上所述关于分类的规律、辅助手段和困难，我以为若不大错，从下列各观点看来就已都解释清楚，即自然系统是建立在有变化的同源衍生的基础上；凡特征经博物学家承认是指明两种或多数物种中间真实亲缘的，都是由一共同亲本继承下来的，于是依照现在的认识，所有正确的分类必是系谱式的；同源群落是一隐匿的链条，这链条就是诸博物学家在无意中所寻觅的，而不是要表示一些未知的创造计划，或是阐述某个一般命题,也不是只把多少相同的物体分开或放在一起。

但我必须更充分地说明我的意思。我相信各个纲里的类群的排列方式,如恰当地按照与其他类群的主从和相互关系,必须严格系谱化才是自然的。但在几个支系或类群中,虽然与它们共同祖先在血统上的联系都是同等的,但彼此的差异量可以大不相同,原因是它们经过了不同程度的变化,这些差异是通过把类型分列成不同的属、科、支目或目表示出来。为充分明了此说的意义,仍请读者参阅本书开头的图表。我们假设从字母 A 到 L 代表生存在志留纪的近缘的属,这些属是从生存在从前未知时代中的一个物种传留下来的。其中有三个属(A,F 和 I)的物种传留了有变化的后裔一直到现在,以图内最高水平线上的十五个属(a^{14} 到 z^{14})作代表。所有这些从一个物种传下来的变化了的后裔,在血统上或说在同源衍生上表示有同等的关系,用比喻说它们都可以称为同是第一百万代的堂表兄弟;然而它们彼此的差异既广泛且程度不同。由 A 传下来的类型现已分成两或三科,组成一目,不同于由 I 传下来的;I 的后裔现也分成两科。从 A 传下来的现存物种,不能与亲本 A 列为同属;从 I 传下来的现存物种,也不能与亲本 I 列为同属。但可以假设现存的属 F^{14} 只是微有变化而可与原亲本 F 列为同属,正如志留纪留存到现在的极少数生物仍归它们在志留纪时的属。于是所有在血统关系上同级的生物,彼此差异的量或等级就变得很大。虽然如此,它们系谱的排列仍是严格正确的,不独现在如此,就是在连续衍生的每一时期中也是如此。所有从 A 传下来有变化的后裔都要从它们的共同亲本继承一些共同的品质,所有从 I 传下来的后裔也是一样,并且每一从属分支的后裔在每一连续的时期中也是如此。如果我们假设从 A 或 I 传下来的任何后裔变化很大,甚至多少完全失去原亲本的品质，那么在自然分类上它们的地位就要多少完全失掉，正如在现存的生物中有时所发生的情况一样。沿着同源衍生线，所有 F 属的后裔只有细微的变化，就仍是组成一个独立的属。这属虽多孤立，但仍占有它固有的中间地位，因为 F 原来的性质就是在 A 和 I 的中间，而从 A 和 I 两属传下来的诸属就要在某种限度内承继它们的一些特征。自然的排列，在纸面上我已经以图解的方式尽可能地表现出来，不过这方式仍是太简化了。假如不用一分支图，只把类群的名称按线性系列写出，那就更不能给出自然的排列。大家都知道，自然界已经发现的同一类群生物互相的亲缘关系，若要在平面上以一个系列表现出来是不可能的。依照我的意见，自然系统在排列上是系谱式的，犹如族谱一样；但不同类群所经历变化的程度，必须排列成不同的所谓属、亚科、科、支目、目和纲来加以表示。

现再用语言分类的事例来解释物种分类，这一类比或有补益。假如我们有一个完整的人类系谱，那么人类种族的系谱排列就能对全世界所说的语言提供一最好的分类。假如这个排列也包括所有灭绝的语言与所有中间的和缓慢改变的方言，我想这个排列就成为唯一有可能的。语言当中或者有些极古老和少有改变的，因此就只产生出很少的新语言；同时另有别种语言由于共同祖先中若干种族的散布、随后的隔离以及文明的状态，而改变甚多并且产生许多新语言和方言。从同一根源产出不同语言的各种差异程度，可用类群隶属类群的方法表示出来，但正确的或甚至是唯一可能的排列方法仍须是系谱式的。系谱式的排列完全是自然的，它能把所有种类的语言，无论灭绝的还是现存的，都按着最接近的亲缘联系起来，并能把每种语言的谱系和起源表示出来。

为证实这种观点，现可考察变种分类，人们相信或知道变种是从一个物种传下来的。这些变种类聚在物种之下，亚变种类聚在变种之下，关于驯养的产物仍须分出其他的几级，如在家鸽中所见到的。类群之下再分类群这一现象的起源，即变化程度不同的同源衍生后裔彼此间的亲缘关系，在变种中和在物种中都是一样的。变种分类的规律，几与物种相同。学者们都主张变种分类必须依照自然系统而不按照人为系统。例如人们曾提醒我们，不可因为碰巧果实几乎相同，就把凤梨的两变种归在一起，虽然果实是最重要的部分。没有人把瑞典芜菁和普通芜菁归在一起，虽然它们肥大可食的茎很相似。在变种分类上，凡最稳定的部分就会被引用，故大农业家马歇尔说，为牛分类，角是极有用的，因为它比身体的形状或颜色等是少变异的；至于羊，角就少被引用，因为它较不稳定。在变种分类上，我认为，假如有真的系谱，那么系谱式的分类就要被普遍采用了；这方法确实已经有些学者试行过。我们可以稳定地感觉到，无论有多少变化，遗传的原理要把相似点最多的诸类型保持在一起。在筋斗鸽中，虽然有些亚变种因有较长喙这一显著特征可以被分别出来，但因有共同的翻筋斗的习性仍把它们保持在一起；而短脸品种几乎已完全失掉翻筋斗的习性，虽然如此，因为血统的联系和其他方面的共同点，人们对这问题不加思索或理论仍把它们列入同一类群。假如能证明非洲南部的霍屯督人是由黑色人种传留下来的，我想他们就要被列入黑人族群，虽然他们的肤色和其他重要特征与黑人不同。

关于自然环境中的物种，每个博物学家在分类上实际上都引用了同源衍生的概念，因他在最低层次即在物种中都包括了两性。每个博物学家都知道，雌雄两体在最重要的特征上差异有时极大：对某些蔓足动物，几乎没有人能断定雄体与雌雄同体的成体的共同点，可是也没有人梦想把它们分开。博物学家把同一个体几个不同阶段的幼虫包括在一个物种内，无论它们与彼此和与长成时是如何地不同。博物学家也把斯滕斯特鲁普的所谓世代交替①包括在一个物种内，这些交替的世代其实只能在学术的意义上被认为是同一个体。博物学家也把畸形和变种包括在一个物种内，并不仅仅是因为它们与亲本的形态密切相似，而是因为它们是从一个亲本祖先传留下来的。凡相信黄花九轮草是由报春花传留下来的（或颠倒过来），总是把它们列作同一物种并给予单一定义。有三种兰科植物——和尚兰，蝇兰和飘唇兰，从前曾列为三个不同的属，后经发现它们有时生长在一个花穗上，于是就立刻并入一个物种。

既然同源衍生被用于识别同一物种的多种个体，即便有时雄体、雌体和幼虫极为不同；既然同源衍生被用于识别变种，即便这些变种已有确定（有时是相当大）的改变；那么这一同源衍生的因素是否可能在无意识中应用于把物种组成属、把属组成更高级类别的过程呢？虽然在这些情况下，变化的程度更高，并且有时须用较长的时间来完成。我相信同源衍生早已被无意识地运用了，并且只有如此，我方能了解这些被我们最优秀分类家引用的规律和指导原则。我们没有现成的系谱；我们只能依照任何种类之间的相似性把它们分成同源衍生的群落。因此我们能选择的那些特征，就是按我们所能判断的，当物种在最近的生活条件下极少有变化的特征。依照这个观念，未发育的结构相较生物的其他部分有同等的价值，有时甚至更好。任何轻微特征我们都不小看，甚至如颚的弯曲角度、虫翅的折叠方式、皮肤覆盖的

①指 1842 年发现的肠内寄生虫的世代交替原理。

是毛发还是羽毛。假如这一特征是许多不同物种所共有的，尤其是生活习性极不同的物种所共有的，它就有高度的价值。因为在这许多习性不同的类型中却有相同的特征，我们唯一的解释就是它是从一个共同亲本继承下来的。在认定结构的一些单独方面上，我们或然有错；但当几个特征，无论如何微小，在不同习性生物的大类群中同时发现时，依照同源衍生的原理我们可以肯定地认为，这些特征是从一个共同祖先继承下来的。如此我们知道这些相关联的或集合的特征，在分类上是有特别价值的。

我们已了解为何一个物种或物种的类群在它最重要的几个特征上可以和它的亲缘种类分离，但在分类上仍可稳妥地放在一起：只要有充分数量的特征，无论多么不重要，能把同源衍生群落的隐匿链条透露出来，这样分类就可以是稳妥的，并且人们已经常是这样做了。假如在两个类型中并无一个共同的特征，但如这些特殊类型是被中间类群的链条连接起来的，我们就可立刻推论到它们的同源衍生群落，并把它们一齐列入同一纲。我们发现具有高级生理重要性的器官，即在最不同的生活条件下用来维持生命的器官，一般是最稳定的，我们就认为它们有特别的价值；但如这些器官被发现在另一类群或类群的一部分中是多有差异的，在分类上我们就立刻减少它们的价值。我想我们由此就能明白地看出胚胎的特征为何在分类上有如此高度的重要性。在广泛分布的大属分类上，地理分布有时可以适当地引用，因为居住在任何不同和孤立地区的所有同属物种，很可能是从同一亲本传留下来的。

依照这些观点，我们能够明了真正的亲缘与同功相似或适应相似的重要区别。拉马克首先唤起人们须对此区别加以注意，其后麦克利和其他学者都切实地照行。儒艮是一厚皮动物，它身体的形状和似鳍的前肢与鲸，以及这两哺乳动物与鱼，都是同功相似。在昆虫中相类事件不胜枚举：林奈曾被外表形状所误，确把一同翅类昆虫列入蛾类。类似事件甚至在驯养变种中亦可发现，例如普通芜菁和瑞典芜菁粗大的茎极类似；赛狗和赛马的相似并不比有些学者描述的极不相同的动物之间的相似性更为怪诞。我所认为的在分类上有真实重要性的特征，只是限于确实能显示同源衍生特征的，如此我们就能清楚地了解，为何同功的或适应的特征虽然对生物的利益极重要，但对分类学家几乎毫无价值。属于两个极不相同的同源衍生线的动物，只因适应相似的生活条件，于是在外表上就会密切相似，但这种相似不仅不能表现反能隐匿它们固有的同源衍生线的血统关系。我们由此也能明了这一显然的矛盾，即当一纲与另一纲或一目与另一目相比较时，完全相同的特征总是同功的，只有同纲或同目的成员相比较时，相同的特征才能现出真实的亲缘来。因此当鲸类和鱼类比较时，身体的形状和似鳍的前肢只是同功的，在两类动物中都只是游行于水中的适应工具；但当鲸科成员们彼此互相比较时，身体的形状和似鳍的前肢就可用作表示真实亲缘的特征，因为这些鲸类动物在许多大小特征上都是极相符合的，使我们无疑地认为它们都是从一个共同祖先继承下来一般的身体形状和四肢的结构。鱼类也是这样。

既然不同纲的成员们常因连续轻微的变化，就能适应生活在几乎相似的环境中，例如生活在水、陆、空三种不同的要素中，那么我们或可明了为何在不同纲的亚类群中有时能发现一种数字上的类似性。一个博物学家对在任何一纲内的这种类似性具有深刻印象时，通过任意提升或降低其他纲类群的级别（我们所有的经验也显明出这种评估迄今都是随意的），就能很容易地把这类似性伸展到广大的范围，于是就可能产生七级的、五级的、四级的和三级的分类方式。

既然大属的优势物种的变化后裔倾向于承继一些有利的特点，而正是这些有利特点曾使它们的类群增大并使它们的亲本占有优势，那么它们定能广泛分布，并在自然组织中逐渐占据更多的位置。于是较大的更占优的类群就倾向于增加数量，然后把许多较弱小类群的地位取而代之。因此我们就能说明这一事实，即所有的物种，无论新近的或是灭绝的，都包括在几个大的目内，大目又复包括在几个更少的纲内，并且所有的都包括在一个大自然系统内。要指出较高级的类群的数目是如何少，以及此少数类群在全世界的分布是如何广，可看一个突出的事实，即新发现的澳洲也不能为昆虫增加一个新的纲，并且在植物界，据胡克博士告诉我只增加了两三个小目。

在前面**论地质内的演替**一章，我曾拟指明在长久的持续变化的过程中，依照每一类群在特征上都一般有多量分歧的原理，为何较古老的形态常会显出一些特征，在某种轻微的程度上是居于现存类群的中间的。有少数古老中间亲本形态偶然传留了变化很少的现存后裔，于是就产生了所谓两物群间的中间类群或非常类群。一种形态越不寻常，中间连接形态的数目就必越大，并且这些形态依照我的理论是早已消灭而完全遗失了。我们有证据显示非常形态曾因灭绝作用而受严重损失，因为通常它们只有几个极少的代表物种；并且这些物种如果存在，通常都是彼此极不相同的，这种情况也显示出灭绝的作用。例如鸭嘴兽属和肺鱼属，即使每属各有整打的物种作代表，而不是只有一个物种，也不会减少其不同寻常的状况。但是据我的考察，这些非常属一般在物种的数目上不会很丰富。我想我们只能把非常的形态认为是衰落的类群，它们被胜利的竞争者所征服，只有少数几个成员被非常有利的环境偶然保存下来。

沃特豪斯先生曾说，当一类群动物的一个成员与一很不相同的类群表现出亲缘，这种亲缘大多数是总体的而不是特别的。例如依照沃特豪斯先生所说，在所有的啮齿类中，兔鼠与有袋类亲缘最近；但在它与这一目动物靠近的具体各点上，其亲缘关系是一般的，并不是对某一有袋物种比其他的格外接近。既然兔鼠与有袋类之间的各亲缘点被认为是真实的而不只是源于适应的，那么依照我的学说它们是共同继承下来的。因此我们必须假设，或许所有啮齿动物包括兔鼠在内，是从些极古的有袋类分支出来的，这一古有袋类就要对所有有袋动物在一定程度上有中间的特征；或者啮齿动物和有袋动物都是从一共同祖先分支出来的，并且两个类群自从分支后曾各向分离的方向经过了多量的变化。依照两种观点的任何一种，我们可以假设，兔鼠较之别的啮齿动物，通过遗传较多地保留了它古代祖先的一些特征；因此它就不能对现存的某个有袋动物更有特别的亲缘，但对所有的或近乎所有的有袋动物都有间接的亲缘，这是由于它部分保存了它们共同祖先或是这类群一个早期成员的一些特征。在另一方面，正如沃特豪斯先生所说，在所有的有袋动物中，袋熊与一般啮齿目最相似，但并不与啮齿目任何一物种最相似。然而在这一事例上，人们强烈地怀疑这种相似只是同功的，袋熊不过是适应了像啮齿动物那样的习性。关于不同目植物亲缘的一般性质，老康多尔亦曾有近乎相似的观察结果。

依照从一共同亲本传留下来的物种特征增多和逐渐分歧的原理，以及因遗传而得保留的一些共同特征，我们能明了，这些极其复杂的和辐射的亲缘关系，使同一科的或更高类群的所有成员连接起来。因为整科的物种现虽因其中有灭亡而分裂成不同的类群和亚类群，但该科的共同亲本仍遗传了一些特征给所有的物种，其中有不同方式和不同程度的变化。因此，这些物种就通过长短不同的迂回亲缘线互相关联起来（如经常参阅的图表所显示的），其关系经过许多前辈而不断增加。我们知道，即使有系谱树图的协助，把任何古老的和贵族世家的许多家族的血统关系指明出来也是不容易的，而没有这种协助要做这件事几乎是不可能的；由此我们也就了解，没有图示的协助，博物学家描述同一宏大的自然家族里许多生存的和灭亡的成员间所认知到的各种亲缘关系时，要经历多大的困难。

如在第四章所说，灭亡对扩大和界定每个纲中的几个类群间的距离确有重大的作用。我们因此就能解释纲与纲整体不同的原因，例如鸟纲为何与所有别的脊椎动物都相异，因为我们可认为许多古代类型已经完全灭绝，通过这些灭绝的类型，一些鸟类的老祖先从前是与别的脊椎动物的老祖先互相连结的。一度曾连结鱼和无尾两栖动物的中间类型，完全灭亡的数量较少；在一些别的纲中，灭亡的数量更加少些，例如在甲壳动物内便是，因为在甲壳类仍有许多最奇异的多样的类型，被一长的有断裂的亲缘链条联系在一起。灭亡只把类群分开，它并不创出类群。假如曾在地球上生存过的每个类型都忽然再行出现，那么人们不大可能对每个类群予以定义从而把每个类群与别的诸类群划分开来，因为中间的分级将是极其精微犹如现在生存的一些分级极精微的变种一样，从而把所有类型混合在一起。虽然如此，得出一个自然的分类或至少一个自然的排列，仍是可能的。参阅图示我们就能看出。从字母 A 到 L 可以代表志留纪的十一个属，其中有些产生了有变化的后裔的大群。在这十一属和它们原始亲本中的每一中间环节，与在每一支和每一亚支的后裔中的每一中间环节,可以认为至今都仍存在,并且这些环节也是极其精微,犹如最精微变种之间的环节一样。在此情况下, 人们也不能提出任何定义, 把几个群的多数成员与它们较近的亲本分别出来, 或把这些较近亲本与它们古代的未知的始祖分别出来。虽然如此, 图示中的自然排列仍是有效的; 并且, 依照遗传的原理, 所有从 A 或 I 传留下来的类型仍有些共同处。在一树株上我们能指明这一枝或那一枝, 虽然在分权处两枝是连接并合而为一的。如我已说过, 我们不能对这些类群予以分明的界定; 但无论群的大小, 我们总可以选出模型或类型, 用以代表每一群内最多数的特征, 从而大致领会它们彼此差异的等级。假如我们能成功地收集到任何一纲在所有地方和所有时代的所有类型, 这就是我们必须要做的。当然我们绝不可能收集到如此完全, 但在某些纲我们已在往这个方向前进。米尔恩·爱德华兹晚近曾在一篇精彩的论文中强调了收集模型的高度重要性, 无论我们是否能把这些模型所属的类群予以划分并界定。

最后, 我们知道自然选择是竞争生存的结果, 自然选择几乎不可避免地要引起灭亡, 并且要使同一个占优势亲本物种所产生的许多后裔在特征上发生分歧, 由此就可以说明所有生物的亲缘中伟大普遍的特点, 即类群之下复又分出类群。我们用同源衍生的要素将两性所有龄期的个体分类到一个物种名下, 虽然它们只有少数几个共同的特征; 我们用同源衍生对已被承认的变种进行分类, 无论它们与亲本如何不同; 我相信这一同源衍生要素就是博物学家们在**自然系统**的术语下所要寻找的隐匿联结。自然系统在它现在已达到的完美程度上是用系谱式排列; 把出自同一亲本诸后裔的差异程度用属、科、目等术语进行分级, 我们就能明了在分类上我们必须遵照的那些规律。我们也能明了为何对某些相似点的评价远较其他的为高，明了为何我们允许引用未发育和无用的器官或其他在生理上无关重要的器官，明了为何在用一类群与另一不同类群相比较时，我们立即抛弃一些特征并认为它们是同功的或适应的，而有时在同一类群范围内又引用这些特征。我们能明白地认识所有生存的和灭亡的类型如何能在一个伟大的系统内组合在一起，明白地认识每个纲的诸成员如何能用代表亲缘的最复杂的辐射线连接起来。我们或者永远不能把任何一纲的诸成员之间极为复杂的亲缘关系网解析出来；但当在我们的心目中有一清晰的目标，并且不去依靠某种未知的创造计划时，我们就有望能做出一些确切的但是缓慢的进步。

形态学

我们已经看出同一纲诸成员在它们组织的总体规划上是彼此相似的，而与它们的生活习性无关。这种相似性常常被称为"模型的统一"，或者说同一纲不同物种的诸部分和诸器官皆是同源的。这整个题目都包括在**形态学**这一通用名称内。这是自然史内最有趣的一部分，也可以称为自然史的灵魂。人的手形成是为抓握的，鼹鼠的爪是为挖掘的，其他如马的腿、鼠海豚的鳍状肢、蝙蝠的翼，它们所有的构造都是依照同一个模式，都含有相似的骨块并都安置在同一相对位置，世间能有比此更奇特的事情么？若弗鲁瓦·圣提雷尔坚持认为，同源器官的互相关联具有高度重要性：生物体的各部分在形状上和大小上都可以有各种程度的改变，但它们的互相连接总是依照同一次序。例如我们从来没有发现，上臂和前臂、大腿和小腿的骨块曾经调换过位置。所以，同一名称对极不相同的动物的同源骨块都可以应用。在诸昆虫口器的构造上，我们可以看出同一伟大的规律：天蛾极长的螺旋式口器、蜜蜂或其他半翅目昆虫奇异的折叠式口器、甲虫的大颚，还有比它们更加不同的么？但所有这些器官虽各有各的用途，都是从昆虫的上唇、下颚和两对上颚经过无数的变化而构成。甲壳动物的口器和肢的构造，也是由相似的规律所支配；植物的花也是如此。

依照用途或最终目的论来解释同一纲内诸成员器官模式的相似性，实是最无希望的企图。这种无希望的企图欧文在他极有趣的著作《论肢体的性质》中也已明白地承认了。依照生物是单独创造的通常观念，我们只能说它是生来如此，或说造物主喜欢如此创造每一动物和植物。

依照对持续轻微的变化运用自然选择的学说，解释就是很清楚的。每一变化对该类型在某些方面是有利的，但依照生长关联的规律，组织体的其他部分常也受到影响；在这种性质的改变中就很少或并无倾向要把原有的模式改变，或把各部分的位置加以调换。肢体的骨块可以缩短或加宽到任何程度并可以逐渐长出厚皮膜用以为鳍，也可以长出有蹼的脚并把脚内的所有或某些骨块加长到任何程度，或把连接骨块的皮膜伸展到任何程度于是用以为翼。但在所有这些大量的变化中，并无倾向要改变骨架或改变各部分互相的关联。假如我们认为所有哺乳动物的古代始祖（或称为原型）的肢体是依照现存的一般模式造成的，无论它们当时的用途如何，我们就能立刻看出整个纲的肢体同源构造的显明意义。诸昆虫的口器亦然，我们只须假设它们的共同始祖有一个上唇、下颚和两对上颚（这些部分可能在形式上极其简单），然后由自然选择作用于原始类型，就可以使昆虫口器的结构和功用发生无限的分歧。虽然如此，我们也可能想到，由于某些部分的萎缩和最终完全败育、由于与一些其他部分融合在一起、由于其他部分的数目加倍或更增多，由于这些我们所知的可能的变异，一个器官的一般模式可能变得极模糊不清以致最后消失了。在已灭绝的巨大海蜥蜴的鳍状肢上，在某些有吸盘的甲壳动物的口器上，一般的模式似乎就已经模糊到相当程度了。

关于此题另有一同等奇异的支题，即不拿同一纲不同成员的相同部分互相比较，而是拿同一个体内的不同部分或器官互相比较。大多数的生理学家都相信头颅的骨块与一定数量椎骨的基本部分是同源的，即在骨块的数目和在互相的连接上是相符合的。脊椎动物和关节动物每个成员的前后肢体显然是同源的。在比较甲壳动物奇异复杂的颚部和腿部时，我们也可看出同一规律。人们都熟悉花的萼片、花瓣、雄蕊和雌蕊的互相位置以及它们的基本结构，如认为它们是由变形的叶组成的，安排成一螺旋，所有的都易明了。在畸形的植物中，我们常能得着直接的证据，证明一个器官可能是从另一器官转变出来的。在甲壳动物的胚胎中，在许多别的动物和在花的胚胎中，我们确实能看见诸器官在初长时是完全一样的，及至长成时则极其不同。

依照一般创造的观念，这些事实怎能说得明白！为何脑须装在这许多奇形骨块做成的盒内？欧文曾说在哺乳动物分娩时，分离的骨块因有柔性而有利，但这不能解释鸟类头骨的同样构造。为何蝙蝠的翼和腿也用相似的骨块创造出来，而用途完全不同呢？为何一种甲壳动物因为它极其复杂的口器是由许多部分组成的，就经常减少了腿的数目；相反地，那些有许多腿的就有了简单的口器呢？为何在任何个体花内的萼片、花瓣、雄蕊、雌蕊，虽各有极不相同的用途，而都是同一模式造成的呢？

　　依照自然选择的学说，以上诸问题都能圆满地答复。在脊椎动物中，我们可以看见一系列的内部椎骨上有某些突起和附属物；在关节动物中，我们可看见躯体被分成一系列的环节，其上带有外部的附属物；在显花植物中，我们看见一系列的连续螺旋式的轮生叶。正如欧文所指出的，同一部分或同一器官无定量的重复，在所有低级或少有变化的类型中是共同的特征。因此我们就可以相信，脊椎动物的未知始祖具有许多椎骨；关节动物的未知始祖具有许多环节；显花植物的未知始祖具有许多螺旋式的轮生叶。我们前已看到，多次重复的部分在数目上和结构上是极易变异的，因此自然选择在长久的持续变化的过程中，便极可能把握住某些原始相似的部分，使它们多次重复，并使它们适应于最分歧的用途。既然整个的变化是由于轻微连续的步骤演变成的，那么我们如发现某些部分或器官有某些程度的基本相似处，就无须惊异，因为它们是被遗传的强大原理所保留下来的。

　　在软体动物大纲内，虽然能找出一物种的某些部分与另一物种的某些部分是同源的，但我们只能指出少数连续的同源性。那就是说，我们少能说在同一个体中某一部分或器官与另一部分或器官是同源的。这个事实我们是能理解的，因为在软体动物中，甚至在这一纲①内最低级的成员中，我们几乎不能发现任何部分有无定量的重复，如我们在动植物界别的大纲中所发现的那样。

　　博物学家常说头颅是由变形的椎骨长成的，蟹的颚是由变形的腿长成的，花的雌雄蕊是由变形的叶长成的。但赫胥黎教授指出，不如更正确地说，头颅和椎骨、颚和腿等都是从一些共同原件变形长成的，而不是从某一个长成另一个。博物学家们的说法不过是比喻的意思，

①现已列为软体动物门。——编者注

他们并不是说在同源衍生的长久过程中，任何种类的原始器官，一例中是椎骨另一例中是腿，已经实在地经过变化成了头颅或颚。但这种性质的变化已经是很显明地被发现了，博物学家就很难避免运用有这种显明意义的言辞。依照我的看法，这些措辞确实可以采用，因为例如蟹的颚保有许多奇妙的特征，这样特征可能是由遗传保存下来的，假如在同源衍生的长久过程中它们确是从腿或从一些简单的附肢变成的，也能解说得过去。

胚胎学

前曾偶然提到在个体中有些器官在胚胎时完全一样，及到长成时就大不相同并且用途也不相同。同纲内不同动物的胚胎常常明显相似，阿加西所说一事是此说的最好证明。有一次他忽略标记一脊椎动物的胚胎，因此他现在就不能说出它是哺乳动物、鸟类或是爬行动物。蛾、苍蝇、甲虫等的蠕虫状幼虫较之成虫会更密切地相似，但在幼虫时期，胚胎是活动的，并且适应于特殊的生活方式。胚胎相似规律的痕迹有时会延续到较晚的龄期：同属和一些近缘属的鸟在它们第一次和第二次换羽时仍常相似，正如我们在鸽群内带花点的羽毛中所看见的。在猫科动物内，多数猫种是有条纹或成条的斑点，并且在幼狮身上的条纹是很显明的。在植物中这类的事例只能偶然看见，例如荆豆属的胚叶，又如扁梗金合欢属的第一次真叶，与豆科一般叶子相同，是羽状或分裂状的。

同纲极不相同动物的胚胎在结构上的相似点，通常与它们的生存条件并没有直接关系。例如脊椎动物的胚胎在邻近鳃裂处有环状动脉，这种形状我们不能认为与生存条件的相似有关系——哺乳动物的幼子是养育在母体子宫中的，鸟是从窝中的蛋里孵出来的，而蛙是在水中的卵里发育的。我们没有更多的理由可以相信这种相似是与生活条件的相似有关系，正如我们不相信人的手内、蝙蝠的翼内和鼠海豚鳍内的相同骨块是与相似的生活条件有关系一样。没有人能认为幼狮身上的花纹或幼乌鸫身上的花点是于这些动物有任何用途，或是与它们所处的生活条件有关。

当动物在胚胎生活的过程中，如在任何阶段必须自行活动以维持生活时，情况就不同了。自行活动阶段来得或早或迟，但无论早迟，幼虫对生活条件的适应是与成虫一样极其美满的。由于这些特殊的适应，近缘动物的幼虫间或它们活动的胚胎间的相似性，有时就很模糊难辨了。两个物种的幼虫或两个物种类群的幼虫彼此的不同，较之成虫亲本间的不同更有过之，这种事实多能举出。虽然如此，在大多数的情况下幼虫尽管自行活动，但仍大致是密切地遵照胚胎一般相似的规律。蔓足动物就是一个很好的实例：藤壶确实是一种甲壳动物，甚至著名的居维叶尚未能认出，但一看其幼虫就不会弄错。再者蔓足动物的两大门类，即有柄的和无柄的，虽在外表上大不相同，但两种幼虫在所有的发育阶段都几乎难以分辨。

胚胎在发育的过程中，在生物的组织上一般是提升的。虽然我知道此说法中对生物体的高等或低等是不容易清楚地定义的，但没有人能争议说蝴蝶不高于毛虫。虽然如此，在有些情况下成虫级别一般是认为比幼虫为低的，例如某些寄生甲壳动物就是这样。再论到蔓足动物，幼虫在第一阶段中有三对腿、一个极简单的单眼和一个可伸缩的口器，这种口器是用以大量取食，因为它们要大为增长躯体。在第二阶段中，相当于蝴蝶在蛹的阶段，有六对美满的用来游泳的腿，一对大复眼和一对极复杂的触须，但有一个闭着的、不完备的、不能取食的口。在这一阶段中，它们的任务就是用充分发达的感觉器官和强健游泳的能力去寻找它们可以附着的地方，用以经过最后的变态。这一任务完成后，它们就终身安定下来了：它们的腿就变成执握的器官，又生出一个完备的口器，但无触须，原有的两眼现变成细小、单独的极简单的眼点。在这最后完成的情况下，蔓足动物在组织上比在幼虫时期也许既可认为是提高了也可以是降低了。但在有些属中，幼虫或长成具有普通结构的雌雄同体动物，或长成我所称为的配对雄性：后者的发育确是退化的，因为此雄性只是一个生活一短时期的囊，它的器官单为生殖，除此以外并没有口、胃或其他重要器官。

我们在胚胎与成虫间多惯于看出结构的不同，并在同一纲极不相同的动物胚胎中多看出密切相似的地方，我们或许也就认为，这些事实在一定程度上是依生长情况而必须有的现象。但此中并没有显明的原因，能够解释蝙蝠的翼或鼠海豚的鳍等，为何不是一到构造在胚胎中能辨出形象时，就立即按它们应有的比例表现出来。同时，在有些动物类群的全部成员和在别的类群的某些成员中，胚胎与长成的动物在任何时期并没有何巨大的不同。例如论到乌贼时，欧文曾说它们"没有变态，头足类动物的特征在胚胎各部分尚没有发育完成时早已表现出来"，又说在蜘蛛中"没有任何迹象配称作一个变态"。昆虫的幼虫，无论是因适应而产生最分歧最活跃的习性，或是适应于极安静的生活如被亲本喂养或被放置在合宜的养料中，几乎全部都要经过一个蠕虫式的发育阶段。但在少数昆虫中，如在蚜虫中，假如我们观看赫胥黎教授所绘蚜虫发育的精彩图画，我们就看不出蠕虫式阶段的痕迹。

在胚胎学内下列一些事实我们能如何解释呢？即胚胎和成体的结

构相比起来通常（虽不是普遍）是不同的；同一胚胎个体中的某些部分在生长的早期是相似的，而最后变得极不相同并供不同的用途；同一纲中不同物种的胚胎通常（虽不是普遍）是彼此相似的；胚胎的结构并不与生存环境有密切的关系，除了胚胎在任意一段生活期间是必须活动并自行觅食的；发育过程中胚胎的组织有时显然比长成的动物的组织更高级。我相信依照有变化的同源衍生的观点，如下所述，以上所有这些事实都能解释清楚。

或许因为畸形常在极早时期影响胚胎，人们一般认为轻微的变异亦必同样在早期发现。但我们在这看法上少有证据，或者不如说证据是指到相反的方面，因为众所周知，牛、马和各种观赏动物的育种家，必须等到动物生长多时后，才可详细评论它最后的优劣或形象。这在我们自己儿女身上也是很显明的，我们不能够预说某孩将来是高是矮，或者将来确切的容貌是怎样。这问题不是说变异将在生活的什么时期发生，而是说它在什么时期将要充分表现出来。变异的因子或许甚至在胚胎没有生成前已在动作，而我相信它正是如此。变异可以来自两亲本的任何一方或它们的祖先，它们的雌雄生殖元素因暴露在一些环境下而受了影响。然而在极早时期所产生的影响，甚至产生在胚胎未能形成之前的影响，可能在动物生命的晚期才出现，正如一个遗传病惟到老年才行出现，而它可能是被亲本之一由它的生殖元素遗传到后裔的。又如杂交牛的角，会因任何亲本角的形状而受到影响。一个极幼稚的动物，只要它是待在母体腹中或是待在卵中的状态，或只要是受亲本养育保护的，无论它的多数特征是在早期或晚期充分获得，对它的福祉都无关紧要。例如一种最便于用长喙得食的鸟，只要它是在由亲本喂养的时候，无论它生有长喙与否，就都无其关系了。因此我的结论就是，使每一物种获得了其现有构造的许多连续变化中的每一个变化，可能不是在生命的很早时期产生出来，我们的家畜可以提供一些直接证据支持这种意见；但在一些其他情况下，每一个或多数持续的变化，很可能在一极早时期就出现了。

在第一章内我曾说过，有证据指出，任何变异无论在任何年龄第一次在亲本身上出现，它很可能也倾向于在其后裔的相应年龄上出现。某些变异只能在相应年龄出现，例如蚕蛾的幼虫、茧蛹或成虫各阶段的特点，又如牛角的特点几乎要到牲畜完全长成时方出现。但是在此以外，依照我们所能知道的，在生命的早期或晚期皆有可能出现的变异，在亲本和后裔的身上就倾向于在一致的时期出现。我远不是说这情形是永远不变的；我能举出许多变异（按该词的最广义而言）的实例，证明变异随后出现在子裔身上比在亲本身上更早。

这两条原理如认为是正确的，我相信就能解释胚胎学内上述诸主要事实。但让我们先考察在驯养变种中几件相似的事例。有些论狗的作者认为赛狗和斗牛犬虽外形很不相同而实是最近缘的变种，并且很可能是由同一野生祖先传留下来的，因此我就很好奇地要了解它们的小狗彼此不同到何种程度。据育种家说，幼狗的不同犹如它们的亲本；用肉眼判断此说似是实情，但从实际测量老狗和生下六天的小狗，我发现小狗远未获得它们在身体比例上的全部差异。我又听说拉车马和赛马各自所生的马驹，彼此的不同犹如长成马的不同一样。此事实甚使我惊奇，因我一直认为这两品种的不同完全是由于驯养下的选择所致；但把拉重载车的马和赛马这两品种的母马和才生下来三天的马驹精细测量后，我发现马驹完全没有获得它们成年时的比例差异。

既然"鸽的各个驯养品种都是从一个野生种传留下来"的证据在

我看来是确凿的，我就把不同品种的雏鸽在孵出十二小时之内加以比较。我仔细量了野鸽、球胸鸽、扇尾鸽、侏儒鸽、勾喙帕布鸽、龙鸽、信鸽和筋斗鸽等的各个喙的比例尺度、口的宽度、鼻孔和眼皮的长度、脚的大小和腿的长度（详细尺寸从略）。这些鸽中有些在长成后，喙的长度和形式非常不同，假如它们是野外的生物，无疑它们就可以被列在不同的属内；但当这些不同品种的雏鸽排成一行时，虽然多数能彼此分辨出来，但在上述各点上比例的不同，较之已长成的鸽就是小得不可比拟。有些不同的特征，例如口的宽度，在雏鸽中就不容易发现。但对此规律却有一异常的例外，短脸筋斗雏鸽较之野雏鸽和其余别品种的雏鸽在所有的比例尺度上都不相同，正如长成品种彼此的不相同一样。

对我们驯养的变种在胚胎较晚阶段中的各事实，我认为上述的两原理都能解释。育种家为育种选择他们的马、狗和鸽都是在快长成的时候，并不关注所要求的品质和结构是在生长的早期或晚期获得的，只要长成的生物确有这些品质就好。上面所举出的事例，尤其关于鸽类，似乎显然表明，使各品种具有价值的不同特征是由人的选择积累而得的，它们一般并不在生命的早期开始出现，也不是在相应的早期由后裔继承的。但短脸筋斗鸽在孵出十二小时的时候就获有适当的比例发育，证明此说并不是普遍的规律，因为本例的不同特征必是比寻常出现更早，或者若非如此，它就是在一更早龄期而不是在相应龄期继承的。

现在让我们把这些事实和上述的两原理引用到自然状况下的物种，虽然两原理中的后者尚未得到证明，但可以在某种程度上说是正确的。我们先论鸟的一属，依照我的学说它们是由一个亲本物种传留下来的，其中有几个新物种经过自然选择依照它们不同的习性曾有些变化。此后由于许多轻微持续变异的步骤是在较晚龄期发生的，并且也在相应的较晚龄期被继承，我们假设的这一属新物种就要显然地倾向于雏鸟彼此远较成鸟更密切相似，正如我们在鸽类所见的。我们可以把这意见引申到全科甚至到全纲。例如在亲本物种中用作腿的前肢，经过长久过程的变化可能在一类后裔中用之作手，在另一类用之作桨，又在一类用之作翼。并且依照上述两原理，即每一持续的变化发生在较晚龄期，其继承也在相应的龄期，则前肢在亲本物种的这几类后裔的胚胎中仍是彼此密切相似的，因为它们那时尚未经历变化。但在每一新物种中，胚胎的前肢就要与成体的前肢大不相同，成体的前肢在生命更较后的时期多经变化就变成为手、为桨或为翼。无论因长久的使用或是不使用而对器官的变化产生任何影响，这种影响多是作用于已有充分的活动能力且需用以谋生的成体动物，并且这样产生的影响将在相应的长成年龄继承下来；幼体则不因用与不用而有所变化，或变化的程度较轻。

有些时候，变异的连续步骤可能在生命的极早期发生，或每一步骤的继承时期可能比在亲本初次出现的时期更早，其原因我们完全不知。在这两种情况下，幼体或胚胎就要与长成的亲本类型密切相似，如同短脸筋鸽的例子。我们看到这在某些动物的整个类群中是发育的规律，如乌贼和蜘蛛，以及昆虫大纲的少数成员如蚜虫。关于这些幼体为何不经过变态，即从极早时期就与成体亲本相似，考其最终原因，我们可以看出它能由下面的两种可能性引起：第一，幼体在许多世代的变化过程中，必须在极早的发育阶段就要维持本身的需要；第二，幼体严格地依照亲本的同一生活习性，在此情况下为保持本物种的生存，幼体必须在极早的时期就按亲本的同一方式来变化，以与它们相似的习性相一致。不过，胚胎不经过任何变态的情形似乎仍需要一些进一步的解释。另一方面，如果幼体必须有些与亲本不同的习性才能有利，因而在结构上就须有些轻微不同，那么依照在相应年龄继承的原理，自然选择就可能易于使活动的幼体或幼虫与亲本的不同达到任何可想象的程度。这种不同也可能与随后相继的发育阶段相关联起来，于是第一阶段中的幼虫就可能与第二阶段中的幼虫大不相同，正如我们在蔓足动物中所看见的。成体可能变成适合于固定不动的生活或习性，于是运动或感觉的器官等就无用了，在这种情况下最后的变态就可称为是退化的。

既然所有曾在地球上生存过的生物，无论灭绝的或新近的，必须合在一起分类，并且因为所有的生物都是被极细微的级次连接起来的，假若我们所收集的资料是近乎完全的，那么最好的或唯一可能的排列就是系谱式的。依照我的意见，同源衍生是连接的隐匿链条，也就是博物学家们在自然系统的术语下所要寻找的。依照这个观点，我们就能了解为何在最多数博物学家的心目中，在分类上胚胎的结构比之成体的结构甚至更加重要：因为胚胎是动物在较少有改变时的形态，如此它们能透露出其祖先的结构。在两个动物的类群中，无论它们现在彼此在结构上和习性上有多大的不同，假如它们是经过相同的或相似的胚胎阶段，我们就可以肯定地认为它们都是从同一或近乎相似的亲本传留下来的，因此在那种程度上它们是近缘的。这样，从胚胎结构中的群落就显露出同源衍生的群落。无论成体的结构是如何地变化而模糊难辨了，同源衍生群落总是要被胚胎透露出来的，例如通过蔓足动物的幼虫，我们立刻认出它们是属于甲壳动物大纲的。既然每一物种和每一类群物种的胚胎状况能部分地显露出变化较少的古代祖先的结构，我们就能清楚地看出为何古代的和灭绝的生命形体与它们后裔（即我们现存的物种）的胚胎应该是相似的。阿加西相信这是自然的规律；但我必须承认，我只希望这规律日后能被证明是正确的：只有当现在认为是以现存的胚胎为代表的古代状态，既没有在长久的变化过程中被出现于生命早期的连续变异所清除，也没有被继承的时期早于其初次出现时期的变异所清除，这规律才能被证实。我们仍须牢记，我们所认为的古代生命形体与近代生物胚胎相似的规律可能是正确的，但因地质记录向前推移的时期并不够久远，可能在未来的长久时期中或永远不能证明。

因此，在我看来，胚胎学内这些在自然史中第一重要的关键事实，依照下述原理即能解释清楚，即在一个古代祖先的许多后裔中，这些轻微变化不是在生命极早的时期出现（虽然在极早时期可能就有变化的因子），并且也不是在早期而是在相应时期被继承下来。当我们把胚胎作为一幅图画来审视时，它虽多少有些模糊，却显示了每一大纲动物共同亲本的形体，我们对胚胎学的兴趣就大大地提高了。

未发育的、萎缩的或败育的器官

器官或部分器官处在这种奇异的状态下，并带有无用的印痕，这在自然界是极其普遍的。例如在哺乳动物的雄体中普遍有未发育的乳房；我认为鸟中的"畸形翼"可有把握地当作未发育的手指看待；在许多蛇中常有一肺叶未经发育，又在许多别种蛇中存有骨盆和后肢的痕迹。有些未发育器官的情形极其古怪，例如在鲸的胎体中有齿，及至胎体长成时并无一齿；又如在未生出牛犊的上颌有齿，但这些齿从没有透出龈外。权威家曾说在某些鸟类胚胎的喙内看见未发育的齿。翅的构成是为飞行，这是最明白不过的；但在许多昆虫中我们看见翅的形体缩小以致绝对不能飞行，并且常有些留在翅鞘下牢固地结合起来！

　　未发育器官的意义常是很清楚的。例如有同属甚至同种的甲虫彼此在各方面都极密切相似，但其中之一就有完全长成的翼而另一种只有薄膜的残余，无疑这种薄膜是翼的代表。未发育的器官有时仍保有潜力，只不过是没有发展，雄体哺乳动物的乳房似乎就是这样，因为完全成长的雄体其乳房变成充分发育并且分泌乳汁的实例是多有记载的。牛属的乳房通常有四个发育的和两个未发育的乳头，但在家畜母牛中两个未发育的有时也发育并分泌奶汁。在同种的植物中，花瓣有时充分发育，有时只是些未发育的残片。在雌雄分株的植物中雄花常有雌蕊的残迹，柯尔路特用雌雄异株的雄体与雌雄同株的物种杂交，在杂交的后代中雌蕊残迹的尺寸大为增长，这可证明残迹雌蕊和完整的雌蕊在性质上基本类似。

　　同一器官有两种功用的，一种功用（甚至是非常重要的功用）可变成不发育的或完全败育的，另一功用仍完全有效。在植物中雌蕊的功用是让花粉管连到藏在花底子房内的胚珠。雌蕊在花柱上有一柱头，但在有些菊科植物中一部分雄小花（当然是不能生殖的）有未发育状态的雌蕊，因它的花柱上没有柱头，但花柱仍是发育饱满，并与别的菊科花同样被有茸毛，其功用是要把周围花药中的花粉清扫出来。再者，一个器官可以在原定作用上变成未发育的，而转为实现另一不同的目的，例如在某些鱼类鳔的作用原是产生浮力，但于此目的近乎是未发育的，反而转变为一初起的呼吸器官或肺。其他类似的实例仍可举出。

凡有用的器官，无论如何少有发育，都不可称为未发育的，也不可称为萎缩的；它们可称为初起的，其后经过自然选择可能发达到任何程度。在另一方面，未发育的器官在实质上没有用处，例如从未透出龈的牙；并且在越不发育的状况下就越无用。因此，它们的现况不是自然选择造成的，自然选择的动作只在保存有用的变化；它们所以被保存，我们将看到，是因为遗传，并且与从前拥有者的状态有关。哪些是初起的器官是不容易知道的。面对将来，我们当然不能说出哪一部分将要发达，以及这些部分现在是否是初起的器官；面对以往，有初起器官的生物，一般要被具有较完善和较发达器官的后继者所替代并被消灭。企鹅的翼是高度有用的，并可用作鳍，因此它可代表鸟翼的初起形态；但我认为并不是这样，它更可能是一退化的器官，又为新的功能而经过变化。鹞鸵的翼是无用的，可确称为未发育的。鸭嘴兽的乳腺比之母牛的乳房似可称为是初起的。某些蔓足动物的系卵带有轻微的发育并已不再对卵提供附着，乃是初起的鳃。

同一物种内个体的未发育器官，在发育的程度上和其他方面是很容易变异的。再者，在近缘物种中，同一器官未发育的程度常多不相同。关于这种不同的事实，某些类群雌蛾翼的状况是很好的例子。未发育的器官可能是完全败育了，这就暗示我们在动物或植物体上找不出某器官的痕迹；但依照类推，我们应该期望在物种的畸形个体中偶尔能找到，并有时确实是找到了。例如在金鱼草上我们通常找不到第五个雄蕊的残迹，但有时确可以见到。如要在同一纲的不同成员中寻出同一部分的同源性，最普遍或最必要的办法就是利用和寻找器官的残迹。这在欧文所绘马、牛和犀牛的腿骨图中表现得很显明。

未发育的器官，如鲸和反刍动物上颌内的牙，常能在胚胎内找出而随后就完全不见了，这是一个重要的事实。未发育的部分或器官与它邻近的部分比较起来，在胚胎内比在成体内要格外大些，我相信这是一普遍的规律。因此这器官在早期退化程度较少，甚至不能在任何程度上称为是退化的。也是因此，成体内未发育的器官常说是保持了其胚胎的状态。

关于未发育器官的主要事实我已都指明出来了。如仔细地加以思考，每个人都必感觉惊异，因为相同的推理能力既明白地告诉我们大多数组成部分和器官对各种用途都有精致的适应，也同样明白地告诉我们这些未发育或萎缩的器官是不完全的和无用的。在自然史的著作中常说未发育的器官是"为求对称"而创造出来的，或说是为了"完成大自然的意图"。但我认为这并没有解释什么，不过是把已有的事实重说一下。如说因为行星是循着椭圆形的轨道绕着太阳，卫星就为求对称，并为了完成大自然的意图，也循同样的轨道绕着行星，这样说法就可认为是足够了么？一位著名的生理学家认为，未发育器官的存在是为要排泄过多的或对系统有害的物质，但我们能够认为在雄花内常只由细胞组织构成的代表雌蕊的微小乳突也能有这样的作用么？我们能够认为形成随后就吸收掉的未发育的齿，能通过排泄宝贵的磷酸钙而对迅速发育的牛胚胎有任何利益么？当一个人的手指被切断后，有时不完全的指甲可在残基上出现；若说海牛鳍上生出未发育的指甲不是由于未知的生长规律而是为了排泄角质，我宁可相信人手上残余指甲的出现也是为了同样的目的。

依照我的有变化的同源衍生的观点，未发育器官的起源是很简单的。在驯养的生物中我们有很多未发育器官的事实，例如在无尾家畜品种中尾的残根，无耳品种中的耳迹，无角牛品种中悬垂小角的复现

（依照尤阿特所说，在幼畜中尤其多见），以及在花椰菜的整个花的状态。在畸形生物中我们常看见不同组成部分的遗痕。但在自然状况下，我怀疑这些事实除指明遗痕可以产生外，对未发育器官的起源也能有所启示，因为我怀疑在自然界物种能否突然变化。我相信不用是主要的原因，在许多连续的世代中它能使各种器官逐渐萎缩，直到它们变成未发育的，例如居住在黑暗洞穴中的动物的眼和居住在海洋岛上的鸟的翼，这些鸟少有被迫飞行，以致最后失却了飞行的能力。再者，一个器官在某种状况下是有用的，但在别种状况下可变成有害的，犹如居住在无遮蔽小岛上的甲虫的翼。在这状况下，自然选择就要持续地缓慢地使这器官退化，直至它变成无害的和未发育的。

任何器官功用的改变，若是能用难以察觉的微小步骤实现的，都是在自然选择能力之内。所以在生活习性改变之后，一个器官原先所为的某种用途现已变成无用或有害时，它就很可能变化充作别用；或者一个器官可能保留下原先的多种用途之一。一个已改变成无用的器官很可能又有变异，因为自然选择不能予以阻止。无论在生命的任何阶段中，一个器官可因不用或因自然选择而发生退化，这种退化大都是在生物业已长成和充分有行动能力的时候；依照在相应时期遗传的规律，这器官将要在相同年龄产生退化的状况，因为这个缘故这器官在胚胎中就少有影响或退化。由此我们就能了解，未发育器官的相对尺寸在胚胎中就比较大些，在成体中就比较小些。但假如退化过程的每一步骤是要遗传下来的，而遗传并不在相应的时期而是在生命极早的时期（我们有正当理由相信这是可能的），那么，未发育的部分就要有完全遗失的倾向，并且我们就要有一完全败育的事例。此外，用作任何组成部分或结构的材料，如对拥有者无用，就要被充分节省下来，在前面章节内所讨论的这一经济原则就很可能要常发挥作用，并要倾向于使未发育的器官完全消除。

既然未发育器官的存在，是由于生物体内早经存在的各组成部分倾向于要被遗传下去，依照分类的系谱观点我们就能明了，为何分类学家认为未发育的组成部分与具有高度生理重要性的器官是一样地有用，甚至有时更加有用。未发育的器官可以比作单词内的字母，在拼写时仍保留着，在发音时就无用处，但可作为线索以追溯词源。依照有变化的同源衍生的观点我们可以断定，器官存留在未发育的、不完全的、无用的或十分败育的状况下，非但不会依照一般创造的说法那样必定成为一个奇异的困难，而甚至是可预料的，并且能够依照遗传规律说明其原因。

提要

在本章内我拟指出：所有的生物在所有的期间都是类群之下复分类群的；所有现存的和灭绝的生物被复杂的、辐射的、弯曲的亲缘线联合成为一个宏伟的系统，这种关系的本质为何；博物学家在分类上所遵行的规律和所遇到的困难；对稳定的和普遍的性质所赋予的价值，无论它们是极度重要的、是无足轻重的，或是如未发育的器官那样毫无用处的；同功或适应的特征与真正亲缘的特征，在价值上两者有极大的差别；——上述这些以及其他类似的规律，都是自然地吻合"被博物学家认为是近缘的各个类型都有共同亲本"的观点，连同它们通过自然选择而有改变，以及所伴随的灭绝和性状分歧。当考虑到这样的分类方式时，应留意同一物种不同性别、不同年龄的个体和公认的变种，无论在结构上有何不同，都已被排列在一起，表明同源衍生要素已经是被普遍地应用着。假如我们把同源衍生要素（这也是生物所以相似的唯一已确知的原因）扩大地应用，我们就能了解自然系统的意义：在它的秩序中它试图按系谱式排列，把所获差异的程度用变种、种、属、科、目，纲等术语标识出来。

依照同一有变化的同源衍生的观点，所有形态学内的重大事实都能理解，无论是当我们考察同一纲内不同物种的同源器官（不论其用途如何）都显示出同一模式，或是考察每个个体动物和植物的同源部分都是按同一模式构造的。

依照连续轻微变异的原理，变异不一定或不是通常都发生在生命的极早时期，并在相应的时期继承下来。因此我们就能理解胚胎学内重大的主要事实，即同源部分在胚胎内是相似的，及至长成时彼此在结构上和功用上都大不相同；在同一纲内不同物种的同源部分或器官，虽分别适合长成体的多种不同用途但却是相似的。幼虫是活动的胚胎，它们因生活习性的关系有特别的变化，这是通过变化的原理在相应的时期继承下来的。依照这同一原理，并记住当器官因不用或因自然选择而变小都是在生物须自求生活的时期，同时又记住遗传原理的强大力量，于是我们对未发育器官的出现和最后的败育就没有不能了解的困难；相反，我们甚至可以预料到未发育器官的存在。迄今为止只有系谱式的分类排列才是自然的；依照这个观点，胚胎的特征和未发育器官在分类工作中的重要性就是可理解的。

最后，本章内所讨论的各项事实，我认为是清楚地表明，居住于世界上的无数种、属、科的生物，每一个在它本纲或类群内都是由共同的亲本传留下来的，并在传留的过程中都有变化。即使并无其他事实或论据给予支持，我也会毫不犹豫地接受这个观点。

第十四章
重述与结论

全书既只是一个长的论证，兹为读者的便利，复把其中主要的事实和推论再为略述。

我并不否认人们对通过自然选择的有变化的同源衍生的学说可以提出许多严重反驳。我也曾试把这些反驳的力量充分明白地说出。要想使人相信，较复杂的器官和本能能够发达到完善的地步不是出自与人类理智相似但更优越的方法，而是由于每一次对持有个体有益的无数轻微变异的积累，初看起来自是难以置信。在我们的想象中，这似乎是一个不能克服的巨大困难，但若我们承认下列的各说法，则它就不能看作是真正的困难了：任何器官或本能发展完善的每一级次，无论是对现仍生存的或是前曾生存过的生物，都是有益的；所有器官和本能都要发生变异，无论变异是如何轻微；最后，竞争生存是倾向于保留对每个结构或本能的有利偏离。这些说法的真实性我相信是无可争议的。

必须经过些什么级次，许多结构才能发展完善，这无疑是极难推测的，尤其对生物中一些破碎的和衰退的类群。但在自然界中我们看见了许多奇异的级次，因而我们如欲说任何器官、本能或任何整个生物不能经过许多分级的步骤达到现在的状态，就须极其谨慎。必须承认在自然选择的学说中确是有些特别困难的情形；诸困难中最奇异的一个，就是在同一蚁群内工蚁或不生育的雌蚁又分两三个确定的等级，但这种困难我曾试加说明如何能够克服。

原物种间杂交几乎是完全不育的，变种杂交几乎是完全能育的，两者显示一奇特的对照，关于此问题读者可参阅第八章重叙的各事实。在那里确切地指明，犹如两种树木不能嫁接在一起乃是由于两互相杂交物种的生殖系统有体质上的不同，不生育的事实并不是由于任何特别的禀赋。这结论的正确性可从两物种正反交——即先用一物种为父本然后再用它为母本——的巨大不同中看出来。

变种互相杂交的能育性和混种后裔的能育性不能认为是普遍的。当我们记住它们的体质或生殖系统不大可能会有任何巨大的变化时，那我们对它们的一般能育性也就无可惊异了。再者大多数用作实验的变种都是在驯养下产生的，既然驯养（并不只限于圈养）是显然倾向于消除不育性的，我们就不应该希望它产生不育性。

杂种的不育性不同于原物种杂交的不育性，因为杂种的生殖器官多少是有些无能的，而原物种杂交时双方的生殖器官都是完善的。既然我们常常看见因轻微不同的或新的生活环境，使生物的体质受到扰动以致产生一些不同程度的不育性，那么我们对杂种有些不育性就无须惊异，因为由于两个不同生物体的结合它们的体质少有不受到扰动的。这一平行的对照可由另一类相反的平行事实所支持，即所有生物的活力和能育性因生活环境的轻微改变而增加，以及轻微改变类型的后裔或变种由于杂交而能增加活力和能育性。结果在一方面，生活环境的大量改变、多有变化的类型的杂交，能减少能育性；另一方面，生活环境的少量改变、少有变化的类型的杂交，能增加能育性。

论到地理的分布，有变化的同源衍生学说所遇到的困难也甚严重。所有同一物种的个体、所有同一属的物种，甚至更高级的类群，都必是从共同的亲本传留下来的；因此无论它们是在世界的任何遥远和孤立的地方被发现，它们必是在许多世代中从一个地方散布到别的地方的。它们怎能做到这点，我们经常是完全无法猜想的。但我们有理由相信，有些物种经过极长的时期能保存它未有改变的物种形态，这种时期如以年计就是极其久远；对于这类物种的偶然广泛分布可不必过于重视，因在极长的时间内，总会有许多分布的方法给它们提供广泛迁移的良好机会。在一区域内，由于在中间地区有物种的灭亡，就会发生区域分布破碎或中断的现象。在晚近期间，不可否认的是，对地面上因各种气候和地理的大量改变所发生的影响，我们是极其无知；而这种改变对于迁移有各种极大的便利。举一实例说，我曾试指明对于全世界同一物种和代表物种的分布，冰川时期的影响是何等有力。关于许多偶然传运的方法我们仍是深深地无知。论到分居在极远和孤立地区的同属的不同物种，由于变化的过程必须是缓慢的，那么在一极长的时期中所有迁移的方法都是可能的，因此同属物种广泛分布的困难就能减少一些。

依照自然选择的学说，既然前曾有过无数中间类型把每一类群的所有物种连接起来，犹如现时在诸变种中存有许多精细的级次一样，那么人们便可以问，为何在我们周围看不见这些连接的类型呢？为何所有生物不混在一起形成一不可分解的混乱状况呢？关于现存的类型，我们必须注意，除在极稀少的情况下，我们没有正当理由期待能在它们之间必能发现直接联系的环节；这些环节我们只能在每一现存的与一些已经灭亡和被取代的类型之间发现。甚至即使在一广大的地区内，这地区曾在长久时期中是保持连续的，并且从一物种占据的区域到另一近缘物种占据的区域在气候上和其他生活条件上变化是极其缓慢的，在它的中间地带我们也没有正当理由能希望常发现中间的变种。因为我们有理由相信，在一个时期只有少数物种是在改变，并且所有的改变都是慢慢成功的。我也曾指出中间变种起初可能是生存在中间区域的，并且容易被两边的近缘类型所代替：两边的类型由于数目较大，一般要比居于中间的数目少的变种变化和改进得更快，因而在长久时期中，中间变种最后是要被代替和被消灭的。

依照无数中间环节被消灭的理论，在世界现存的和已灭绝的生物中间、在已灭绝的和更古老的物种各连续的时期中间，都有无数的灭亡，那么，为何每一组地层中不储满这些中间环节呢？为何每一系列化石的集合中没有提供生物形体的级次和各种变异的明显证据呢？我们没有得到这种证据，这是可能提出来反对我的学说的众理由中最显明最有力的。再者，为何整类群的近缘物种在几个地质阶段中忽然地出现呢（虽然常是假象）？为何在志留系的下面就没有再发现大堆的地层，储有志留纪祖先遗骸的化石类群呢？因为依照我的学说，在世界历史的极古和全然不知的时期，必定在一些地方沉积有这类的地层。

对这些问题和严重的反对意见，我只能按照"地质记录的不完整比多数地质学家所相信的更加严重"这一推测来答复。我们不能说生物改变的时间并不充分，因为地质所经过的长久时期是人类的智力所绝不能思议的。我们所有博物馆内现存的标本数量，较之无数世代所必曾生存过的无数物种数量是绝对无法比拟的。假如把物种标本详加研究，我们也不能认出某一物种是另一物种或某些物种的亲本，除非我们拥有现存物种和它们过去亲本之间的许多中间环节。但是由于地质记录的不完全，我们绝无希望可找到这许多环节。我们能指出许多现有的存疑的类型，它们很可能都是变种；但谁又能声称在未来的时期中，也能有同样丰富的化石环节被发现出来，于是博物学家就能依照一般的看法决定这些可疑的类型是否是变种呢？若在任何两个物种中多数的环节都不知道，但在此期间又发现一个环节或中间的变种，那么这新发现的只能列作另一个不同的物种。全世界只有一小部分区域是经过地质的调查。只有某些纲的生物能在化石状态下保存下来，至少是要或能大量地保存下来。广泛分布的物种，变异也最多；变种起初常是地方性的；这两种情形使中间环节发现的可能更加稀少。地方性的变种若不经过多量的变化和改进，就不能分布到他处和远处；假若它们确有分布并在一组地层中发现出来，那它们就将表现得犹如在当地忽然创造出来的一样，并且就将简单地被列为新种。大多数地层的积累是间断的，并且我以为它们的持续期间是比物种类型存在的平均期间更短。相连续的两组地层之间被极长的空白时期所分隔，因为带化石的地层需要相当的厚度以抵御未来的剥蚀，只能在海底下沉的过程中并有多量的沉积时才能积累起来。在海底上升和停止不动的交替时期，地层的记录是空白的。但在这两个时期生物的变异很可能更多，而在海底下沉时期则多有灭亡。

关于在志留系最下地层以下没有带化石地层的情况，我只能重复第九章内所设的假说，即地质记录的不完全是众所公认的，但少有人倾向于承认我所认为的不完全程度。倘若我们注意到极长久间隔的时期，地质学就显明地宣告所有的物种都有改变，并且它们的改变正与我的学说要求相合，因为它们的改变是缓慢的，是分级次进行的。这种事实我们从相连地层的化石遗骸中可以清楚地看出。较之时间相隔久远地层中的化石，它们彼此是更加近缘的。

这就是我所归纳的我的学说所遇到的几个主要的有充分根据的反对意见和困难，我对它们已简略地重说了我的答复和解释。在许多年中，我都极沉重地感觉到这些困难，我不能怀疑它们的分量。值得注意的就是，有些比较重要的反对意见是关于我们所不知道的问题，并且我们也不知道自己是何等无知。从最简单到最完善的器官中间，所有可能的过渡级次我们是不知道的。我们不能声称知道在长久年代中物种**散布**的所有不同的方法，也不能假装知道**地质记录**是何等地不完全。这些困难当然是严重的，但我认为它们不能把"始于少数被创造形态而经后续变化的同源衍生"的学说推翻。

我们现可转到争论的另一方面。在驯养中我们可看出大量的变异性。这似乎是由于生殖系统非常容易受到生活条件改变的影响，于是生殖系统即使尚未变成无用，也不能产生完全肖亲的后裔。变异性受许多复杂规律支配着：生长关联的规律，用与不用的影响，以及生活物质条件的直接作用。驯养生物曾经历过多少变化是很难确定的，但我们可以稳妥地推断变化量很大并且这些变化能长久地遗传。只要生活条件长久不变，我们就有理由相信，许多世代遗传下来的变化仍可继续遗传到无限的世代。在另一方面，我们也有证据证明变异性一经开始就不会完全中止，因为新变种仍有时从最古老的驯养产物中产生出来。

实际上人并不创作变异，他只把生物无意识地暴露在新的生活条件下，然后自然就会对生物产生作用引起生物的变异。人能对自然所给予的变异施行选择并确已施行了选择，于是变异以任何需要的方式积累。如此人就使动物和植物依照他自己的利益或是兴趣改变和适应。他可以有计划地选择，也可以无意识地保留在当时认为最有用的个体，并非有意要变更品种。用选择的方法一定能大量地影响品种的性质，虽在每一连续的世代中个体的差异如此轻微，无经验的眼力是不能看出的。这种选择方法对产生最不同最有用的驯养品种有伟大的力量。许多由人所驯养的品种现仍大量地留有自然物种的特征，以致有许多类型人们不能说出它们是变种或是原始的物种。

在驯养情况下运行有效的原理，没有明显的理由说在自然情况下就不适用。在常有的、反复发生的**竞争生存**状况下，为保留有利的个体和种类，我们可以看出最有力的、运行不息的选择方法。所有生物一般都是按着高度几何级数增加的，因而竞争生存就不可避免。高速率的增加能由计算证明，也能由许多动植物在一些交替的特殊季节中快速增殖，或在新地域内被乡土化之后的快速繁盛来证明。繁殖的数量必比能留存的多。在竞争的天平中毫厘的增减就决定个体的生死——决定哪些变种或物种可以增加数目，哪些须减少数目或最后归于灭亡。既然同物种的个体彼此在各方面都有最密切的竞争关系，其为生存的竞争一般就必极其严酷；在同物种的变种中竞争也必几乎同样地严酷，较次严酷的就是在同属物种间的竞争。但在自然的等级中彼此相距最远的生物，竞争亦可以极严酷。一个生物对比相竞争者，无论在任何年龄或任何季节如有最轻微的优势，或对周围物质条件有任何轻微程度的更好适应，就会改变平衡。

在雌雄异体的动物中，雄性为占有雌性，大都就有竞争。最强健的个体，或在生活条件中竞争最优胜者，一般就要遗留最多的后裔。胜利常是系乎特别的武器，或防御的手段，或雄性的魅力。最轻微的优势就将导致胜利。

　　既然地质学明白地宣告每一陆地皆曾经过大的物质改变，我们就可希望在自然界所有生物都曾经过变异，犹如它们在一般驯养的变化条件下所经过的变异一样。假如生物在自然状况下有何变异而自然选择不在其中有任何动作，那就说不通了。有人曾说在自然状况下变异的量是极有限的，但此说很难证明。人对驯养产物虽然只能就外表的特征有所行动，并且时常是变化莫测的，他尚能在短时期内只由积累个体的不同而获得重大的结果；并且人们都承认，在自然界物种至少存在个体的差异。除了这些不同外，所有博物学家都承认另有变种存在。这些变种他们都认为有充分的差异，足可在分类著作内分别记载下来。没有人能在个体的差异与轻微的变种间划出明白的界线，也不能在显明的变种或亚种与物种间划出界线。我们也可以看到博物学家对欧洲和北美许多代表类型的分类是怎样地不一致。

　　假若我们认为在自然界有变异性，并同时有一强有力的因子随时能行动、能选择，那么，我们为何怀疑生物在极复杂的生活关系下，不能把对本身有益的变异保存、积累和遗传下去呢？假若人能耐心地选择于己最有用的变异，为何大自然不能为她的生物在改变的生活环境下选择有用的变异呢？大自然的力量在长久的时期中严格地周详地审看每个生物全部的体质、构造和习性，保留好的，抛弃坏的；对这力量能有何限制呢？这力量缓慢地、美妙地使每一类型适合于生命中最复杂的关系，我看不出这力量有何上限。纵然我们至此对自然选择的学说不再多加考察，我认为这学说的本身已是可信的了。关于反对这学说的难题和意见，我已竭力公允地加以重述了；现在我们可转到对于这学说有利的特别事实和论据。

依照"物种只是显明的稳定的变种，并且每一物种起初只是一个变种"的观念，我们就能看出为何在物种和变种之间不能划出分界线；而一般的看法则认为物种是特别的创造行为产生的，变种是由次级规律产生的。依照同一观念我们能够了解，为何在每一地区，凡有一属能产生出许多物种，且现在在那里生长繁茂的，这些同一物种就能产生许多变种。因为在产生物种的力量曾经活动的地方，按一般规律，我们可以预期这力量仍在活动；倘若我们认为变种是初起的物种，这就是应有的情况。再者，能产生大量变种或初起物种的大属物种，亦将多保有变种的特征，因为它们中间彼此的差异较之小属内的物种更要少些。大属的近缘物种分布的区域显然是有限制的，从它们的亲缘看来，它们是分成小群，围绕在别的物种周围，如此它们就类似变种。依照每一物种是单独创造的观念看来，这种关系就是奇异的；但如认为所有的物种起初都是变种，它们的关系就是可明白的了。

既然每一物种的繁殖依照几何级数倾向于无度地增加，既然每一物种变化了的后裔由于在习性上、构造上多有分歧而更能增加数目，在自然组织中就能占据许多广阔不同的位置，那么在此情况下，自然选择就常倾向于保留任一物种最分歧的后裔。因此，在长久持续变化的过程中，同一物种的变种间轻微的特征差异，就倾向于扩大到同属物种间的特征差异。新的、改进的变种必然要代替和消灭较老的、少有进步的和中间的变种，于是物种在很大程度上就成为界定明确的不同的物体了。属于大类群的优势物种倾向于产生新的优势的类型，于是每一大类群就倾向于更加增大，同时在特征上也就更加分歧。但既然所有的类群不能都增大以致世界上无地包容，那么，多优势的类群就必击败少优势的类群。大类群在数目上和特征上都有继续增长继续分歧的倾向，又伴随着许多不可避免的灭亡，这些事实就说明了所有生物类型的排列是类群之下复分类群的，所有的类群都隶属在几个少数的大纲内，这现象在我们周围的所有地方都可看出，在所有的时代也是如此。所有的生物这样集成类群的宏伟事实，我认为依照创造的说法是绝不能说明白的。

自然选择的动作既然完全是靠积累轻微的连续的有利变异，它就不能产生大量的或忽然的变化；它只能小步缓行。所以"自然界无飞跃"的准则（在我们每次增加新的知识时都更证明它的真实性），依照自然选择的学说也是很明白的。我们也能清楚地明了，为何自然奢于变异而吝于革新。若说每一物种是单独创造的，那就没有人能对这自然规律说出所以了。

依照这个学说，我认为许多别的事实也能讲得明白。一种鸟有啄木鸟的形状而在地上捕食昆虫是何等地奇异；高原的鹅绝不游水或很少游水而有蹼脚；一种鸫被创造成能潜泳、能捕食水下的昆虫；一种海燕在习性上和结构上被创造成适合于海鸟或鹏鹧的生活！类此事实不胜枚举。每一物种常要增加数量，自然选择常要使每一物种缓慢变化的后裔逐渐适应于自然界中尚未占用或未善用的地位，依照这个观念，这些事实就不显奇异，甚或是可以预料的。

既然自然选择的动作是用竞争来实现的，那它每一地的居住者仅须对它的同住者在关系上达到完善的程度。因此当一地的居者被外来的乡土化者所克服所代替，我们就无须感到惊奇了，虽然依照一般的意见，原居者理应是特被创造为适合于该地区的。假若自然界所有的设计，依照我们的看法，并不绝对完美，甚至按照我们关于彼此适应的观念，有些我们认为是可恶的，我们也无须惊异。蜜蜂因刺螫而自丧生命；大量的雄蜂只为一次交配，其后大多数被不生育的姐妹所杀死；我们的冷杉产生大量浪费的花粉；蜂王对她自己所生的有生育能力的女儿具有本性的恨恶；姬蜂寄食在毛虫的活体内；这样以及其他类似的事例，我们都无须惊异；所须惊异的反而是，依照自然选择的学说，我们还没有看到更多的缺乏绝对完美的事例。

支配着变异的复杂的、少为人知道的规律，以及支配着产生所谓物种类型的规律，依照我们知识所及，是相同的。在这两类情况下，物质的条件似乎都少发生直接的效果；但当变种进到任何区域，它们有时带有适合那区域物种的一些特征。在变种和物种两者身上，用与不用似乎产生一些效果。例如我们看到笨鸭有翼却不能飞，其所处生存条件与家鸭几乎相同；或者看到穴居的栉鼠有时是瞎的，或者看到某些鼹鼠，它们常是瞎的并有皮膜蒙着眼睛；或者看到居住在美洲和欧洲黑暗洞穴中的瞎眼动物，我们就不能不得出上述结论。在变种和物种中，生长关联的规律看来有重大的影响：如身体上一处有变化，别处就连带地变化。在变种和物种中早经遗失的特征有时又能复现。在马属的几个物种和它们的杂种中，肩上和腿上有时发现条纹，依照创造的说法又将如何说得明白呢！假若相信这些马属的物种都是从一个有条纹的祖先传留下来的，犹如一些家鸽品种是由蓝的有横道的岩鸽传留下来的，解释清楚又是何等地简单！

依照一般观念认为每个物种是单独创造的，为何物种的特征，或说把同属物种彼此分开的特征，较之属内诸物种所共有的即属的特征更容易变异呢？假若认为物种是单独创造的，为何在一属中每一物种花的颜色都各不相同的，较之另一属中所有物种花都是一样颜色的，前者的花色就更容易变异呢？假若认为物种只是特征显著的变种，它们的特征都是高度稳定的，那么这事实就容易了解。因为它们自从共同始祖分支出来的时候，在某些特征上已有变异，并成为种的特征使它们可以彼此区分出来，所以这些特征较之老早遗传下来在很长时间内没有改变的属的特征，可能更易继续变异。在一属的任意一个物种中，有一部分发育成极非常的状况，我们自然地推断该部分对这物种是有大的重要性，但它为何是极容易变异呢？依照创造的说法就不能说得明白，但依照我的意见，这一部分自几个物种从共同祖先分支出来以后就经过非常大量的变异和改进，因此我们仍可期望这一部分一般仍将继续变异。但一部分可能发育到极为非常的状况，例如蝙蝠的翼，假若这部分是许多隶属类型所共同有的，也就是说，假若这部分是在长久时期中遗传下来的，那么它将不比别的任何结构变异更多，因为长久连续的自然选择已经使它稳定下来了。

论到本能，有些是很奇妙的；但若依照自然选择的学说，把轻微的、连续的、有利的变化积累起来，它们并不比有形的构造更难解释。我们由此可以了解，为什么自然的行动是用有级次的步伐使同一纲的不同动物赋有不同的本能。我曾试着指明级次的原理如何向我们阐明了蜜蜂巧妙的建筑能力。习性无疑有时对本能的变化有些影响，但不是绝对必需的，因为中性昆虫并不产生后裔来继承它长久习性的效果。依照"同属的所有物种是从一个共同亲本传留下来，并承继了多量的共同性状"的观念，我们就能了解为何近缘物种处在极为不同的生活条件之下，仍能遵循几乎相同的本能，例如为何南美的鸫仍能像我们英国的鸫一样用泥搪它的巢。依照"本能是通过自然选择慢慢获得"

的观念，我们对有些显然不完善的和容易出错的，以及许多能使别的动物受损的本能，就无须惊异了。

若物种只是特征显著的稳定的变种，我们就能立刻了解为何物种杂交的后裔与公认变种的杂交后裔一样，在与亲本相似的程度和性质上、在由于连续的杂交而互相同化以及在一些别的这类问题上，都必须遵照同一复杂的规律。若说物种是单独创造的、变种是依照次级规律产生的，这些情形就成为奇迹了。

若是我们承认地质记录极度不完全，那么，记录所能供给的事实就能支持有变化的同源衍生学说。新物种是缓慢地在持续的间断时期中出现的；在相同长度的间断时间后，不同的类群产生的变化量大不相同。一个物种或是一整类群物种，虽然在生物世界的历史上或许具有显著的作用，但依照自然选择的原理，其灭亡几乎是不可避免的后果，因为旧类型必要被新的、改良的类型所代替。无论是单独的物种或物种的类群，当其惯常的世代链条一经断裂后，就不能再行出现。优势类型的逐渐散布和它们后裔的缓慢变化，在长久间断的时期后，就使全世界的生命类型宛若同时发生了改变。每一组地层的化石遗骸较之上下两组地层内的化石，其特征在一些程度上是中间类型的，这一事实说明它们在同源衍生的链条中是处在中间地位。所有灭绝的生物和现存的生物都是属于同一系统，或处于同一类群，或是在中间的类群，这一伟大的事实是由于现存的和灭绝的生物都是共同亲本的后裔。既然从同一古代祖先传留下来的类群在特征上一般都有分歧，祖先和它早期的后裔，在与后期的后裔比较时，在特征上就常要表现为中间的类型，因此我们就能了解为何一个越古的化石在一定程度上就越常明显是处在现存近缘类群的中间。近代类型，以一种模糊的意义看来，一般认为要比古代的灭绝的类型高级些；更后的较多改进的类型是在竞争生存中胜过了较古老较少改进的生物，在这个意义上它们确实较为高等。最后，在同一大陆上亲缘类型持久存在的规律是可以理解的，如澳洲的有袋动物、美洲的贫齿兽类，以及其他类似的事例。因为同在一个有限的地区内，所有现存的和灭绝的动物由于同源衍生的关系自然总是有亲缘的。

论到地理分布，假若我们承认在以往的长久时期中，由于以前的气候和地理的变易，由于许多偶然的和迄今尚未知的散布方法，世界各处曾有大量的迁移，那么，依照有变化的同源衍生学说，我们就能明了地理分布中的大部分主要事实。我们能明了为何生物在所有空间的分布中，和它们在地质演替的所有时间的分布中，会有一个如此显著的类似性；因为在两者之中的生物都被一个共同的世代链条连接起来了，而变化的诸方法并无变动。在同一大陆上，在极不相同的环境下，在热地和冷地、高山和低地、沙漠和沼泽，每一大纲的大部分生物都显然地有亲缘关系，这一奇妙的事实每一旅行者都必有深刻印象；我们也明了它的充分意义，因为它们一般都是相同祖先和早期移民的后裔。依照以前迁移的相同原理，并在多数情况下伴随着变化，兼有冰川时期的协助，我们能明了在相隔极遥远的山岭，在最不相同的气候下，有少数相同的和许多近缘的植物。同样地，在南北温带海洋区域，虽然中间隔有整个热带大洋，也居住着一些密切近缘的水族。虽然在两地区有同样的物质生活条件，假若它们中间有一长久时期彼此是完全隔离着，我们对两地的居者的大不相同就无须感觉惊异。因为生物个体彼此间的关系是所有关系中最重要的，既然两地区在不同时期中、在不同的程度上曾经从第三个地区接受了一些移民，或者两地区之间彼此互有迁移，那么，这两地区生物所经的变化过程就必互不相同。

依照迁移和随后复有变化的观念，我们就能明了为何海洋岛上只有少数物种，并且它们中间许多是特别的。我们也能深切地明了，为何那些不能渡过大洋的动物，如蛙和陆地哺乳动物，不住在海洋岛上；在另一方面，为何能飞过重洋的新奇的蝙蝠物种常能在远离大陆的海岛上发现。这些事实，如在海洋岛上有特种蝙蝠而没有其他所有哺乳动物，依照单独创造的说法是绝对不能解释的。

在任何两地区如存在有近缘的或代表的物种，依照有变化的同源衍生学说，就指明相同的亲本从前曾在两地居住；并且凡在两地有许多近缘的物种居住，这两地必仍有一些共有的完全相同的物种存在。凡在一地有许多近缘且是不同的物种存在，在这地方也必有相同物种的许多变种和存疑的类型存在。有一高度普遍的规则，即每一地区的居者必与最邻近可能来源地的居者有亲缘关系。加拉帕戈斯群岛、胡安·费尔南德斯群岛和其他美洲岛屿的动植物与邻近美洲大陆的动植物以最显著的方式表现出亲缘关系，就可看出这一通则；佛得角群岛和其他非洲岛屿的动植物对于非洲也是一样。必须承认，这些事实从创造的说法是得不着解释的。

正如我们所看到的，所有古今生物共同组成一宏大自然系统，类群之下复分成类群，并常有灭绝的类群列在近代类群之间，这一事实依照自然选择及其伴随的灭亡和性状分歧的学说就可以了解。依照这些相同的原理我们能看出，在每一纲内种和属的相互亲缘，为何是如此复杂和曲折。我们看能出为何在分类上某些特征比较别的特征格外有用；为何适应的特征虽然对生物本身有超级的重要性，而在分类上几乎是毫不重要；为何从未发育的部分获得的特征，虽然对生物本身毫无用处，而常有高度的分类价值；为何胚胎的特征是诸特征中最有价值的。所有生物的真实亲缘是来自遗传或同源衍生群落。自然系统是系谱的排列，在这排列中我们必须由最稳定的特征寻出同源衍生的线索，无论这些特征对生命本身的重要性是如何地轻微。

骨架结构在人手内、蝙蝠的翼内、鼠海豚的鳍内和马的腿内都是一样的，长颈鹿和大象的颈椎骨数目都是一样的，以及其他不可胜数的类似事实，依照带有缓慢、轻微、持续变化的同源衍生学说，立刻就能解释清楚。蝙蝠的翼和腿，蟹的下颌和腿，花的瓣、雌蕊和雄蕊，尽管用途不同，它们构造的模式都是相似的，依照这些部分或器官逐步变化的观点这是容易了解的，因为它们在各自纲内的早期的祖先中都是相似的。依照持续的变异不常在早期发生，并也不在生命的早期而是在相应的年龄继承的原理，我们能清楚地了解，为何哺乳动物、鸟类、爬行动物和鱼类的胚胎密切地相似，而长成的形状就如此大不相同。我们看到呼吸空气的鸟或哺乳动物在它们的胚胎内有鳃裂与有环状血管，就像鱼有充分发育的鳃用以呼吸溶解于水中的空气一样，就不应当有所惊异。

不用的器官，当它由于习性或生活环境的改变而变成无用时，常因自然选择的协助而将倾向于缩小，由此我们对未发育器官的意义就能清楚地了解。但不用和选择，一般仅当生物既已长成并已负到生存竞争的完全责任时，才对每一生物产生作用，而对在早年时期的器官就少有影响，因此对早年时期的器官就不致缩小或不发育。例如牛犊曾从早先具有健全齿的祖先承继有齿，但上颌的齿从不透龈而出；我们可以相信牛的成熟的前代在持续的许多世代中因不用或因自然选择，舌与上颌渐变成更适于无须上齿协助的吃草方式，上颌的齿因而就缩小了。但是牛犊的牙齿就没有受到自然选择或不用的作用，并且依照在相应年龄继承的原理，从古老的时代直到现在就一直遗传下来。依照每个生物和每个器官是特别创造的观念，那么，如胚胎内牛犊的齿，或如一些甲虫萎缩的联结在翅鞘下的翅，常常带有显然不用的印痕，又将如何说明呢！我们可以说自然特别要用未发育的器官和同源的结构来表现她的修改计划，而我们似乎特意不愿了解。

我现在已把有关重要事实和考虑后的意见重述出来了，它们使我完全相信物种在同源衍生的长久过程中已经改变，这是由于自然选择把许多连续轻微的有利变异保存下来的结果。在我看来，我不相信一个假的学说能把上面详细指明的若干大类的事实像自然选择学说那样解释清楚。我看不出在这本书内所说的意见，有何理由能震动任何人的宗教情感。一位著名的作家和牧师曾写信给我说，他"逐渐地认识到相信上帝只创造了少数原始的类型、这些类型自行发展出别的必需的类型，与相信上帝为填补由他的规律所造成的空隙而要每次去创新，是同样高贵的观念"。

人们或许会问，为何所有当今最著名的博物学家和地质学家都不承认物种变异的观点呢？不能说生物在自然状况下是没有变异的；不能证明在长久时代历程中的变异量是有限的；在物种和特征显著的变种之间没有也不能划出明确的界限。不能断言物种杂交是绝对不育的，变种杂交是绝对能育的；或断言不育是一特别的禀赋，是创造的标记。当人们认为世界的历史是一短暂的时期时，对物种不变的信念几乎就是不可避免的；现在我们对时间的流逝已经获得了一些概念，我们又容易没有证据地认为地质的记录是很完全的，以为假如物种是经过变异的，地质的记录就必能供给变异的明确证据。

但是我们很自然地不愿意承认物种能产生别的不同物种的原因，是因为对于任何大的改变，当我们没有看到其中改变的步骤时，我们总是不轻易接受的。当莱伊尔开始主张内地绵长的悬崖和宽广山谷的造成是由于海岸波浪的缓慢动作时，许多地质学家也都同样地感到难以认可。"一亿年"这一词语的充分意义，人的脑筋不大可能领悟；几乎是无穷世代积累下来的许多轻微变异的充分效果，人的脑筋更不能总括起来并认识。

在这本书内用提要的方法所陈说的一切见解，虽然我深切相信它的真实性，然而我不期待多少年来以心中持有的与我直接相反的观点观察大量事实的有经验的博物学家们，能因此就接受我的说法。我们容易用"创造的计划""统一的设计"等词句掩藏我们的无知，并以为当我们只重述一事实时就是说出一个解释。凡秉性趋向于认为不能解释的困难较之已经解释的某些事实更加重要的人，就必要摒弃我的学说；有少数博物学家秉有灵活的脑筋并对物种不变的观念已开始怀疑，他们可能受到本书的影响。但我对将来、对后起的年轻博物学家抱有希望，他们对这问题能不偏颇地两面观察。凡趋向于相信物种是变异的，如能本着良知说出他的信念，就是做了有益的工作，因为只有这样做才能解除这主题所承受的重大偏见。

几位卓越的博物学家晚近曾发表了他们的意见，认为每一属中有许多普遍认为是物种的并不是真物种，而另有些其他的物种才是真物种，即是说它们是单独创造的。这种意见我认为似是一种奇异的结论。直到晚近他们承认有许多类型是特别创造的，并且多数的博物学家仍然也是这样看的，因此对那些具有真物种的一切外表的特征形态的，他们承认这些是由变异而产生的，但他们不愿把这意见扩大到别的稍微不同的类型。虽然如此，他们并不声称他们能划分或甚至猜定哪些类型是被创造的，哪些类型是由次级规律产生出来的。在一个事例中他们承认变异是真原因，但在另一个事例中又武断地拒绝承认变异，而对两个事例又不指出任何分别来。将来总有一日要认为这种先入之见的盲目性是一种奇异的例证。这些专家认为创造的神奇行动并不比寻常的产仔更神奇；但他们真正相信在世界历史的长久时期内，有某些基本原子忽然被命令变成活的组织么？在每次他们信以为真的创造行动中，他们相信是一次创造一个个体呢，还是一次创造许多个呢？这些无数种类的动植物被创造出来的时候，是卵、种子还是长成的躯体呢？就哺乳动物来说，当它们被创造的时候就带有从母亲子宫吸取营养的假标记么？虽然博物学家们极其正当地要求相信物种变异的人们对每一困难问题要有充分的解释，但轮到自己时对物种初次发现的整个问题就不加考虑，认为要有虔诚的缄默。

有人问我要把物种变化的学说引申到何种程度。这问题不易作答，因考虑的类型越不同，论据的力量就越轻。但一些最有力的论据伸张很远。整个纲的所有成员都能被亲缘的链条连接起来，所有都能依照同一原理在类群之下复分成类群。化石遗骸有时倾向于填补现存各目之间的广大空隙。器官的未发育状态显然指明早期祖先具有该器官完全发育的状况，这在某些事例中必是表示在后裔中有大量的变化。在整个纲中各种构造都是依照同一模式的；在胚胎时期，物种是彼此密切相似的。因此我相信，有变化的同源衍生学说包括同一纲内所有的成员。我认为所有动物至多是从四五个祖先传留下来的，所有植物是从相同数目或更少的祖先传留下来的。

类推法引我更进一步，相信所有动植物都是从某一个原型传留下来的。类推法可能引上错路。但所有生物都有大量共同之点，如在化学成分上、胚胞上、细胞构造上、生长和生殖规律上。甚或在如此轻微的小事上，如同样毒素常常能使动植物受到相同的危害，或如瘿蝇分泌出的毒素能使野蔷薇或橡树长出畸形的瘤。因此我从类推法应可推论到，很可能所有曾在世界上生存过的生物，都是从某一个由造物主给予了生命的原始类型传留下来的。

当本书内所陈说的意见和华莱士先生在《林奈学报》内所发表的意见，或是其他人关于物种起源的相似意见都被公认时，我们就能朦胧地预见到在自然史上将有一个非同小可的革命。分类学家将仍如现在一样继续工作着，但对这一此类型或彼类型实质上是否是物种的问题，将不常常被犹豫的憧影所笼罩。这一感觉从我的感受上说就是如释重负。英国五十多种悬钩子属植物是否是真物种的无穷争论将即停止。分类学家只要决定（这也不是容易的事）某一类型是否充分地稳定，是否能与别的类型分开，能予以定义就够了。假如能下定义，就可决定它的差异是否充分重要以值得有一种名。定名一层就要比现在更须慎重地考虑，因为在任何两类型中无论差异如何轻微，若不被中间类型混淆起来，大多数博物学家就会认为足可把这两类型提升为两物种。今后我们必须承认，在物种和特征显著的变种中间的唯一分别，就是变种是现在确知或据信仍被中间类型连接起来的，而物种是从前曾如此被连接起来的。因此在两类型中，若不完全排斥中间级次现在存在的意见，我们对两类型之间的实际差异量，就要格外多加考虑充分重视。某些类型现在一般承认只是变种，很可能日后被认为足可给予一物种名称，例如报春花和黄花九轮草，在此情况下学名和常用名就变得一致了。总之，我们看待物种将要如博物学家们如今看待属一样，他们承认属名不过是人为的组合以供方便而已。这样说法可能不算是一个令人振奋的前景，但至少我们能从对"物种"这一术语尚未发现的和不可发现的本质的徒劳追求中解脱出来。

对自然史和其他更一般的部门的兴趣，将大大地提高。博物学家所用的亲缘、关系、群落类型、亲本、形态学、适应的特征、未发育的和败育的器官等术语，就将不是隐晦的而是确有显明意义的。我们将不再看一器官如同未开化的人看一条大船，完全超出他的理解力之外。当我们认为自然界中每一生物皆是有历史的；当我们把每一种对所有者有用的复杂构造和本能认为是许多设计和制作的总和，如同我们认为任何伟大的机械发明是无数工匠的一切工作、经验、智力，甚至是失败的总和；当我们这样看待每一生物时，我们对自然史的研究，依照我的经验，将更加有趣得多！

一个伟大未经人涉足的研究领域，将在我们眼前展开。变异的各种原因和规律、生长关联、用与不用的效果、外界环境的直接影响等，都待研究。驯养生物的研究将大为增值。一个人工产生新变种的研究课题所能增加的兴趣和重要性，较之在已经记载的无穷数量物种中又增加一个物种，将更重要得多。我们的分类工作尽我们能力所能达到的，将是系谱式的，并将要真正地显出所谓创造的计划。当我们有一确定的目标在眼前时，分类的规则无疑将更简单。我们尚没有系谱或族徽，我们仍须在诸自然系谱内顺着久经遗传下来的各种特征，去追寻许多同源衍生的分支线。未发育的器官将要把久经遗失的结构的性质准确地说明。所谓异常的物种和物种类群，有时被富于想象地称为活化石，可以帮助我们对古代生物的形象构成一幅图画。胚胎学将形成一个图画，虽有些模糊，但要把每个大纲原始类型的构造向我们表现出来。

当我们能确切知道同一物种所有的个体和多数属所有近缘的物种，在从前不很远的时期都是从一个亲本传留下来的，并且都是从一个出生地迁移出去的；当我们更好地知道许多迁移的方法，然后再因地质学给予的和将来继续给予的以往气候和地平的改变信息，我们就一定能以令人赞赏的方式追寻全世界以往生物迁移的情况。就是现在，若把生在一个大陆相对两岸的海洋生物的差异互相比较，并把这个大陆上各种栖居者的性质与它们显然的迁移方法的关系加以比较，我们对古代地理的情况就能得到一些认识。

高贵的地质科学由于地质记录的极端不完全而损失了些光荣。地壳嵌入的遗骸不能认为是一充实的博物馆，而只是在偶然和罕见的时间间隔中得到的贫瘠收藏。每一组巨大的含化石地层只能认为是靠着环境的一个异常际会；在每两个相继积累阶段中间的空白间隔时期，是极其悠久的。但如把前后相接的两层生物类型互相比较，我们对间隔时期的长短，可有一定把握推计出来。当我们试图按生命形态的一般演替，把两组含有少数相同物种的地层并置为严格的同时代时，就务必谨慎。因为物种的产生和消灭是由于现仍存在的和缓慢动作的诸原因，而不是由于创造的奇异动作和大灾难；生物变化的最重要原因，是由于生物个体彼此间的关系，即一个生物的改进连带着别的生物的改进或灭亡，而不是由于改变的或突变的物质条件；那么在相连的两组地层中，化石中生物的变化量，就很可能供给我们一个合宜尺度，以推计实际时间的间隔。然而，保持为一个团体的许多物种可能会保持一长久时期没有变化，而在这时期中，若干这些物种因迁移到新地区并与外地生物发生竞争而有改变，所以我们用生物变化量作推计时间的尺度时，对其准确性必不可过于高估。在地球历史的早期，生物的形态很可能会少些和简单些，变化的速度很可能也会慢些；在初有生物时只有结构极简单的少数类型生存着，变化的速度可能是极其缓慢的。我们现在所知的世界的整个历史，虽然其长度对我们已是完全不可思议的，但是与自从世界上第一个生物——无数灭绝和现存诸后裔的始祖——被创造出来所经过的悠久时期比较起来，只不过是一瞬间而已。

展望遥远的将来，我看见了更加重要得多的广阔研究领域。心理学将在按级次必然获得的智力和智能的新基础上建立起来。人类的起源及其历史必将获得新的知识。

一些最有名望的作者对物种是单独创造的观点似已满足。但是在我看来，我们所知的规律与造物主铭刻在物质上的规律似更符合，即世界上以往和现在生物的产生和灭亡是受次要原因的支配，犹如那些支配个体生死的原因一样。当我认定世界所有生物皆是远在志留系最下端地层沉积以前生存的少数生物的直系后裔，而不是特别创造的，在我看来它们是更可贵了。由古论今，我们可以稳妥地推论说，没有一个现存的物种能把它不改变的形象遗传到遥远的将来。现在生存的物种少有能传留任何种类的后裔到极遥远的将来，因为依照所有生物分成类群的方式就显明看出，每属物种的大多数和许多属的所有物种，都没有遗留后裔，都已完全绝灭。按我们可能预见到的将来，我们可以预言只有属于较大的优势类群的、常见的和广泛分布的物种，能得到最后的胜利，并能产生新的和优势的物种。既然所有现存的生物是远在志留纪以前生存的生物类型的直系后裔，我们可以确定地说，通常的世代演替从来没有间断过一次，也没有大灾难毁灭过全世界。因此我们也可以有相当的信心展望一个同样不可思议的长久年代的安全未来。既然自然选择只是通过和专为每个生物本身的利益而工作，所有肉体的和心理的禀赋都将朝着完善前进。

试设想一满被许多种类植物所遮蔽所纠缠的堤岸，灌木上众鸟争鸣，昆虫飞跃，润土内蠕虫穿穴，并试想这些精巧构造的类型彼此极不相同，彼此最密切最复杂地依赖着，所有众生都是由在我们周围活动的诸规律所产生，这种景象实是极有生趣的。这些规律用极广义的说法，就是**伴有繁殖的生长**；几乎包括在繁殖内的**遗传**；由于外界生活条件的直接或间接影响和由于用与不用产生的**变异**；**繁殖率**过高导致的**竞争生存**，及由此产生的**自然选择**，引起**性状分歧**并使少有进步的类型**灭亡**。因此从自然界的战争、从饥荒和死亡，我们所能想到的最高目的，即高级动物的产生，就可直接随着实现。生命及其各种能力，造物主起初只赋予少数或一个类型；当这颗行星依照固定的万有引力定律回旋周行时，就从如此简单的发端发展出无穷的最美丽最惊奇的类型，并且仍在继续发展中；在这生命观里蕴有一种恢宏。

译者说明

1953 年因乐天宇同志的建议,我即从事翻译达尔文《物种起源》,用牛津大学第四次印刷的比较保持原版面貌的版本①。初稿缮清后经过校阅修改并最后得经出版,均赖钱崇澍、乐天宇、冯兆林、徐纬英、张仲葛、梁正兰、陈天容、刘榕、邵霖生以及达尔文主义教研通讯编委、中国米丘林学会各同志的努力协助,应特申谢。

原书初出版于 1859 年,几经再版但内容无甚改变。1872 年达氏因受各方面的影响又从事修改增订,为第六版。1881 年以后出版的达尔文自传中载有:"这本著作就题为《物种起源》于 1859 年 11 月出版了。在以后的版本中,它虽然经过若干的增订,但大体还是原来的面目。"现为使我国读者能从较原始的牛津大学"世界经典著作"系列(THE WORLD'S CLASSICS)1907 年第四次印刷版来明了达氏突出的进化思想,复将第六版内载有"出版前物种起源思想简史"和增加的第七章"自然选择学说的各种反驳"以及全书各章内增订的零

---

① 该版本即下文"1907 年第四次印刷版",底本为 1860 年出版的原书第二版,仅在首版基础上订正了少量字词。

星散段对照择译，以见达氏思想变化的梗概①。我想这对于在毛主席领导下建设社会主义文化科学和经济的进程中，使我国学者从事于研究达尔文学说和学习达尔文主义是有重要的帮助。原书范围广大渊深，译者浅薄，疏漏必多，当希读者多提意见以助改进。

韩安谨

1955 年 3 月 24 日

---

① 现在第六版译著不少，此段中所提及的内容未收录在本书的终稿中。

图书在版编目(CIP)数据

物种起源 / (英)查尔斯·达尔文著 ; 韩安, 韩乐
理译. —— 北京 : 新星出版社, 2020.11 (2024.4重印)
  ISBN 978-7-5133-2925-5

  Ⅰ. ①物… Ⅱ. ①查… ②韩… ③韩… Ⅲ. ①物种起
源-达尔文学说 Ⅳ. ①Q111.2

  中国版本图书馆CIP数据核字(2018)第195078号

物种起源

[英] 查尔斯·达尔文 著
韩安   韩乐理 译

审   校 韩雪灵
策划编辑 黄宁群
责任编辑 汪 欣
特约编辑 郑小希 张 丹 杨 初
营销编辑 杨 茜 刘治禹
装帧设计 韩 笑
内文制作 王春雪

出   版 新星出版社 www.newstarpress.com
出 版 人 马汝军
社   址 北京市西城区车公庄大街丙3号楼   邮编 100044
          电话 (010)88310888   传真 (010)65270449
发   行 新经典发行有限公司
          电话 (010)68423599   邮箱 editor@readinglife.com
印   刷 河北鹏润印刷有限公司
开   本 640mm × 960mm   1/16
印   张 26
字   数 300千字
版   次 2020年11月第1版
印   次 2024年4月第12次印刷
书   号 ISBN 978-7-5133-2925-5
定   价 98.00元